专利审查指导案例

第一辑

国家知识产权局专利局审查业务管理部　组织编写

知识产权出版社

全国百佳图书出版单位

——北京——

图书在版编目（CIP）数据

专利审查指导案例. 第一辑/国家知识产权局专利局审查业务管理部组织编写. —北京：知识产权出版社，2024.1

ISBN 978 – 7 – 5130 – 8963 – 0

Ⅰ.①专…　Ⅱ.①国…　Ⅲ.①专利—审查—案例—中国　Ⅳ.①G306.3

中国国家版本馆 CIP 数据核字（2023）第 205844 号

责任编辑：黄清明　王小玲　　　　　责任校对：潘凤越
封面设计：智兴设计室·张国仓　　　责任印制：刘译文

专利审查指导案例（第一辑）

国家知识产权局专利局审查业务管理部◎组织编写

出版发行：	知识产权出版社 有限责任公司	网　　址：	http：//www.ipph.cn
社　　址：	北京市海淀区气象路 50 号院	邮　　编：	100081
责编电话：	010 – 82000860 转 8117	责编邮箱：	hqm@ cnipr.com
发行电话：	010 – 82000860 转 8101/8102	发行传真：	010 – 82000893/82005070/82000270
印　　刷：	三河市国英印务有限公司	经　　销：	新华书店、各大网上书店及相关专业书店
开　　本：	787mm×1092mm　1/16	印　　张：	17
版　　次：	2024 年 1 月第 1 版	印　　次：	2024 年 1 月第 1 次印刷
字　　数：	380 千字	定　　价：	88.00 元

ISBN 978 – 7 – 5130 – 8963 – 0

编 委 会

| 前　言 |

党中央、国务院高度重视知识产权保护。习近平总书记多次强调"要完善知识产权保护相关法律法规，提高知识产权审查质量和审查效率"，中共中央、国务院印发的《知识产权强国建设纲要（2021—2035 年)》和国务院印发的《"十四五"国家知识产权保护和运用规划》，对专利工作提出新的要求。

专利审查是专利保护的基础和源头。国家知识产权局依照《中华人民共和国专利法》及其实施细则、《专利审查指南》的规定，客观、公正、准确、及时地开展专利审批工作。为总结审查经验、统一法律适用标准，不断提高审查质量，审查业务管理部依托专利局审查业务指导委员会及其专家组，积极推进案例指导工作，充分发挥典型案例对审查实践的指导作用。

本书是在专利局多年以来积累的局级典型案例的基础上，经过工作组专家研究讨论、再次梳理和提炼形成的。本书共九章，基本按照专利审查主要涉及的法律条款进行编排。其中，涉及人工智能、大数据、5G 等的案例集中编入第七章，涉及基因技术等生物技术的案例集中编入第八章，主要是考虑到这些案例属于相对前沿的技术领域，也是创新主体特别关注的。本书每个案例均涉及相关法条、关键词、案例要点、相关规定、案例简介、焦点问题，以及审查观点和理由；同时，为了更好地归纳指导案例的内容，在每章都增加导语部分，以方便读者阅读和参考。本书收入案例涉及的法条按 2021 年 6 月 1 日起施行的《中华人民共和国专利法》和 2024 年 1 月 20 日起施行的《中华人民共和国专利法实施细则》的条款序号注明。

指导案例既是审查实践经验的总结和升华，也是对专利审查标准的进一步诠释。因此，理解案例应重在结合具体案情体会法律适用中所体现的法律思维和审查理念，而非个案的审查结果。我们衷心希望本书的编辑出版能够为知识产权行业的从业者和广大创新主体提供更加明晰的指引和帮助，促进专利质量持续提升，推动知识产权事业高质量发展。

本书各章导语部分的撰写和文字整理分工如下：第一章：穆江峰、周文和陈炜梁；第二章：穆江峰、陈炜梁；第三章、第四章、第五章和第八章：周文；第六章：张宪锋；第七章：詹靖康、赵静文；第九章：穆江峰、陈炜梁、高飞。全书统稿：吴红秀、周胡斌、詹靖康、张宪锋、穆江峰和曲燕。

最后，再次对指导案例的推荐、遴选和形成过程中提供支持和帮助的专利局有关部门单位、各位专家表示最衷心的感谢！

| 目 录 |

第一章 不授予专利权的客体

专利法旨在保护专利权人的合法权益，鼓励发明创造，推动发明创造的应用，提高创新能力，促进科学技术进步和经济社会发展。基于该宗旨，对于专利法意义上的发明的范畴，专利法第一条开宗明义地确定发明创造为专利保护的客体，专利法第二条第二款从正面明确了发明的主题必须是技术方案，具有技术属性，专利法第五条和第二十五条从反面明确了不予保护的客体的范畴。

一、专利法第二条规定的发明创造

专利法第二条第二款规定，"发明，是指对产品、方法或者其改进所提出的新的技术方案"。其是专利保护客体的一般性定义，并不涉及新颖性、创造性具体的审查标准。

判断发明专利申请要求保护的方案是否属于技术方案，通常要从技术手段、技术问题和技术效果三个要素进行考量，即是否满足所谓的"技术性"要求。《专利审查指南》第二部分第一章第 2 节规定，"未采用技术手段解决技术问题，以获得符合自然规律的技术效果的方案，不属于专利法第二条第二款规定的客体"。

判断发明专利申请是否符合专利法第二条第二款的规定，应当将权利要求的方案作为一个整体，判断其是否采用了符合自然规律的技术手段，解决了技术问题并产生了技术效果。既不能由于权利要求的方案包含了技术特征，就简单地认为其是技术方案，也不能由于权利要求的方案包含了人为规定等非技术内容，就简单地认为其不是技术方案。

案例 1-1　产品质量测评方法是否属于技术方案

【相关法条】专利法第二条第二款
【IPC 分类】G01N
【关 键 词】质量控制方法　技术方案
【案例要点】

质量控制方法类专利申请的权利要求既包含检测内容又包含评价内容，例如包含的参数指标选择、阈值选取等手段，尽管其选取可能受到人为因素的影响，但总体上只要其利用、遵循了自然规律，对所要解决的技术问题和技术效果发挥着技术性作用，并非人为的任意选择，就具有技术性。

【相关规定】

《专利审查指南》第二部分第一章第 2 节对技术方案的解释是："技术方案是对要解决的技术问题所采取的利用了自然规律的技术手段的集合。技术手段通常是由技术特征来体现的。未采用技术手段解决技术问题，以获得符合自然规律的技术效果的方案，不属于专利法第二条第二款规定的客体。"

【案例简介】

申请号：201210120874.1

发明名称：钢筋锈蚀状况的测评方法

基本案情：

权利要求：

1. 一种钢筋锈蚀状况的测评方法，其特征在于，该测评方法预先设置一个以混凝土电阻率值为纵坐标变量、腐蚀电流密度的自然对数值为横坐标变量的二维坐标系，并在所述二维坐标系中划分出对应不同锈蚀状况的若干区域，以及，该测评方法还包括：

a、从钢筋混凝土结构中检测得到所述混凝土电阻率值以及所述腐蚀电流密度的自然对数值；

b、在所述二维坐标系中定位出以检测到的所述电阻率值为纵坐标、以检测到的所述自然对数值为横坐标的目标点；

c、依据所述目标点所在的区域，产生表示该区域所对应的锈蚀状况的测评结果。

2. 根据权利要求 1 所述的测评方法，其特征在于，若干区域包括：

表示锈蚀状况为钝化态的第一区域；

表示锈蚀状况为低锈蚀速率的第二区域；

表示锈蚀状况为中锈蚀速率的第三区域；

表示锈蚀状况为高锈蚀速率的第四区域。

3. 根据权利要求 2 所述的测评方法，其特征在于，

所述第一区域在所述二维坐标系中覆盖的范围包括：

所述电阻率值大于等于 $50k\Omega \cdot cm$ 且所述自然对数值在 $-3 \sim -1.61 \mu A/cm^2$ 之间的范围，以及，所述电阻率值大于等于 $100k\Omega \cdot cm$ 且所述自然对数值在 $-1.61 \sim -0.69 \mu A/cm^2$ 之间的范围；

所述第二区域在所述二维坐标系中覆盖的范围包括：

所述电阻率值在 $0 \sim 50k\Omega \cdot cm$ 之间且所述自然对数值在 $-3 \sim -1.61 \mu A/cm^2$ 之间的范围，所述电阻率值在 $10 \sim 100k\Omega \cdot cm$ 之间且所述自然对数值在 $-1.61 \sim -0.69 \mu A/cm^2$ 之间的范围，以及，所述电阻率值大于等于 $100k\Omega \cdot cm$ 且所述自然对数值在 $-0.69 \sim 0\mu A/cm^2$ 之间的范围；

所述第三区域在所述二维坐标系中覆盖的范围包括：

所述电阻率值在 $0 \sim 10k\Omega \cdot cm$ 之间且所述自然对数值在 $-1.61 \sim -0.69 \mu A/cm^2$ 之

间的范围，所述电阻率值在 10~100kΩ·cm 之间且所述自然对数值在 -0.69~0μA/cm² 之间的范围，所述电阻率值大于等于 50kΩ·cm 且所述自然对数值在 0~2.3μA/cm² 之间的范围，以及，所述电阻率值大于等于 100kΩ·cm 且所述自然对数值大于等于 2.3μA/cm² 的范围；

所述第四区域在所述二维坐标系中覆盖的范围包括：

所述电阻率值在 0~10kΩ·cm 之间且所述自然对数值在 -0.69~0μA/cm² 之间的范围，所述电阻率值在 0~50kΩ·cm 之间且所述自然对数值在 0~2.3μA/cm² 之间的范围，以及，所述电阻率值在 0~100kΩ·cm 之间且所述自然对数值大于 2.3μA/cm² 的范围。

说明书：本案中的测评方法在测评钢筋锈蚀状况时，能够同时兼顾到混凝土电阻率和腐蚀电流密度这两种指标，因而相比于现有技术中仅依靠混凝土电阻率的测评方式，或仅依靠腐蚀电流密度的测评方式，能够提高测评结果的准确性。而且，本发明中的测评方法通过坐标系定位的方式来实现混凝土电阻率和腐蚀电流密度这两种指标的结合，还能够使得本发明易于实现。本案涉及的钢筋锈蚀状况的测评方法的流程示意和二维坐标系示意见图1、图2。

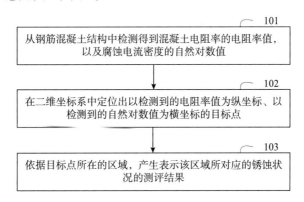

图1　钢筋锈蚀状况的测评方法的示例性流程示意

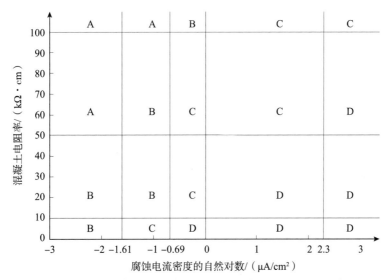

图2　钢筋锈蚀状况的测评方法所建立的二维坐标系的示意

【焦点问题】

包含非技术特征的质量控制方法是否属于专利法第二条保护的专利客体？

观点一：质量控制方法包括例如阈值、参数指标的选择等人为规定的非技术特征，也包括技术特征，如果总体上只要其利用、遵循了自然规律的技术手段，解决了技术问题，并达到了技术效果，则认为该质量控制方法符合专利法第二条规定的客体要求。

观点二：质量控制方法包括了人为规定的非技术特征，不属于专利法第二条保护的客体。

【审查观点和理由】

对于判断是否属于专利法第二条第二款规定的专利保护客体，应当站在本领域技术人员的角度，准确理解其发明构思，将权利要求的方案作为一个整体，判断其是否采用了符合自然规律的技术手段，解决了技术问题并产生了技术效果。既不能由于权利要求的方案包含了技术特征，就简单地认为其是技术方案，也不能由于权利要求的方案包含了人为规定等非技术内容，就简单地认为其不是技术方案。

本案例涉及一种钢筋锈蚀状况的测评方法，其主要解决仅依靠混凝土电阻率指标测评，或仅依靠腐蚀电流密度指标测评会导致测评结果不准确的问题，基于兼顾这两种指标的构思，通过在这两种指标构筑的平面坐标系中确定不同锈蚀程度的区域范围，对检测对象进行区域定位的手段来测评钢筋锈蚀状况，获得提高测评结果准确性的效果。钢筋混凝土中钢筋锈蚀状况是客观存在的，对其检测和评估分类有利于准确掌握钢筋混凝土建筑的质量状况，避免建筑质量事故发生。结合申请文件可知，该方案需要所属领域技术人员借助技术手段，例如利用检测仪器进行检测，并利用了自然规律，例如钢筋锈蚀状况与混凝土电阻率和腐蚀电流密度均有密切关系，兼顾两种指标测评有助于提高测评精度，尽管分类评估步骤中包含的参数指标选择、阈值选取等手段，其选取可能受到人为因素的影响，但总体上利用了遵循自然规律的技术手段，即采用两种检测指标进行检测并借助坐标系区域定位的技术手段，解决测评结果不够准确的技术问题，带来测评精度提高的技术效果，属于专利法意义上的技术方案，符合专利法第二条第二款的规定。

二、根据专利法第五条不授予专利权的客体

专利法第五条第一款规定，"对违反法律、社会公德或者妨害公共利益的发明创造，不授予专利权"。《专利审查指南》第二部分第一章第3节进一步细化规定，"发明创造的公开、使用、制造违反了法律、社会公德或者妨害了公共利益的，不能被授予专利权。"

（一）违反法律的发明创造

专利法第五条第一款规定的发明创造违反法律，是违反由全国人民代表大会或者

全国人民代表大会常务委员会依照立法程序制定和颁布的法律，违反行政法规和规章并不属于其范畴。

案例1-2 包含药品的食品是否违反法律

【相关法条】专利法第五条第一款

【IPC分类】A61K

【关 键 词】食品安全 药品 违反法律

【案例要点】

如果食品中添加了西药，其非食药两用的物质，应认为这样的发明创造违反法律，不能被授予专利权。

【相关规定】

《专利审查指南》第二部分第一章第3.1.1节规定，"法律，是指由全国人民代表大会或者全国人民代表大会常务委员会依照立法程序制定和颁布的法律。它不包括行政法规和规章。

发明创造与法律相违背的，不能被授予专利权。例如，用于赌博的设备、机器或工具；吸毒的器具；伪造国家货币、票据、公文、证件、印章、文物的设备等都属于违反法律的发明创造，不能被授予专利权"。

《中华人民共和国食品安全法》第三十八条规定，"生产经营的食品中不得添加药品，但是可以添加按照传统既是食品又是中药材的物质。按照传统既是食品又是中药材的物质目录由国务院卫生行政部门会同国务院食品安全监督管理部门制定、公布"。

【案例简介】

申请号：201210018562. X

发明名称：一种老年健康酒及其制备方法

基本案情：

权利要求：一种老年健康酒，其特征在于：是由中药的提取物、蜂蜜、阿司匹林和白酒组成：

中药是由以下重量份的组分组成：西洋参20~30份，党参150~200份，三七40~50份，灵芝50~60份，薤白40~50份，瓜蒌40~50份，山楂150~200份；

蜂蜜为70~140份；

阿司匹林为5~7.5份；

白酒为4000~4500份；

所述白酒的酒精度为9~11度。

说明书：本发明的目的是提供一种老年健康酒，采用中药补救措施、保驾护航，充分发挥阿司匹林的作用，降低阿司匹林的副作用。

【焦点问题】

食品中加入阿司匹林等西药是否属于专利法第五条规定的违反法律的不授予专利权的情形？

观点一：食品中禁止添加化学药品，根据《中华人民共和国食品安全法》的规定，权利要求请求保护的技术方案违反法律，不符合专利法第五条的规定。

观点二：基于鼓励发明创造的立法宗旨，建议谨慎适用《中华人民共和国食品安全法》，不应当根据专利法第五条第一款的规定将其排除出专利授权的客体。

【审查观点和理由】

食品安全是民生工程，关系人民群众身体健康和生命安全，受到社会高度关注。针对食品领域的发明专利申请的审查，应当重点关注食品安全的相关法律法规及相关规范文件，例如《中华人民共和国食品安全法》、《保健食品禁用物品名单》、《可用于保健食品的物品名单》、《既是食品又是药品的物品名单》和《GB 2760—2014 食品安全国家标准 食品添加剂使用标准》等，应当按照专利法的规定和《专利审查指南》的要求，对违反法律、社会公德或妨害公共利益的发明创造严格依法审查。

老年健康酒中添加了阿司匹林，而阿司匹林是水杨酸类解热镇痛消炎药，可以用于预防、治疗人的疾病，规定有适应症和功能主治、用法和用量，也有使用禁忌。因此该权利要求要求保护的老年健康酒中添加了药品，违反《中华人民共和国食品安全法》第三十八条的规定，属于违反法律的发明创造，根据专利法第五条第一款的规定，不能被授予专利权。

（二）违反社会公德的发明创造

社会公德，是指公众普遍认为是正当的并被接受的伦理道德观念和行为准则，其与地域范围、时间阶段以及不同的文化背景等因素有关。如果发明创造与中国公众普遍认为是正当的并被接受的伦理道德观念和行为准则不相符，则根据专利法第五条第一款的规定，不能被授予专利权。

案例1-3 外观设计是否带有凶杀或淫秽内容而违反社会公德

【相关法条】 专利法第五条第一款

【关 键 词】 外观设计　骷髅形状　违反社会公德

【案例要点】

图片或照片是否带有凶杀或淫秽内容等是判断外观设计专利申请是否违反社会公德的一种情形。审查时，要结合使用场所、使用目的、社会公众接受度等因素对图片、简要说明显示的外观设计内容进行判断。

【相关规定】

《专利审查指南》第一部分第三章第6.1节规定，"审查员应当根据本指南第二部分第一章第3节的有关规定，对申请专利的外观设计是否明显违反法律、是否明显违反社会公德、是否明显妨害公共利益三个方面进行审查"。

《专利审查指南》第二部分第一章第3.1.2节规定，"社会公德，是指公众普遍认为是正当的、并被接受的伦理道德观念和行为准则。它的内涵基于一定的文化背景，随着时间的推移和社会的进步不断地发生变化，而且因地域不同而各异。中国专利法中所称的社会公德限于中国境内。

发明创造与社会公德相违背的，不能被授予专利权。例如，带有暴力凶杀或者淫秽的图片或者照片的外观设计，非医疗目的的人造性器官或者其替代物，人与动物交配的方法，改变人生殖系遗传同一性的方法或改变了生殖系遗传同一性的人，克隆的人或克隆人的方法，人胚胎的工业或商业目的的应用，可能导致动物痛苦而对人或动物的医疗没有实质性益处的改变动物遗传同一性的方法等，上述发明创造违反社会公德，不能被授予专利权"。

【案例简介】
案例一
申请号：201730509130.2
外观设计产品名称：太阳能摇摆器（喇叭骷髅头）
该外观设计的图片如图3所示。

图3　太阳能摇摆器

案例二
申请号：2019301818459
外观设计产品名称：骷髅头音响（YZS－M10）
该外观设计的图片如图4所示。

图4　骷髅头音响

【焦点问题】

对于包含骷髅形状或者图案的外观设计专利申请，是否违反社会公德，是否属于专利法第五条规定的不授予专利权的情形？

观点一：对于包含骷髅形状或图案的外观设计专利申请，明显宣扬暴力凶杀，其相关设计内容令人感到恐怖和反感，属于专利法第五条第一款中规定的违反社会公德的情形。

观点二：对于包含骷髅形状或图案的外观设计专利申请，形式多样，不应一概而论，需要站在公众的角度进行判断，如果属于宣扬暴力凶杀的情形，则违反社会公德。

【审查观点和理由】

对于包含骷髅形状或者图案的外观设计专利申请，在适用专利法第五条审查此类申请时，应考虑社会影响，包括能否被社会公众普遍理解和接受，依法审查其是否明显"违反社会公德"。

如果从整体来看是以宣扬暴力和凶杀为目的，令人感到恐怖和排斥，不能被大部分社会公众所接受，则明显违反社会公德，不能被授予专利权；如果外观设计是警示性的或以教学为目的，或者外观设计本身并非宣扬暴力和凶杀，而是属于社会公众能够普遍接受而不产生反感的装饰性设计，则通常不属于因明显违反社会公德而不能被授予专利权的范畴。

案例一、案例二是经过变形或者卡通化的装饰性设计，能够被公众接受，不属于明显违反社会公德的情形。

（三）妨害公共利益的发明创造

专利法第五条第一款规定的妨害公共利益，是指发明创造的实施或使用会给公众或社会造成危害，或者会使国家和社会的正常秩序受到影响。

📑 案例1-4　工业大麻挥发油在食品及日化品中的应用是否妨害公共利益

【相关法条】 专利法第五条第一款
【IPC 分类】 A24B
【关 键 词】 工业大麻挥发油　危害公众健康　妨害公共利益
【案例要点】

工业大麻挥发油不属于国家现行规定的食品原料或食品添加剂，也无证据表明其可以用作食品原料或食品添加剂。工业大麻挥发油在食品中的应用存在安全风险，会危害公众健康，妨害公共利益。

国家药品监督管理局发布的《关于更新化妆品禁用原料目录的公告（2021年第74号）》明确化妆品中禁用"大麻叶提取物"，从工业大麻花叶中提取获得的挥发油既包括大麻花提取物，也包括大麻叶提取物，并且将其添加至香烟或其他日化品，而这些物品直接与人体接触，因此，工业大麻挥发油在香烟和日化品中的应用会危害公众健康、妨害公共利益。

【相关规定】

《专利审查指南》第二部分第一章第 3.1.3 节规定，"妨害公共利益，是指发明创造的实施或使用会给公众或社会造成危害，或者会使国家和社会的正常秩序受到影响。…………

但是，如果发明创造因滥用而可能造成妨害公共利益的，或者发明创造在产生积极效果的同时存在某种缺点的，例如对人体有某种副作用的药品，则不能以'妨害公共利益'为理由拒绝授予专利权"。

【案例简介】

申请号：201910300983.3

发明名称：一种从工业大麻中提取挥发油的方法及挥发油的应用

基本案情：

权利要求：1. 一种从工业大麻中提取挥发油的方法，其特征在于，包括如下步骤：

1）将大麻花叶干燥脱水，使大麻花叶的水分含量为 20wt% ~30wt%；

2）将步骤 1）干燥脱水后的大麻花叶打成粉，并去掉其中的大麻籽；

3）将步骤 2）处理后的大麻花叶物料置于加热干燥装置中，加热温度为 100 ~120℃；所述加热干燥装置的出风口与冷凝装置连接，所述冷凝装置对所述出风口排出的气体进行冷凝处理并获得含挥发油的冷凝物；

4）将步骤 3）得到的冷凝物用萃取剂萃取其中的挥发油，取上清液，所述萃取剂优选选自乙酸乙酯、正庚烷、正丁醇、正己烷、二氯甲烷、石油醚中的一种或两种以上的组合；

5）将步骤 4）所得上清液用水洗涤并去掉水层，将得到的有机层进行蒸馏，得到大麻挥发油。

2. 权利要求 1 所述的工业大麻挥发油的应用，其特征在于，所述挥发油应用于食品、药品或日化品领域。

【焦点问题】

工业大麻挥发油在食品及日化品领域中的应用是否妨害公共利益？

观点一：在日化品领域中，并无法律法规明确对大麻进行限制，且国家已允许工业大麻的种植和开发，因而工业大麻提取物在特定领域的应用不会妨害公共利益。

观点二：虽然工业大麻中存在许多非精神活性的成分，但其与大麻相似，同样存在精神活性成分（作为毒品的主要成分），不能保证其植株本体或其提取物中不含有致瘾性成分，且不同个体耐受量也有差异，并且食品、日化品是直接作用于人体，其使用直接关系人民身体健康和生命安全，因而直接将工业大麻提取物用于食品、化妆品存在公共安全风险，从而妨害公共利益，应当从严审查。

【审查观点和理由】

本案涉及在工业大麻中提取挥发油，并将挥发油应用于食品或日用品。工业大麻是行业中用于提取非精神活性成分的主要品种，我国允许工业大麻的种植和开发。但是从本案说明书的记载来看，并不能保证本案获得的挥发油中不含有致瘾性物质。

1. 工业大麻挥发油在食品中的应用是否妨害公共利益

由于食品安全是民生工程，关系人民群众身体健康和生命安全，受到社会高度关注，应当重点关注食品安全的相关法律法规及相关规范性文件。如果食品中加入未列入《GB 2760—2014 食品安全国家标准 食品添加剂使用标准》的添加剂，一般认为该发明的实施或使用会危害公众健康，妨害公共利益。

结合到本案，权利要求 2 请求保护工业大麻挥发油在食品中的应用。由于工业大麻挥发油不属于国家现行规定的食品添加剂，也没有相关证据证明其可以用作食品原料，因此，权利要求 2 中工业大麻挥发油在食品中的应用存在食品安全风险，会危害公众健康，妨害公共利益，属于专利法第五条第一款规定的不能被授予专利权的情形。

2. 工业大麻挥发油在日化品中的应用是否妨害公共利益

日化品直接作用于人体，与人体健康密切相关，受到社会广泛关注。国家药品监督管理局发布的《关于更新化妆品禁用原料目录的公告（2021 年第 74 号）》中明确禁止添加"大麻仁果""大麻籽油""大麻叶提取物"及制品。

根据说明书的记载，本案是从未经过大麻酚类物质提取处理的工业大麻花叶中提取获得工业大麻挥发油，不能排除挥发油中含有致瘾性物质，并且本案所获得的挥发油产品既包括大麻花提取物，也包括大麻叶提取物，其用作化妆品时，会对人体健康造成危害，妨害公共利益；此外，其他日化品也是直接与人体接触，权利要求 2 涉及的工业大麻挥发油的这些应用也同样存在安全风险，会危害人体健康，妨害公共利益，属于专利法第五条第一款规定的不能被授予专利权的情形。

三、根据专利法第二十五条不授予专利权的客体

专利申请要求保护的主题属于专利法第二十五条第一款所列六种情形的，不能被授予专利权，分别为：（一）科学发现；（二）智力活动的规则和方法；（三）疾病的诊断和治疗方法；（四）动物和植物品种；（五）原子核变换方法以及用原子核变换方法获得的物质；（六）对平面印刷品的图案、色彩或者二者的结合作出的主要起标识作用的设计。

案例 1-5 中医证候动物模型构建方法发明的可专利性

【相关法条】专利法第二十五条第一款第（二）项及第（三）项
【IPC 分类】A61K
【关 键 词】证候模型 构建方法 智力活动的规则和方法 疾病的诊断方法
【案例要点】
对于判断中医证候动物模型的构建方法发明是否属于专利法第二十五条规定的情

形，应从技术方案整体和发明目的综合考量。

如果发明请求保护的技术方案中既有模型的筛选标准，又有具体的造模手段等技术特征，则从技术方案的整体而言不应认定其为智力活动的规则和方法。

当发明请求保护的造模方法中包含了中医证候的临床和/或病理表现、检验方法等特征时，如果发明的直接目的是如何使动物模型具有所述证候表现，而非识别、确定相关证候，则从技术方案的整体而言不应认定其为疾病的诊断方法。

【相关规定】

《专利审查指南》第二部分第一章第 4.2 节规定，"如果一项权利要求在对其进行限定的全部内容中既包含智力活动的规则和方法的内容，又包含技术特征，则该权利要求就整体而言并不是一种智力活动的规则和方法，不应当依据专利法第二十五条排除其获得专利权的可能性"。

《专利审查指南》第二部分第一章第 4.3.1 节规定，"诊断方法，是指为识别、研究和确定有生命的人体或动物体病因或病灶状态的过程"。

【案例简介】

申请号：201810737076.0（复审案件编号：1F335070）

发明名称：一种鸡营分证模型的构建方法

基本案情：

权利要求：一种鸡营分证发病模型的构建方法，包括对发病鸡按照以下标准进行挑选：（1）具有羽毛逆立、缩头闭眼、食欲不振等精神萎顿症状，此为发热、营热阴伤、扰及心神的表现；（2）测定体温，高于正常体温1℃以上，此为身热的体现；（3）剖检具有心包积液或心、肝、气囊表面覆盖纤维素性渗出物的病变，为劫灼营阴的表现；（4）鸡冠发绀，皮肤、可视粘膜、肌肉、内脏器官充血或有出血斑点，为热窜血络、斑疹隐隐的表现；其特征在于：以 30～60 日龄 SPF 雏鸡为试验动物，采用禽源大肠杆菌强毒株胸部肌肉注射进行感染。

说明书：实施例采用 35～60 日龄 SPF（无特定病原）雏鸡，每只鸡胸部肌肉注射大肠杆菌 E. coli c84008 株新鲜肉汤培养物 0.2～0.5mL。12 小时后感染鸡开始出现发病症状，病鸡症状及病变符合营分证发病特点，营分证构建成功。

【焦点问题】

1. 问题一：本案请求保护的技术方案中包括了发病鸡的挑选标准，是否属于智力活动的规则和方法？

观点一：权利要求限定的挑选标准是判断动物模型是否构建成功的人为设定的规则，属于智力活动的规则和方法，是专利法第二十五条第一款第（二）项规定的不授予专利权的主题。

观点二：权利要求中除了挑选标准外，还限定了实验动物的具体感染方法等。当权利要求的保护范围中既有智力活动的规则和方法，又包含技术特征时，不属于专利法第二十五条第一款第（二）项规定的不授予专利权的主题。

2. 问题二：本案请求保护的技术方案中包括剖检、测温以及对鸡营分证的证候表现的描述等特征，是否属于疾病的诊断方法？

观点一：剖检、测温和判断证候表现是识别、确定活体动物所患疾病的方法，属于疾病的诊断方法，是专利法第二十五条第一款第（三）项规定的不授予专利权的主题。

观点二：权利要求的保护主题是鸡营分证发病模型的构建方法，从特征部分的限定可以看出，其发明目的是如何使鸡出现营分证的证候表现，而不是为了诊断鸡营分证，因此，不属于专利法第二十五条第一款第（三）项规定的不授予专利权的主题。

【审查观点和理由】

1. 关于问题一

根据《专利审查指南》第二部分第一章第 4.2 节的规定，"如果一项权利要求在对其进行限定的全部内容中既包含智力活动的规则和方法的内容，又包含技术特征，则该权利要求就整体而言并不是一种智力活动的规则和方法，不应当依据专利法第二十五条排除其获得专利权的可能性"。对本案而言，在要求保护的鸡营分证发病模型构建方法中，既有发病鸡的挑选标准，也有"以 30~60 日龄 SPF 雏鸡为试验动物，采用禽源大肠杆菌强毒株胸部肌肉注射进行感染"的具体造模手段等技术特征，因此，不应依据专利法第二十五条第一款第（二）项的规定将其排除在可专利的主题之外。

2. 关于问题二

根据《专利审查指南》第二部分第一章第 4.3.1 节的规定，"诊断方法，是指为识别、研究和确定有生命的人体或动物体病因或病灶状态的过程"。整体考虑权利要求的特征限定并结合说明书的记载和现有技术，可以确定，本发明采用注射禽源大肠杆菌强毒株的技术手段构建鸡营分证发病模型，发明的直接目的是建模，使鸡出现营分证的相关临床和/或病理表现，而非识别、确定鸡营分证，因此，不能因权利要求中出现了剖检、测温、证候表现等描述就认为发明属于专利法第二十五条第一款第（三）项的排除主题。

📚 案例1-6　人卵母细胞冷冻复苏效果预测方法的可专利性

【相关法条】专利法第二十五条第一款第（三）项　专利法第二条第二款

【IPC 分类】G16H

【关 键 词】卵母细胞　效果预测　疾病的诊断和治疗方法　技术方案

【案例要点】

对于涉及人卵母细胞冷冻复苏效果预测的方案，如果实质上是处理生理参数信息的方法，目的在于预测卵母细胞复苏效果，而不是以获得有生命的人体的诊断结果或健康状况为直接目的，则不属于专利法第二十五条第一款第（三）项规定的疾病的诊断和治疗方法的范畴。并且，如果用于预测的因素与预测结果之间受自然规律约束，所采用的预测手段利用了自然规律，解决了技术问题并获得相应的技术效果，则该解决方案属于专利法第二条第二款规定的技术方案。

【相关规定】

《专利审查指南》第二部分第一章第 4.3.1.2 节规定，"以下几类方法是不属于诊断方法的例子：

　…………

（2）直接目的不是获得诊断结果或健康状况，而只是从活的人体或动物体获取作为中间结果的信息的方法，或处理该信息（形体参数、生理参数或其他参数）的方法"。

《专利审查指南》第二部分第一章第 2 节规定，"技术方案是对要解决的技术问题所采取的利用了自然规律的技术手段的集合"。

【案例简介】

申请号：202110308859.9

发明名称：人成熟卵母细胞玻璃化冷冻复苏效果的预测方法和装置

基本案情：

权利要求：人成熟卵母细胞玻璃化冷冻复苏效果的预测方法，其特征在于，包括如下步骤：

S10. 获取女方的基本信息、促卵泡成熟药物应用日大和中卵泡数目、性激素化验结果和不孕相关疾病检查结果，以及男方的精液检查结果，并根据男方的精液检查结果确定取精方式，其中取精方式包括射精取精、经皮附睾/睾丸穿刺取精、显微镜下经皮附睾/睾丸穿刺取精；

S20. 根据女方的基本信息和性激素化验结果以及男方的取精方式，计算此次拟进行的卵细胞冻存操作的无胚胎可移植预测概率 P1；

S30. 根据女方的不孕相关疾病检查结果和促卵泡成熟药物应用日大中卵泡数目，计算此次拟进行的卵细胞冻存操作的累积活产预测概率 P2；

S40. 根据 P1 和 P2 的计算值，预测此次拟进行人成熟卵母细胞玻璃化冷冻的复苏效果。

说明书：在体外受精 - 胚胎移植（IVF - ET）治疗过程中，如果取精失败或者未获得足够可用于助孕治疗的精子时需要进行应急性卵母细胞冷冻，但卵母细胞极易受冷冻损伤，解冻后可能无法形成胚胎。本案基于取卵前双方的临床病史资料和化验检查结果预估拟进行的卵细胞冻存操作的复苏效果，以帮助患者做出合理决定，减少手术操作风险，避免时间和医疗资源的浪费。本案以活产率和无胚胎可移植率作为评估的终点开发预测模型；无胚可移植是指在进行体外受精 - 胚胎移植治疗过程中，在进行取卵手术后，因各种原因未获得可移植胚胎的情况；累积活产是指在进行体外受精 - 胚胎移植治疗过程中，一次药物刺激卵巢后取卵获得的全部胚胎经过鲜胚或冻胚移植后获得的活产。

【焦点问题】

1. 问题一：利用数据模型为辅助生殖技术提供人成熟卵母细胞玻璃化冷冻复苏效果预测的技术方案是否属于专利法第二十五条第一款第（三）项规定的疾病的诊断和

治疗方法？

观点一：本案方法本身的目的是辅助决策是否进行卵细胞冻存，并不是以诊断和治疗为目的，不属于专利法第二十五条第一款第（三）项规定的疾病的诊断和治疗方法。

观点二：本案的输入参数为双方临床病史资料和化验检查结果，模型的输出结果为卵母细胞复苏效果，因此，本案以有生命的人体为对象，给出患者医疗建议，以便于不孕不育夫妇进行治疗，属于以治疗为目的的受孕方法。

2. 问题二：本案选择生理参数、自定义模型预测卵母细胞复苏效果，是否符合专利法第二条第二款的规定？

观点一：本案要解决的问题是预测拟进行的卵细胞冻存操作的复苏效果，从而帮助患者做出合理的决定。为解决上述问题，本案由患者的病史资料和化验检查结果获得生理参数，基于生理参数获得累积活产率和无胚胎可移植率两个评价指标，基于上述两个评价指标预测卵母细胞复苏效果，从而帮助患者辅助决策是否进行卵细胞冻存。其中，性激素水平等影响无胚胎可移植率、促卵泡成熟药物应用日大中卵泡数目和不孕相关疾病等影响累积活产率均体现了自然规律的约束。权利要求中限定的预测复苏效果的手段是遵循自然规律的技术手段，解决了上述技术问题，并获得了遵循自然规律的技术效果。本案请求保护的解决方案构成技术方案。

观点二：权利要求中限定的累积活产率和无胚胎可移植率均是人为主观定义的评价指标；权利要求中限定的计算无胚胎可移植率和累积活产率的指标，如性激素水平、促卵泡成熟药物应用日大中卵泡数目、不孕相关疾病检查结果等，也是从众多指标中人为随意选择的，可以任意增加或减少。整体来说，上述手段是人为选定评价指标进行相关概率计算，选择不同的指标将有不同的计算结果，因此上述手段并未遵循自然规律，不是技术手段；其所达到的效果是获得符合人为设定评价规则的预测结果，不是技术效果。本案请求保护的解决方案不构成技术方案。

【审查观点和理由】

1. 关于问题一

根据《专利审查指南》的相关规定，直接目的不是获得诊断结果或健康状况，而只是从活的人体或动物体获取作为中间结果的信息的方法，或处理该信息（如生理参数）的方法，不属于诊断方法。本案的方案由患者的病史资料和化验检查结果获得生理参数，基于生理参数获得累积活产率和无胚胎可移植率两个评价指标，基于上述两个评价指标预测卵母细胞复苏效果，对是否进行卵细胞冻存的决定提供辅助。该方法实质上是对与人成熟卵母细胞玻璃化冷冻的复苏效果相关的生理参数等数据进行处理的方法，所获得的处理结果，即预测的复苏效果，仅是对是否进行卵细胞冻存这一细胞处理方法提供参考，而不能由此直接获得有生命的人体的诊断结果或健康状况。该方法不属于专利法第二十五条第一款第（三）项规定的诊断方法。

另外需要说明的是，该方法处理的对象并非有生命的人体，而是相关生理参数，因此本案要求保护的方法也不属于专利法第二十五条第一款第（三）项规定的治疗方法。

2. 关于问题二

该解决方案涉及一种人成熟卵母细胞玻璃化冷冻复苏效果的预测方法。根据说明书的记载，本案要解决的问题是预估拟进行的卵细胞冻存操作的复苏效果，从而帮助患者做出合理的决定，尽量减少不必要的手术操作风险以及避免时间和医疗资源的浪费。为解决上述问题，本案通过处理由患者病史资料和化验检查结果获得的生理参数，建立用于预测卵母细胞复苏效果的评价指标——无胚胎可移植率和累积活产率，并根据该评价指标预测卵母细胞复苏效果。本案权利要求中限定的由病史资料和化验检查结果获得的生理参数是体现人的身体状态的客观参数，其中性激素水平等影响无胚胎可移植率，促卵泡成熟药物应用日大中卵泡数目和不孕相关疾病影响累积活产率；根据说明书的记载，卵母细胞极易受冷冻损伤，解冻后可能无法形成胚胎，可见无胚胎可移植率和累积活产率反映了卵母细胞复苏效果。本案用于预测的因素与预测的结果之间受到自然规律约束，所采用的预测手段属于利用了自然规律的技术手段，解决了技术问题，并获得了技术效果。

虽然累积活产率和无胚胎可移植率两个指标是人为选择的用于进行卵母细胞复苏效果预测的评价指标，而且可用于计算累积活产率、无胚胎可移植率的指标很多，但上述指标的选择是根据它们在技术上的关联进行的。选择不同的指标表征某一对象是常见的现象，不同的指标或许确会产生不同的结果，但不能以此作为认定本案未利用遵循自然规律的技术手段的理由。

综上，本案请求保护的方案属于技术方案，符合专利法第二条第二款的规定。

第二章　说明书和权利要求

专利制度赋予专利所有者一定时期内的垄断权利，补偿其前期高昂的创新投入并使其可能获取额外的利润，同时规定申请人在提出专利申请时应当充分公开其发明创造，即以"公开"换"保护"，从而达到促进技术传播、减少重复研究、激励技术创新的目的。在提交专利申请时，权利要求书表示申请人希望得到法律保护的权利范围，说明书则用于支持权利要求以证明权利要求的范围是合理的。根据专利法第六十四条第一款的规定，发明或者实用新型专利权的保护范围以其权利要求的内容为准，说明书及附图可以用于解释权利要求的内容。

专利法及其实施细则对说明书和权利要求这两份专利申请的法律文件应当满足的条件作出了明确规定。对于说明书而言，其需要满足专利法第二十六条第三款有关对发明或实用新型作出清楚、完整的说明，以所属技术领域的技术人员能够实现为准的要求，俗称"公开充分"的要求。对于权利要求而言，应当满足专利法第二十六条第四款有关以说明书为依据，清楚、简要地限定权利要求保护的范围的要求，俗称"权利要求得到说明书支持""权利要求清楚"的要求。除此之外，独立权利要求还应满足专利法实施细则第二十三条第二款规定的从整体上反映发明或者实用新型的技术方案，记载解决技术问题的必要技术特征的要求。

一、说明书应当公开充分

专利法第二十六条第三款规定说明书必须以清楚、完整，能够实现的方式公开一个满足专利性要求的发明，作为交换，国家授予申请人一定时间期限内的排他性权利。说明书是否清楚、完整，是以所属技术领域的技术人员能够实现为准。

判断说明书是否充分公开，应以原说明书和权利要求书记载的内容为准。按照"先申请制"的要求，申请日提交的原始申请文件，包括权利要求书、说明书和说明书附图，共同构成了专利审查的事实基础，专利法第二十六条第三款是审查员认定原始申请文件公开事实的依据和标准。

专利法第二十六条第三款要求说明书应当公开发明使得所属技术领域的技术人员"能够实现"技术方案，强调的是技术方案实现的实际可能性，而非必须是已经实现。具体地，应当站位所属技术领域的技术人员，根据发明的性质、领域、权利要求的范围、说明书记载的内容、现有技术的整体状况和可预期程度等因素综合考量判断发明是否能够实现。

案例 2 -1　技术手段不清楚是否导致技术方案无法实现

【相关法条】专利法第二十六条第三款

【IPC 分类】A61K

【关 键 词】技术手段含义不清楚　公开不充分　猪头菜

【案例要点】

本案请求保护的组方涉及作为君药的猪头菜，根据说明书以及现有技术无法确定其为何种药材，即权利要求中相关技术手段含义不清楚已经严重到了本领域技术人员无法实现技术方案的程度，应当质疑说明书是否充分公开的问题。

【相关规定】

专利法第二十六条第三款规定，"说明书应当对发明或者实用新型作出清楚、完整的说明，以所属技术领域的技术人员能够实现为准"。

《专利审查指南》第二部分第二章第 2.1.1 节（2）规定，"表述准确。说明书应当使用发明或者实用新型所属技术领域的技术术语。说明书的表述应当准确地表达发明或者实用新型的技术内容，不得含糊不清或者模棱两可，以致所属技术领域的技术人员不能清楚、正确地理解该发明或者实用新型"。

《专利审查指南》第二部分第二章第 2.1.3 节规定，"以下各种情况由于缺乏解决技术问题的技术手段而被认为无法实现：

…………

（2）说明书中给出了技术手段，但对所属技术领域的技术人员来说，该手段是含糊不清的，根据说明书记载的内容无法具体实施"。

【案例简介】

申请号：201410449381.1

发明名称：一种护理治疗肺癌咯血的药剂

基本案情：

权利要求：一种治疗肺癌咯血的药剂，其特征在于，它包含下列重量份的物质：猪头菜 5~20 份、离根香 10~20 份、过坛龙 10~30 份、菊花参 10~20 份、猫儿屎 10~50 份、金钱草 1~20 份、甜果藤 10~30 份、鸡内金 10~20 份、犁头草 10~25 份、葫芦巴 1~5 份、盘龙七 5~15 份、甘草 1~5 份、麦冬 10~25 份、白芥子 1~15 份、生姜 10~25 份、广藿香 10~30 份、豆豉草 10~20 份、辛夷 1~30 份、青箱子 1~10 份、扭肚藤 20~50 份、款冬花 10~30 份、郁金 1~20 份和草豆蔻 1~10 份。

说明书：在本发明的组合物中，猪头菜和离根香具有凉血功能，可以使血管收缩，为君药；过坛龙、菊花参、猫儿屎、金钱草、甜果藤、鸡内金、犁头草、葫芦巴、盘龙七可以作用于凝血过程，缩短凝血时间，改善血管壁功能，增强毛细血管壁对损伤的抵抗力，降低通透性，为臣药；麦冬、白芥子、生姜、广藿香、豆豉草、辛夷、青箱子、扭肚藤、款冬花、郁金、草豆蔻可以抑制纤维蛋白溶酶的活性，活血化瘀，为佐药；甘草调和诸药，为使药。本发明所述的药物组合物互相影响，协同作用，相辅相成，共奏君臣佐使之功，能够凉血，使血管收缩，改善血管壁功能，增强毛细血管壁对损伤的抵抗力，降低通透性。

【焦点问题】

权利要求中记载的"猪头菜"是否清楚？是否导致技术方案无法实现？

观点一：本领域技术人员无法确定权利要求中"猪头菜"的含义，导致权利要求不清楚，应当质疑权利要求是否清楚的问题。

观点二：本领域技术人员无法确定权利要求中"猪头菜"的含义，以至于无法确定权利要求的技术方案是什么，更无法实现本发明的技术方案，因此，应当质疑说明书是否充分公开的问题。

【审查观点和理由】

在权利要求中相关技术手段存在不清楚的情况，需要判断说明书是否充分公开时，主要考虑相关技术手段的不清楚是否严重到了技术方案无法实现的程度。如果该技术手段的不清楚，导致本领域的技术人员无法确认技术方案是什么，则发明无法实现。

本案权利要求的技术方案中包括作为君药的猪头菜，猪头菜在现有技术中没有明确记载，说明书也并未记载相应的拉丁名、植物基原、药用部位、性味归经等信息，对于本领域技术人员来说，猪头菜是含糊不清的，其指代不明确导致无法被确认，即本领域技术人员根据说明书记载的内容无法具体实现该技术方案，因此，本案说明书不符合专利法第二十六条第三款的规定。

📑 案例 2-2　大数据领域自造术语是否导致说明书公开不充分

【相关法条】 专利法第二十六条第三款

【IPC 分类】 G06F

【关　键　词】 大数据　数据挖掘　通用数据　关键技术手段含糊不清　公开不充分　智力活动规则和方法　技术方案

【案例要点】

如果在数据挖掘方法的关键步骤中使用了多个自造术语，说明书中均未给出明确定义，也不具有所属技术领域的通用含义，那么对所属技术领域的技术人员来说，该数据挖掘方法的关键技术手段是含糊不清的，因此说明书不符合专利法第二十六条第三款的规定。

虽然申请人在意见陈述中给出了其具体定义，但说明书中并未记载该具体定义的任何信息，本领域技术人员不能从原始申请文件中直接、毫无疑义地确定上述内容，因此上述关键手段仍然是含糊不清的，并未克服公开不充分的缺陷，说明书仍然不符合专利法第二十六条第三款的规定。

【相关规定】

专利法第二十六条第三款规定，"说明书应当对发明或者实用新型作出清楚、完整的说明，以所属技术领域的技术人员能够实现为准"。

《专利审查指南》第二部分第二章第2.1.3节规定，"所属技术领域的技术人员能够实现，是指所属技术领域的技术人员按照说明书记载的内容，就能够实现该发明或者实用新型的技术方案，解决其技术问题，并且产生预期的技术效果。

…………

以下各种情况由于缺乏解决技术问题的技术手段而被认为无法实现：

…………

（2）说明书中给出了技术手段，但对所属技术领域的技术人员来说，该手段是含糊不清的，根据说明书记载的内容无法具体实施"。

【案例简介】

申请号：201810186852.2

发明名称：一种任务导向的数据可用性提高方法

基本案情：

权利要求：1. 一种任务导向的数据可用性提高方法，包括如下步骤：

S1. 基于数据属性与任务属性的相关性及完备性，制定任务导向性的数据可用性定量评价指标体系；

S2. 基于二部分图理论及数据属性与任务属性的相关性，构建任务导向性的潜在可用属性挖掘模型；

S3. 基于二部分图理论及任务导向的数据属性相关性，构建任务导向性的具有互补属性的多源数据挖掘模型；

S4. 通过所构建的任务导向性的潜在可用属性挖掘模型挖掘出现有数据集的潜在可用属性及互补多源数据；

S5. 通过所构建的任务导向性的具有互补属性的多源数据挖掘模型挖掘出现有数据集具有互补属性的其它多源数据集。

2. 如权利要求1所述的一种任务导向的数据可用性提高方法，其特征在于，所述任务导向性的潜在可用属性挖掘模型通过以下步骤构建：

输入：数据属性矩阵 M_{DF}，任务属性矩阵 M_{TF}；

输出：数据源 D_j 和任务 T_i 具有潜在可用性匹配值的匹配矩阵；

步骤1：基于二分图理论计算数据任务矩阵 $M_{DT} = M_{DF} * M\,Trans\,TF$；

步骤2：在数据任务矩阵 M_{DT} 的特定任务 T_i 中，选择具有最大匹配值的数据源 D_j；

步骤3：针对特定任务 T_i 和特定数据源 D_j，基于数据属性矩阵 M_{DF} 和任务属性矩阵 M_{TF} 计算特定数据源 D_j 的潜在可用程度；

步骤3.1：计算数据源 D_j 的每个属性与任务 T_i 的每个属性之间的相关程度 C_F；

步骤3.2：基于一定的相关阈值，选择相关度较高的属性，并将这些属性添加到任务 T_i 的属性集中；

步骤3.3：基于任务 T_i 的新属性，通过数据属性矩阵 M_{DF} 和新的任务属性矩阵 M_{TF} 计算数据源 D_j 的潜在可用程度；

第4步：重复上述步骤，直到遍历所有任务。

<u>说明书</u>：在特定任务的数据可用性分析过程中存在以下问题：特定的任务需要特定的数据属性，但不能直接从可用数据中获得这些属性，可用数据已有的属性与特定的任务没有直接关系。因而需要一种新的方法，可针对特定任务筛选出能够满足用户需要的可用属性，并挖掘出与现有数据集具有潜在互补功能的多源数据。

本案提出了一种任务导向的数据可用性提高方法，基于数据属性与任务属性的相关性及完备性制定任务导向性的数据可用性定量评价指标体系，基于二部分图理论及数据属性与任务属性的相关性构建任务导向性的潜在可用属性挖掘模型并利用其挖掘出现有数据集的潜在可用属性及互补多源数据，基于二部分图理论及任务导向的数据属性相关性构建任务导向性的具有互补属性的多源数据挖掘模型并利用其挖掘出现有数据集具有互补属性的其他多源数据集。

说明书还给出了具体实施例：用户出行需求预测实例。

（1）特定任务描述。

定制公交是一种以需求为导向的公共交通服务，根据用户出行需要，能够提供灵活的"特定时间"、"特定地点"和"一人一座位"公交服务，其中，用户出行需求预测是实现有效定制公交服务的前提和关键。

在定制公交服务中，用户出行需求预测的具体任务要求有许多相关的数据属性，但现有的多源数据不仅具有部分相关属性，而且还存在与特定任务需求属性不匹配的其他冗余属性。

（2）现有数据描述。

表1概述了相关数据集及其属性。

表1　用户出行需求预测的数据集及其属性

数据集	数据属性	用户出行需求预测的可用性
IC卡、移动用户数据、人口普查、医疗卫生服务	身份证、工作日期、线路代号、方向、公交品牌号、收费时间、收费类型、收费金额	代表乘客个人信息
调查、行人跟踪系统或信息和通信技术传感器（如蓝牙和Wi-Fi扫描仪的智能手机）	OD流量数据、密度、步行速度、点到点旅行时间	代表对OD需求的直接观察
路线选择决定和主要交通条件	路段交通数据、行人通道、行人设施	表示对OD需求的直接观测

<u>上述</u>这些数据可以通过保密协议与合作者之间共享，我们通过数据接口收集了相关的用户出行需求数据。此外，我们还获得实时GPS数据和乘客IC卡数据的历史用户旅行数据。

<u>审查过程</u>：审查员在第一次审查意见通知书中指出说明书存在公开不充分的问题后，申请人在意见陈述中针对如何"计算数据源 D_j 的每个属性与任务 T_i 的每个属性之间的相关程度 C_F"指出：

$$\boldsymbol{M_{\mathbf{D}}} = \begin{array}{c|ccc} & F1 & F2 & F3 \\ D1 & 1 & 1 & 0 \\ D2 & 1 & 0 & 0 \\ D3 & 1 & 1 & 1 \\ D4 & 0 & 0 & 0 \end{array} \qquad \boldsymbol{M_{\mathbf{TF}}} = \begin{array}{c|ccc} & F1 & F2 & F3 \\ T1 & 1 & 1 & 1 \\ T2 & 1 & 1 & 0 \end{array}$$

基于矩阵转置及矩阵相乘原理：

$$\boldsymbol{M_{\mathbf{DT}}} = \boldsymbol{M_{\mathbf{DF}}} * \boldsymbol{M_{\mathbf{TF}}^{\mathbf{T}}} = \begin{array}{c|cc} & T1 & T2 \\ D1 & 2 & 2 \\ D2 & 1 & 1 \\ D3 & 3 & 2 \\ D4 & 0 & 0 \end{array}$$

上述矩阵揭示了基于属性 F 的数据 D 与任务 T 之间的相关程度。如与任务 $T1$ 需求相关性程度最大的是数据 $D3$。

申请人在意见陈述中针对如何"通过数据属性矩阵 $\boldsymbol{M_{\mathbf{DF}}}$ 和新的任务属性矩阵 $\boldsymbol{M_{\mathbf{TF}}}$ 计算数据源 D_j 的潜在可用程度"，补充了计算公式：$\mathrm{max}P(D=T/T)$。

该公式中每个参数的具体含义如图 5 所示。

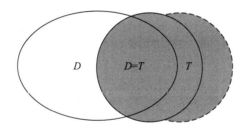

图 5　参数示意

【焦点问题】

对数据挖掘方法的关键手段，例如"基于数据属性矩阵 $\boldsymbol{M_{\mathbf{DF}}}$ 和任务属性矩阵 $\boldsymbol{M_{\mathbf{TF}}}$ 计算特定数据源 D_j 的潜在可用程度"和"计算数据源 D_j 的每个属性与任务 T_i 的每个属性之间的相关程度 C_F"，本案说明书中并未给出明确定义，是否存在公开不充分的问题？申请人在答复审查意见通知书时进行了意见陈述，针对上述多个自造术语补充了相关的定义，能否接受该意见陈述从而认定本案说明书公开充分？

观点一：在说明书中并未对上述多个自造术语进行定义，其也不具有所属技术领域的通用含义，因此本案说明书存在公开不充分的问题。虽然申请人在意见陈述中给出了具体的计算公式，但由于上述计算公式并不能从原始申请文件中直接、毫无疑义地确定，因此不应考虑意见陈述中的内容，本案说明书仍然存在公开不充分的问题。

观点二：在说明书中并未对上述多个自造术语进行定义，其也不具有所属技术领域的通用含义，因此本案说明书存在公开不充分的问题。但申请人的意见陈述已经进一步解释了上述多个自造术语的具体定义，因此综合考虑，其已克服公开不充分的问题。

【审查观点和理由】

本案提出了一种方案，可针对特定任务筛选出能够满足用户需要的可用属性并挖掘出与现有数据集具有潜在互补功能的多源数据。为实现上述发明目的，需要"构建任务导向性的潜在可用属性挖掘模型"，包括两个关键步骤"基于数据属性矩阵 M_{DF} 和任务属性矩阵 M_{TF} 计算特定数据源 D_j 的潜在可用程度"和"计算数据源 D_j 的每个属性与任务 T_i 的每个属性之间的相关程度 C_F"，但是说明书中并未记载上述两个关键步骤的计算方式，并且其也不具有所属技术领域的通用含义，因此说明书中给出的上述手段是含糊不清的，本领域技术人员无法按照原始说明书的内容实现该发明，从而不能解决任何问题。因此本案的说明书未对发明作出清楚、完整的说明，存在公开不充分的缺陷，不符合专利法第二十六条第三款的规定。

申请人在意见陈述中针对上述关键步骤给出了具体定义，但说明书中并未记载该具体定义的任何信息，因此本领域技术人员并不能从原始申请文件中直接、毫无疑义地确定上述意见陈述中给出的具体定义，因此上述关键手段仍然是含糊不清的，并未克服公开不充分的缺陷，说明书仍然不符合专利法第二十六条第三款的规定。

📚 案例2-3　说明书记载的工作原理错误是否导致说明书公开不充分

【相关法条】 专利法第二十六条第三款

【IPC 分类】 B01D

【关 键 词】 本领域技术人员　现有技术　公开充分　排水装置　公开不充分的判断主体　说明书工作原理

【案例要点】

在判断说明书是否公开不充分时，应当站位所属技术领域的技术人员，重点围绕权利要求所要求保护的方案相关事实，充分考虑说明书以及现有技术的状况，综合判断说明书所记载的技术方案能否解决技术问题，不能仅因说明书中描述的发明原理有误而直接认定技术方案公开不充分。

【相关规定】

《专利审查指南》第二部分第二章第2.1.3节规定，"所属技术领域的技术人员能够实现，是指所属技术领域的技术人员按照说明书记载的内容，就能够实现该发明或者实用新型的技术方案，解决其技术问题，并且产生预期的技术效果。

说明书应当清楚地记载发明或者实用新型的技术方案，详细地描述实现发明或者实用新型的具体实施方式，完整地公开对于理解和实现发明或者实用新型必不可少的技术内容，达到所属技术领域的技术人员能够实现该发明或者实用新型的程度"。

【案例简介】

申请号：201210379337.9

发明名称：码头压缩空气排水装置

基本案情：

权利要求：一种码头压缩空气排水装置，其特征在于：它包括上封头（9）、筒体（14）和下封头（4），所述上封头（9）与筒体（14）之间设置有第一补强圈（11），所述下封头（4）与筒体（14）之间设置有垫环（5），所述筒体（14）内部沿竖直方向设置有隔板（13），所述隔板（13）下端左右两侧分别设置有第一斜板（6）和第二斜板（15），所述第一斜板（6）和第二斜板（15）下方设置有盖板（16），所述下封头（4）底部设置有支座（2）和集聚器（3），所述支座（2）与下封头（4）之间通过第二补强圈（22）相连接，所述集聚器（3）与筒体（14）内部相连通，所述集聚器（3）底部连接设置有排污接管（1），所述集聚器（3）外壁上连接设置有排水接管（17），所述筒体（14）上设置有第一接管（8）和第二接管（12），所述第一接管（8）和第二接管（12）左右对称布置，所述第一接管（8）下方设置有入孔组件（7），所述上封头（9）上设置有吊耳（10）。

说明书：申请涉及一种码头压缩空气排水装置。

该案要求保护一种压缩空气排水装置。根据说明书和权利要求书的记载，其实质上是一种将压缩空气中水分分离出来的装置。

说明书中还记载了装置的工作原理。工作原理部分如下：

经冷却后的压缩空气是液气两相的混合物，当气流进入分离器后，首先要撞击垂直隔板，由于液气两相的质量差别很大（往往成千上万倍），而在相同的撞击速度下液相则具有比气相大出成千上万倍的动能。由于吸附作用，液滴便会附着在壁面上并在气流的推动下沿壁降落，并逐渐向容器底部集结。气流顺着惯性经过几次转折，使剩余的液滴在离心力的作用下又进一步分离，最后汇聚在一处结合成较大的液滴，形成一个较大的液体饱和区域然后排到压水中隔板至集聚器内，罐内分离凝聚的水、污通过上引排水下排污装置将其排放干净，使系统正常工作。

该排水装置的主视图如图6所示。

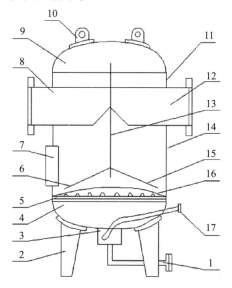

图6 排水装置的主视图

【焦点问题】

要求保护技术方案无法按照说明书所记载的技术方案工作原理实现，是否必然会导致说明书公开不充分？

观点一：说明书和权利要求书中均没有记载能够使隔板产生吸附作用的结构、材料以及能够产生离心力的部件，但是，在说明书记载的工作原理中，记载了通过隔板的吸附作用，以及气流会受到离心力的作用，使得气液分离。也就是说，说明书提出了技术方案所要解决的技术问题以及预期效果，但没有记载能够解决相应技术问题和达到相应效果的构造或部件。因此，说明书公开不充分。

观点二：说明书中对技术方案的原理描述存在一定瑕疵，但是结合现有技术，申请的装置结构本身符合惯性分离原理，因此，本领域技术人员能够实现所要求保护的技术方案。

【审查观点和理由】

在判断是否公开不充分时，判断主体应当是所属技术领域的技术人员，应当充分考虑现有技术的状况。为此，审查员应该通过检索对现有技术进行充分了解而使自己更接近于所属技术领域的技术人员的水平，综合判断说明书中记载的权利要求技术方案是否能够解决其技术问题，从而进一步得出是否公开充分的结论。具体到本案，现有技术中关于气液分离方法中包括了惯性分离和离心分离的方法，就该案而言，说明书对本案原理解释技术方案中的隔板具有吸附作用，并且气流会受到离心力的作用，可以使得气液分离，但是结合现有技术，所属技术领域的技术人员可以确定该技术方案的原理应当属于惯性分离的范畴，并不是申请人所述的离心分离的方法。该申请说明书中提及的"离心力"与本领域常规理解的不同，所指的应当就是惯性力，而该申请说明书中提及的"吸附"也应当理解为"附着""附聚"。也就是，申请人在描述发明原理时使用了不规范的技术术语，但该申请说明书公开的装置结构本身符合惯性分离原理，所属技术领域的技术人员结合现有技术能够实现权利要求书的技术方案，解决其技术问题，并且产生预期的技术效果。因此，该申请不存在说明书公开不充分的缺陷。

案例2-4　优先权文件是否可以证明技术方案的技术效果能够实现

【相关法条】专利法第二十六条第三款
【IPC 分类】C07D
【关 键 词】优先权文件　证据　实验数据　公开充分
【案例要点】

在判断申请的技术方案是否能够达到预期技术效果时，对申请人提交的证据，例如优先权文本，均应当予以考虑，不能仅因优先权文本不属于原始申请文件说明书公开的内容，就否定其证据的资格。

【相关规定】

《专利审查指南》第二部分第二章第 2.1.3 节规定，"所属技术领域的技术人员能够实现，是指所属技术领域的技术人员按照说明书记载的内容，就能够实现该发明或者实用新型的技术方案，解决其技术问题，并且产生预期的技术效果"。

【案例简介】

申请号：200880021498.2（复审案件编号：1F137091）

发明名称：杂芳基酰胺类似物

基本案情：

<u>权利要求</u>：按照式 Ia 或 Ib 的化合物或其盐或水合物：

Ia　　　　　　　Ib

其中：U 是 CR1A 或 N；……。

<u>说明书</u>：该申请涉及一种杂芳基酰胺类似物及其用于治疗与 P2X7 受体活化相关的病症的用途。

说明书记载了权利要求化合物为 P2X7 受体拮抗剂，其可以用于治疗和预防疼痛（包括急性、慢性和神经性疼痛），以及各种其他病症，包括骨关节炎、类风湿性关节炎、关节硬化、炎症性肠病、阿尔茨海默病等。对于相关的效果数据说明书记载为：使用本文公开的通常方法制备的其他杂芳基酰胺类似物列于表 2 中。在标明 IC_{50} 的表 2 的纵行中 "*" 表明按照实施例 7A 中描述的方法测定的 IC_{50} 值是 2 微摩尔或更小。

表 2　化合物体外活性效果表

	名　称	C_{50}
1	N-（金刚烷-1-基甲基）-1-嘧啶-2-基-1H-吲哚-3-甲酰胺	

本案要求保护的新化合物作为 P2X7 受体拮抗剂，现有技术中没有关于此类化合物作为 P2X7 受体拮抗剂的信息，说明书仅笼统地给出了某些方案的 IC_{50} 值的范围，没有说明哪些化合物具有所述的 IC_{50} 值。虽然说明书给出了效果实验的方法，即测定化合物对于所提供细胞的 IC_{50} 值，且表示 "IC_{50}" 的纵行中 "*" 表示 IC_{50} 值是 2 微摩尔或更小，但表 2 中表示 IC_{50} 值的相应单元格均为空白，没有出现所述 "*"。

申请人认为，依据优先权文件 US60/955250 中表 3，提交说明书第 60—95 页表 3 中的数值或符号从而说明这些化合物的药学活性。

表 3　化合物体外活性效果表

	名　称	IC_{50}
1	N-（金刚烷-1-基甲基）-1-嘧啶-2-基-1H-吲哚-3-甲酰胺	*

申请人认为，上述数据是记载于优先权文件中的，且该优先权文件是公众可获得的，因此本领域技术人员能够清楚地认识到这些数据是在本案申请日以前就确实已经获得。这些数据仅仅是因为提交申请阶段由于排版失误而导致没有完整地出现在说明书中，但是它们是可以从本案的优先权文件中直接、毫无疑义地获得的内容，因此应当接受这些数据。

【焦点问题】

在判断申请的技术方案能否产生预期技术效果时，对记载于优先权文件中的实验数据是否应当考虑？

观点一：优先权文本属于在判断专利法第二十六条第三款时应当考虑的证据。结合该案具体案情可知，本案说明书中记载了获得新化合物的方法，同时还验证了获得的化学物质的结构，并记载了化合物的用途，虽然本案没有明确记载验证用途的具体实验数据，但是本案优先权中记载了该化合物的具体效果数据，其可以表明该化合物具有说明书所述用途，应当认为说明书符合专利法第二十六条第三款的相关要求。

观点二：判断说明书是否公开充分，应当根据发明所要解决的技术问题在说明书公开内容的基础上结合现有技术综合考量，就本案而言，现有技术中没有关于此类化合物作为 P2X7 受体拮抗剂的信息，本领域技术人员难以预期本案请求保护的化合物能作为 P2X7 受体拮抗剂，说明书中也没有给出用于证明所述化合物用途和/或预期效果的定性或定量实验数据。虽然优先权文本中记载了有关数据，但是优先权文本不属于原始申请文件说明书公开的内容，也不属于现有技术，因此在判断说明书是否公开充分时不予考虑。

【审查观点和理由】

判断申请的技术方案是否能够产生预期的技术效果与该申请说明书中是否记载有实验数据没有必然的联系。如果本领域技术人员可以预期该技术方案能够实现所述用途和/或达到了预期效果，本领域技术人员能够实施其技术方案、解决其技术问题并产生预期技术效果，即使说明书中缺少能够证实技术效果的实验数据，仍可认为本领域技术人员能够实现该发明，符合专利法第二十六条第三款的规定。

优先权文本是同一申请人就相同主题提出的在先申请，如果根据优先权文件中记载，相关技术方案已被证实其能够达到的技术效果，记载了相同方案的在后申请也必然能够达到该效果。具体到本案，申请人提交优先权文本中的数据应当作为证据予以考虑。优先权文件记载了有关化合物的结构、制备方法、效果数据，并且将本案与优先权文件进行对照，除本案表中"IC$_{50}$"栏未正常显示外，本案说明书内容与优先权文本内容完全吻合，两者表中化合物能一一对应，进而能确定本案表中化合物的 IC$_{50}$ 值与优先权文本内容也是对应的，因此，结合优先权文件记载的内容，认定在后申请中的相同的技术方案也能够达到同样的技术效果。

案例 2-5 根据现有技术是否可以预期技术方案的技术效果能够实现

【相关法条】 专利法第二十六条第三款

【IPC 分类】C07D

【关 键 词】前药　现有技术　效果实验数据　公开充分

【案例要点】

虽然说明书记载的实验证据存在瑕疵，未记载效果实验采用何种具体化合物进行测试，但是如果根据现有技术可以预测本发明的前药能够代谢为相应的母体药物，即本发明技术方案能够实现所述用途和/或使用效果，则不会导致说明书违反专利法第二十六条第三款的规定。

【相关规定】

《专利审查指南》第二部分第十章第 3.1 节规定，"对于化学产品发明，应当完整地公开该产品的用途和/或使用效果，即使是结构首创的化合物，也应当至少记载一种用途。

如果所属技术领域的技术人员无法根据现有技术预测发明能够实现所述用途和/或使用效果，则说明书中还应当记载对于本领域技术人员来说，足以证明发明的技术方案可以实现所述用途和/或达到预期效果的定性或者定量实验数据"。

【案例简介】

申请号：200880023124.4（复审案件编号：1F136070）

发明名称：可用于治疗帕金森症的儿茶酚胺衍生物

该申请涉及一种儿茶酚胺衍生物，该化合物可用于治疗神经变性疾病及其他适应症，并且该化合物属于前药衍生物。

基本案情：

权利要求：具有结构 I 的化合物

I

其中：$n = 0$、1；……。

说明书：说明书中记载了本案所涉及的化合物是新型儿茶酚胺衍生物，还记载了其属于体内可代谢的前药化合物，并描述了本案的儿茶酚胺衍生物是通过在体内代谢为儿茶酚胺化合物的方式使得该化合物能够产生上述药物活性，具体涉及两类前药，一类是以亚甲二氧基（MDO）形式的前药，另一类是酯形式的前药。在实施例中记载了用于制备本案化合物的中间体的制备、本案的化合物的制备及其确认数据以及药理学测试过程，但未记载效果实验采用何种具体化合物进行测试。说明书还记载了本案要解决的技术问题是提供作为多巴胺 D1 样和 D2 样激动剂并且可用于治疗神经和精神疾病的化合物。

【焦点问题】

是否必须依赖于说明书记载的实验数据，才能判断前药能否实现预期的医药用途或者药理作用？

观点一：（1）本案说明书对于该化合物的充分公开应当满足《专利审查指南》第二部分第十章第3.1节的要求。本案说明书虽记载了该化合物可作为多巴胺D1样和D2样激动剂并且可用于治疗帕金森症等疾病，但未记载效果实验采用何种具体化合物，导致本领域技术人员无法获知实验结果由何种样品获得，进而无法确信式Ⅰ化合物具有本案声称的用途和/或效果。（2）本案说明书虽记载了儿茶酚部分以亚甲二氧基前药衍生物形式以及以二酯衍生物形式掩蔽的式Ⅰ化合物也可以在体内裂解产生活性儿茶酚胺，然而，药物在体内的吸收和代谢过程非常复杂，某种"前药"是否能够以及何时能够转化为母体药物是难以预期的。因此，在缺乏效果数据的情况下，本领域技术人员无法预期式Ⅰ化合物是否能够在体内裂解为活性儿茶酚胺。

观点二：在说明书是否满足充分公开要求的判断过程中，需要在准确理解现有技术的整体状况、发明相对于现有技术所作的改进等因素的基础上以所属技术领域的技术人员的视角进行客观的判断，而不能仅仅局限于在申请文件文字记载的内容。所属技术领域的技术人员根据现有技术能够预测该申请的前药能够在体内裂解，其药物活性并不需要依赖实验证据的证实，尽管说明书记载的实验证据没有指明具体的测试化合物，但其并不导致说明书违反专利法第二十六条第三款的规定。

【审查观点和理由】

对于说明书充分公开的判断，应当综合考虑发明的性质、技术领域，权利要求要求保护的范围，说明书记载情况、现有技术的整体状况等，站位本领域技术人员进行判断。相关结论的得出不是一个简单的形式判断，不能简单地取决于说明书中对技术效果有无文字记载或者文字记载的形式本身。如果所属技术领域的技术人员根据现有技术可以预测发明能够实现所述用途和/或使用效果，即使说明书没有记载相关的实验数据，也可认定说明书符合专利法第二十六条第三款的规定。

具体到本案，申请权利要求请求保护的通式化合物中涉及两类前药形式，一类是以亚甲二氧基（MDO）形式的前药，另一类是酯形式的前药，申请人认为上述前药可以体内裂解（最可能通过体内代谢裂解）产生活性儿茶酚胺。并且，说明书中所提及的现有技术文献中均公开了本案请求保护的式Ⅰ化合物的母体药物以及母体药物的多巴胺能活性。由此可见，现有技术中已经公开了本案要求保护的化合物的母体药物的多巴胺能活性。从而判断本案要求保护的该母体药物的前药化合物的效果/用途是否能够实现的焦点在于：上述前药化合物能否在体内转化为具有活性的母体药物。

进一步，针对上述亚甲基二氧基（MDO）形式的前药，说明书所引用的文献公开了（－）10,11－亚甲基二氧基－N－丙基去甲阿朴啡（MDO－NPA），该化合物是阿朴啡（NPA）的亚甲基二氧基（MDO）形式，并且，在该文献中还表明MDO－NPA是以大剂量具有DA－激动效果以及以小剂量具有包括僵住症的拮抗效果的有力的、口服有效且长效的药剂。MDO－NPA的DA－激动效果，证实了MDO－NPA具有可能的储库特性，可以释放作为活性代谢物的 NPA。

阿朴啡与本案请求保护的化合物的母体药物同属儿茶酚胺类化合物，文献 [Baldessarini，Ram，Neumeyer；Neuroropharmacology，21（10），953（1982）] 中已经证实了阿朴啡的缩醛即亚甲基二氧基形式的前药能够达到母体药物的药效，本案请求保护的化合物同样涉及对苯环上的两个相邻的羟基以亚甲基二氧基形式进行修饰，因此，本领域技术人员根据其所拥有的普通技术知识和上述现有技术能够预见本案所请求保护的亚甲基二氧基形式的前药能够代谢为相应的母体药物。

此外，针对本案请求保护酯形式的前药，由于酯酶在体内分布极广，使得酯类前药的活化易于进行，酯是药物化学领域最常见的载体前药形式（参见《药物化学》，郑虎主编，人民卫生出版社，2000 年 12 月第 4 版，第 476 页倒数第二段）。本领域技术人员同样能根据其所拥有的普通技术知识预见到，本案请求保护的酯前药同样能够代谢为相应的母体药物。

综上所述，由于本案要求保护的结构式 Ⅰ 的化合物的母体药物是已知化合物，其药效已经得到确认，且所属技术领域的技术人员能够预见本案要求保护亚甲基二氧基（MDO）形式前药和酯形式的前药能代谢为相应的母体药物，因此，本领域技术人员能够根据现有技术预测本案请求保护的化合物能够实现所述的用途和/或使用效果，本案说明书满足充分公开的要求，符合专利法第二十六条第三款的规定。

案例 2-6　采用 γ 射线进行通信的技术方案是否公开充分、妨害公共利益及具备实用性

【相关法条】专利法第二十六条第三款　专利法第五条第一款　专利法第二十二条第四款

【IPC 分类】H04B

【关　键　词】γ 射线通信　电磁屏蔽环境　公开充分　妨害公共利益　试验阶段　实用性

【案例要点】

采用 γ 射线在常规传输环境下进行传输存在缺陷，但是，如果本领域技术人员认为根据说明书公开的内容，采用要求保护的技术方案在特定环境或条件下，能够解决相应的技术问题，则应当认为说明书公开充分。

高放射性 γ 射线在其不当使用时存在对人员和财产造成损害的可能，并不意味着采用 γ 射线作为传输介质进行通信的技术方案必然妨害公共利益。

采用 γ 射线作为传输介质的技术方案处于试验阶段，并不能否定其在产业中被制造或使用的可能性。

【相关规定】

专利法第五条第一款规定，"对违反法律、社会公德或者妨害公共利益的发明创造，不授予专利权"。

专利法第二十六条第三款规定，"说明书应当对发明或者实用新型作出清楚、完整的说明，以所属技术领域的技术人员能够实现为准"。

专利法第二十二条第四款规定，"实用性，是指该发明或者实用新型能够制造或者使用，并且能够产生积极效果"。

【案例简介】

申请号：202011118234.8

发明名称：一种γ射线强度调制通信系统及方法

基本案情：

权利要求：一种γ射线强度调制通信系统，其特征在于，包括沿信号传输方向依次设置的信息源、控制单元、屏蔽体、γ射线强度探测器和解调电路，所述通信系统还包括γ源，所述屏蔽体包括多个屏蔽强度区域；

所述信息源用于将信息信号由模拟信号转化为初始电信号；

所述控制单元用于根据所述初始电信号，驱动所述屏蔽体运动，使得所述多个屏蔽强度区域之间相互切换；

当所述屏蔽体运动时，所述γ源放射出的γ射线穿过不同的屏蔽强度区域，使得穿过所述屏蔽体的γ射线具有多种强度，形成γ射线信号；

所述γ射线强度探测器探测用于接收所述γ射线信号，并根据所述γ射线信号的强度信息，将所述γ射线信号转化为输出电信号；

所述解调电路用于接收所述输出电信号，并将所述输出电信号解调为信息信号。

说明书：在电磁屏蔽环境下，无线电波等传统的无线通信方法无法进行通信。特别是在由尺寸较厚的金属壁形成的电磁屏蔽环境下，想要实现无线通信非常困难，现有的通信方法都无法解决该问题。γ射线穿透力强，能量高，利用γ射线进行通信对于实现电磁屏蔽环境下的通信具有十分重要的意义。因此，本案提供一种γ射线强度调制通信系统及方法，解决了提高γ射线通信速率的问题。

【焦点问题】

1. 问题一：γ射线衰减严重，很难在通信中使用，利用γ射线通信的技术方案是否存在公开不充分的缺陷？

观点一：本案说明书公开充分。理由在于：γ射线虽然随距离增加而迅速衰减，因而不能用于通常的长距离通信中，但是根据申请人的意见陈述，结合说明书的记载和本领域的公知常识，可知本案中γ射线应用于特定的环境，例如高温高压锅炉内外，此时γ射线通信距离只要能够满足几厘米即可，该几厘米是γ射线通信可传输的范围，能够被测量从而实现通信。并且，在该特定的环境下，可以通过提高γ射线的发射功率或者提升对准线准直等现有技术中通常采用的方法，在有限的距离中完成正常通信。

观点二：本案说明书公开不充分。理由在于：首先，说明书并未明确记载克服技术障碍实现γ射线穿透屏蔽层进行通信的关键技术手段。其次，本案是通过在接收端检测不同的信号强度来解调出不同的信息，但并未限定具体的通信环境，不同的通信环境下γ射线的衰减会显著不同，解调时无法设置不同强度的检测阈值，从而使得接收端无法正常解调出有用信息。

2. 问题二：采用高能量的 γ 射线辐射大，如果 γ 射线泄漏会对人体产生伤害，是否属于专利法第五条第一款规定的不授予专利权的情形？

观点一：本案不属于专利法第五条第一款规定的不授予专利权的情形，理由在于：γ 射线存在极高的频率和极强的穿透性，可能对人体造成直接放射性损害，但这并不意味着采用 γ 射线的技术方案必然造成妨害公共利益。采用 γ 射线的技术方案只有在防护措施不足的情况下才可能造成对人体的损害，当实施者或使用者通过合理的方式实施或使用时则不会直接造成人体伤害。

观点二：本案属于专利法第五条第一款规定的妨害公共利益的情形，理由在于：γ 射线存在极高的频率和极强的穿透性，对生物体的破坏作用相当大。本案中采用 γ 射线穿透屏蔽层进行通信，未提及相关防护措施，在其应用过程中会产生辐射，对周围生物体产生伤害，从而损害公共利益。

3. 问题三：本案的技术方案仅在实验阶段，尚未在实际产业中制造和使用，是否具备实用性？

观点一：本案具有实用性，理由在于：γ 射线在特定的应用场景下短距离通信在理论上是可行的，并不违背自然规律，另外虽然该技术方案尚处于实验阶段，但并不妨碍其具备可以在产业中被制造或使用的可能性，因此本案具备实用性。

观点二：本案不具备实用性，理由在于：所述技术方案采用放射源进行实验以实现在电磁屏蔽的环境下无需打孔就可进行通信，还处于实验阶段，并未在实际产业中制造和使用，因此不具备实用性。

【审查观点和理由】

1. 关于问题一

具体到本案，γ 射线是原子核的衰变或裂变等产生的高频射线，随着距离增加会迅速衰减，因此不能应用于通常的长距离通信中。当前的权利要求并未限定具体的应用场景，但是，综合考虑如下因素：

首先，根据申请人的意见陈述，本案中 γ 射线应用于特定的环境，例如高温高压锅炉内外，此时的 γ 射线通信距离只要能够满足几厘米即可，该几厘米是 γ 射线通信可传输的范围。并且，在该特定的环境下，可以通过提高 γ 射线的发射功率或者提升对准线准直等现有技术中通常采用的方法，在有限的距离中完成正常通信。

其次，基于本案说明书中的记载可知，木案请求保护的 γ 射线强度调制通信系统及方法，其要解决的技术问题是如何在电磁屏蔽环境下对 γ 射线调制以提高通信速率，因此，本案的具体应用领域是电磁屏蔽环境这一特定通信场。γ 射线是一种高能中子射线，能够穿透金属，本案正是利用了 γ 射线的可穿透性，在电磁屏蔽环境中进行传输。

最后，γ 射线虽然随距离增加而迅速衰减，不能用于通常的长距离通信中，但是在短距离（例如几厘米的范围内），γ 射线能够被测量从而实现通信也是本领域公知常识。例如，《钻井地球物理勘探》（李舟波编，地质出版社，2006 年 5 月，第 137—138 页）一书中给出关于 γ 射线强度与源距的关系：当与 γ 源的距离在 10 厘米以内时，仪器仍然可以保持一定的计数率。而仪器能够测量，即意味着若将 γ 射线用于通信，在接收端该 γ 射线是可以被检测到的。即，在该几厘米的通信距离范围内，γ 射线是可以进行通信的。

综上，站位所属技术领域的技术人员，可以认为，采用 γ 射线实现通信的技术方案在特定环境或条件下能够解决相应的技术问题，因此本案的说明书符合专利法第二十六条第三款的规定。

2. 关于问题二

具体到本案，γ 射线是原子核的衰变或裂变等产生的高频射线，其存在极高的频率和极强的穿透性，因此 γ 射线可能对人体造成直接放射性损害，但这并不意味着采用 γ 射线的技术方案必然造成妨碍公共利益。采用 γ 射线的技术方案只有在防护措施不足的情况下才可能造成对人体的损害，当实施者或使用者通过合理的方式实施或使用时则不会直接造成人体伤害，因此在符合安全规定的前提下采用 γ 射线，并不会对社会公众造成危害，因此，本案不属于专利法第五条第一款规定的不授予专利权的情形。

3. 关于问题三

专利法第二十二条第四款规定，实用性，是指发明或者实用新型申请的主题必须能够在产业上制造或者使用，并且能够产生积极效果。其中"能够制造或者使用"，关键在于技术方案具有在产业中被制造或者使用的可能性，而并非要求发明或者实用新型已经实施。

具体到本案，首先，γ 射线是原子核的衰变或裂变等产生的高频射线，其本质上是一种电磁波，由于其具有高频高辐射的特性，从通信安全和可靠性考虑，在通常的通信环境中并未采用，但在特定的应用场景下，短距离通信在理论上是可行的，并不违背自然规律。其次，虽然该技术方案尚处于实验阶段，其传输性能不够稳定，实际通信效果可能存在一定的波动，但这并不妨碍其具有可以在产业中被制造或使用的可能性，因此，本案具备专利法第二十二条第四款规定的实用性。

二、权利要求应当清楚

专利法第二十六条第四款规定，"权利要求书应当以说明书为依据，清楚、简要地限定要求专利保护的范围"。权利要求书是否清楚，对于确定发明或者实用新型要求保护的范围是极为重要的。鉴于权利要求的作用在于确定专利权的保护范围，其内容和表述就应当清楚，避免给专利权保护带来困难，影响专利制度的运行。

如何判断权利要求是否清楚，《专利审查指南》第二部分第二章第 3.2.2 节做出进一步细化规定，"权利要求书应当清楚，一是指每一项权利要求应当清楚，二是指构成权利要求书的所有权利要求作为一个整体也应当清楚"。审查时，应当站位所属技术领域的技术人员，从技术含义上对每项权利要求和权利要求整体做出相应的判断。

每项权利要求要清楚，既要求其类型要清楚，还要求每项权利要求确定的保护范围应当清楚。《专利审查指南》第二部分第二章第 3.2.2 节规定，"权利要求的保护范围应当根据其所用词语的含义来理解。一般情况下，权利要求中的用词应当理解为相关技术领域通常具有的含义。在特定情况下，如果说明书中指明了某词具有特定的含义，并且使用了该词的权利要求的保护范围由于说明书中对该词的说明而被限定得足够清楚，这种情况也是允许的。但此时也应要求申请人尽可能修改权利要求，使得根据权利要求的表述即可明确其含义"。

📚案例2-7 术语"超能离子发生装置"是否导致权利要求保护范围不清楚

【相关法条】 专利法第二十六条第四款

【IPC 分类】 C02F

【关 键 词】 术语 超能 权利要求清楚

【案例要点】

权利要求记载的各个技术特征应当清楚，不能采用含糊不清的措辞。如果一项权利要求中记载有所属技术领域中含义不确定或者含糊不清的术语或者用语，那么该权利要求的保护范围因上述术语或者用语的存在通常是不清楚的，除非说明书中对该术语或者用语有清楚的定义或者充分的解释以使得所属技术领域的技术人员能够确定其含义。

【相关规定】

《专利审查指南》第二部分第二章第 3.2.2 节规定，"权利要求的保护范围应当根据其所用词语的含义来理解。一般情况下，权利要求中的用词应当理解为相关技术领域通常具有的含义。在特定情况下，如果说明书中指明了某词具有特定的含义，并且使用了该词的权利要求的保护范围由于说明书中对该词的说明而被限定得足够清楚，这种情况也是允许的。……

权利要求中不得使用含义不确定的用语，如'厚'、'薄'、'强'、'弱'、'高温'、'高压'、'很宽范围'等，除非这种用语在特定技术领域中具有公认的确切含义，如放大器中的'高频'。对没有公认含义的用语，如果可能，应选择说明书中记载的更为精确的措词替换上述不确定的用语"。

【案例简介】

申请号：201410597544

发明名称：一种高效低耗水净化处理系统

基本案情：

权利要求：

1. 一种水净化处理系统，其包括不锈钢机壳，所述不锈钢机壳的一端设置有进气口，另一端设置有排气口，其特征在于：所述不锈钢机壳外侧壁上设置有超能离子发生装置，所述超能离子发生装置设置有鼓风机；所述不锈钢机壳内部设置有微波激发高能光联合催化装置和曝气装置，所述超能离子发生装置的输气管与所述曝气装置连接；活性介质催化氧化装置用于在高能离子和光的协同作用下将有机物分解为无害物质；所述微波激发高能光联合催化装置用于产生高能量的微波及不同波段的光，使污染因子吸收能量迅速与高能离子发生碰撞吸附并降解为无害物质。

2. 根据权利要求1所述的水净化处理系统，其特征在于：所述系统还包括控制器，所述控制器用于对所述超能离子发生装置、微波激发高能光联合催化装置和鼓风机进行控制。

说明书： 未记载"超能离子发生装置"的定义及结构。

【焦点问题】

权利要求中记载的术语"超能离子发生装置"是否导致权利要求保护范围不清楚？

观点一："超能"在离子发生器领域并无确切的含义，其不仅导致权利要求保护范围不清楚，也因为离子发生装置的不清楚，导致说明书给出的技术手段含糊不清，根据说明书的内容无法具体实施，即同时导致说明书公开不充分。

观点二："超能"在离子发生器领域并无确切的含义，其导致权利要求保护范围不清楚。但是，如果所属技术领域的技术人员认为，"超能离子发生装置"如非特殊的装置，就是常规用于产生离子的装置；在不清楚"超能"特定含义时，可以仅针对权利要求不满足专利法第二十六条第四款有关清楚的规定提出审查意见。

【审查观点和理由】

本案权利要求1中记载有"超能离子发生装置"这一术语，其在所属技术领域中并不具有公认的确切含义，说明书中也并未明确记载该术语的定义及与该术语相对应的装置的结构，从而造成该权利要求1的保护范围不清楚。

如果申请人在答复审查意见时，认为从说明书记载的"待处理的水在不锈钢机壳体内与超能离子发生装置输送过来的活性氧离子、羟基自由基等自由基离子进行反应"内容可知，此处的"超能离子发生装置"不是特殊的装置，而是用于产生离子的装置，其标准术语为"离子发生装置"，"超能"并没有特定的含义，并将权利要求1中出现的"超能离子发生装置"修改为"离子发生装置"，此时，修改后的"离子发生装置"这一术语是所属技术领域含义确定的技术术语，这样修改后的权利要求1符合专利法第二十六条第四款有关权利要求应当清楚的规定。

三、权利要求书应当以说明书为依据

专利法第二十六条第四款规定了权利要求书应当以说明书为依据，也就是权利要求应当得到说明书的支持。《专利审查指南》第二部分第二章第3.2.1节给出具体判断标准，"权利要求书中的每一项权利要求所要求保护的技术方案应当是所属技术领域的技术人员能够从说明书充分公开的内容中得到或概括得出的技术方案，并且不得超出说明书公开的范围"。使用上位概念或并列选择方式是常见权利要求概括的方式。特殊情况下也允许申请人使用功能或效果特征来限定产品权利要求，此时该功能限定覆盖的所有能够实现的实施方式都应该能够得到说明书支持，否则应当尽量避免使用，特别是纯功能性的权利要求无法得到说明书的支持。权利要求能否得到说明书支持应当站位所属技术领域的技术人员，依据说明书的全部内容，并参照相关现有技术的情况综合进行判断。

案例 2-8　通式化合物权利要求能否得到说明书的支持

【相关法条】 专利法第二十六条第四款

【IPC 分类】 A61K

【关 键 词】 化合物　制备实施例　说明书支持　所属技术领域的技术人员

【案例要点】

对于申请人请求保护的具体化合物，一般来说，需要在说明书中给出具体制备实施例，否则该项权利要求得不到说明书的支持。但是，如果根据已有的实施例可以直接获知要求保护的具体化合物的获得方法，则可以认可该项权利要求得到了说明书的支持。

【相关规定】

《专利审查指南》第二部分第十章第 3.1 节（2）规定，"对于化学产品发明，说明书中应当记载至少一种制备方法，说明实施所述方法所用的原料物质、工艺步骤和条件、专用设备等，使本领域的技术人员能够实施。对于化合物发明，通常需要有制备实施例"。

【案例简介】

申请号：200480013585.5

发明名称：治疗哮喘及其它炎症或免疫性疾病的具有 CCR3 拮抗活性的 2-苯氧基-和 2-苯基磺酰胺衍生物

权利要求请求保护 13 个具体化合物；说明书中描述了这 13 个具体化合物的药理实验数据，但只有一个具体化合物有制备实施例。

说明书中有通式化合物的一般制备方法，并表明其余 12 个具体化合物可以按照类似有制备实施例的那一个化合物的方法合成获得。

【焦点问题】

申请人请求保护的具体化合物是否需要在说明书中给出具体制备实施例？

观点一：其余 12 个具体化合物因缺乏制备实施例而得不到说明书支持。原因是说明书中虽然给出了类似的合成方法，但并不表明能够简单推知其余 12 个化合物的具体合成方法，这些化合物并没有相似到可以简单按照某个化合物的制备方法（包括条件、反应时间和后处理步骤等）就可以确定。

观点二：对于具体化合物而言，制备、确认、效果和/或用途这几个要素中，缺少某一部分的文字记载是否影响到本领域技术人员对技术方案的实施应以说明书整体记载的内容为基础，结合本领域技术人员知晓的普通技术知识，运用该主体所具备的能力作出符合其预测水平的判断。具体对于药物化合物而言，随着合成技术的不断发展，对于相当数量目标化合物，在明确其结构，特别是获悉反应流程后，本领域技术人员将其合成出来一般不存在困难，其不可预测性更多体现在对其药理用途和/或效果的预测上。因此，说明书未记载请求保护的具体化合物的制备实施例是否导致公开不充分应当结合案情具体判断。在说明书已经给出化合物合成流程以及类似化合物的合成示例的情形下，如站在所属技术领域的技术人员的角度不能提出理论或事实依据怀疑该化合物的合成制备超出本领域技术人员的能力，则可以确认能够制备得到该化合物。

【审查观点和理由】

一般来说，在具体化合物的药效学数据存在的情况下，可以认定实际上已经制备得到该具体化合物。如果希望对具体化合物进行保护，理应在说明书中公开其获得方法，而且直接公开其制备实施例是最简单、最直接的方式。通常，如果权利要求请求保护的具体化合物，申请人应当在说明书中描述其制备实施例以支持其权利要求。如果说明书中没有记载请求保护的具体化合物的制备实施例，但是，通过对通式化合物的获得的流程的理解可以简单地获知具体化合物的反应或提取原料、工艺步骤、条件、专用设备等要素，进而明确要求保护的具体化合物的获得方法；或公开的制备实施例的化合物和要求保护的具体化合物结构足够近似，反应位点明确并且相同，或提取流程近似，以使所属技术领域的技术人员通过该实施例就可以直接获知要求保护的具体化合物的获得方法，则可以认定要保护的具体化合物能够得到说明书支持。

案例 2 – 9　用效果参数表征的产品权利要求能否得到说明书的支持

【相关法条】 专利法第二十六条第四款
【IPC 分类】 C08L
【关　键　词】 效果参数　功能性限定　支持
【案例要点】

在审查参数表征的产品权利要求时，通常应当先分析所包含的参数特征的类型，判断参数特征反映的是结构和/或组成还是属于效果参数。对于效果参数，如果说明书记载了达到该效果参数的特定方式而该方式又未限定在权利要求中，且所属技术领域的技术人员根据申请文件和普通技术知识无法获知达到该效果参数的其他手段时，该权利要求得不到说明书的支持。

【相关规定】

《专利审查指南》第二部分第二章第 3.2.1 节规定，"通常，对产品权利要求来说，应当尽量避免使用功能或者效果特征来限定发明。只有在某一技术特征无法用结构特征来限定，或者技术特征用结构特征限定不如用功能或效果特征来限定更为恰当，而且该功能或者效果能通过说明书中规定的实验或者操作或者所属技术领域的惯用手段直接和肯定地验证的情况下，使用功能或者效果特征来限定发明才可能是允许的。

对于权利要求中所包含的功能性限定的技术特征，应当理解为覆盖了所有能够实现所述功能的实施方式。对于含有功能性限定的特征的权利要求，应当审查该功能性限定是否得到说明书的支持。如果权利要求中限定的功能是以说明书实施例中记载的特定方式完成的，并且所属技术领域的技术人员不能明了此功能还可以采用说明书中未提到的其他替代方式来完成，或者所属技术领域的技术人员有理由怀疑该功能性限定所包含的一种或几种方式不能解决发明或者实用新型所要解决的技术问题，并达到相同的技术效果，则权利要求中不得采用覆盖了上述其他替代方式或者不能解决发明或实用新型技术问题的方式的功能性限定"。

【案例简介】

申请号：201480058800.7

发明名称：选择性挡光光学物理材料以及包含此类选择性挡光光学物理材料的光学装置

基本案情：

权利要求：一种光学物理材料，包含可固化基体组合物和分散于所述可固化基体组合物中的有效量的紫外光添加剂，所述光学物理材料在589nm波长下具有1至1.8范围内的折射率，并且在紫外光谱中的任何波长下具有30%或更小的透光率值，其中当在针对包含相当的不含所述紫外光添加剂的可固化基体组合物的光学物理材料的相同测量条件下测量预定值时，所述光学物理材料的光学物理特性的测试值与所述光学物理特性的所述预定值相差不超过5%，并且其中所述光学物理特性选自所述可见光谱中的色移、所述光谱中的任何波长下的光漫射率、所述可见光谱中的透光率以及它们的组合。

说明书：制备光学物理材料可采用的紫外光添加剂的具体种类，包括紫外光吸收化合物（UVA）、纳米颗粒光散射剂、纳米颗粒光吸收剂或它们的任何组合。而紫外光吸收化合物包括诸如取代和未取代的二苯甲酮、苯并三唑、氰基丙烯酸酯和羟基苯基三嗪（HPT）的化合物。例如，合适的紫外光吸收化合物包括多种羟基二苯甲酮、羟基苯基三嗪和羟基苯并三唑。纳米颗粒紫外光吸收剂或纳米颗粒紫外光散射剂包括但不限于二氧化钛（TiO_2）、氧化镁（MgO）和二氧化硅（SiO_2）。

实施例针对单独使用羟基苯并三嗪（Tinuvin® 400），单独使用羟基苯并三唑（Tinuvin® 384 - 2），以不同用量配比组合使用羟基苯并三唑（Tinuvin® 384 - 2）与受阻胺光稳定剂（Tinuvin® 123）的光学材料，测试了其光学性能（见表4）。

表4 选择紫外阻挡和吸收添加剂对各种波长下的透光率的影响

波 长			370nm	390nm	410nm	430nm	450nm	590nm	
目标透光率%			< 10	< 30	> 70	> 85	> 90	> 90	
添加的 Tinuvin® 400 的重量%	添加的 Tinuvin® 384 - 2 的重量%	添加的 Tinuvin® 123 的重量%							备注
0.0	0.0	0.0	92.6	92.8	93.2	93.4	93.5	94.0	对照材料（无添加剂）
0.10	0.0	0.0	5.7	74.1	89.0	92.1	92.9	94.0	阻挡不足
1.00	0.0	0.0	0.0	0.3	14.2	31.3	38.2	46.9	透射减小
0.0	0.10	0.0	0.0	41.7	88.9	91.3	92.2	94.1	阻挡不足
0.0	0.20	0.0	0.0	16.4	86.3	90.3	91.5	93.8	良好

续表

波　　长			370nm	390nm	410nm	430nm	450nm	590nm	
目标透光率%			<10	<30	>70	>85	>90	>90	
添加的 Tinuvin® 400 的重量%	添加的 Tinuvin® 384－2 的重量%	添加的 Tinuvin® 123 的重量%							备注
0.0	1.00	0.0	0.0	2.0	73.3	88.0	89.6	93.7	透射减小
0.0	0.0	1.00	89.9	90.6	91.3	91.7	91.9	93.1	阻挡不足
0.0	0.16	0.09	0.0	28.2	88.7	91.5	92.3	94.0	良好
0.0	1.00	0.50	0.0	4.8	73.4	89.1	90.3	94.0	良好

【焦点问题】

权利要求为效果参数表征的产品权利要求，是否能够得到说明书的支持？

观点一：权利要求限定了选择性透过的相关参数，现有技术没有公开本案所能达到的技术效果，也未公开相关的技术手段，无需指出权利要求得不到说明书支持的问题。

观点二：权利要求中的相关参数本质上是对本案技术效果的限定。对于这类权利要求的审查，应参照《专利审查指南》关于包含"功能性限定"权利要求是否得到说明书支持的问题的一般规定。

【审查观点和理由】

聚合物相对于小分子化合物，其结构和/或组成较为复杂，通常要借助各类物理/化学参数进行表征。对于权利要求包含的参数，有些反映了产品的结构和/或组成，有些则涉及产品的性能和/或效果。

因此，在审查实践中，首先应对权利要求包含的参数特征类型进行区分，判断申请文件中的参数反映的是产品的结构和/或组成，还是属于效果参数。对于效果参数，应当站位本领域技术人员，厘清效果参数特征所表征的效果与产品的结构和/或组成之间的关系，分析效果参数特征背后所隐含的技术手段。即使未检索到相关参数和技术手段，也需要对这种参数限定的权利要求是否得到说明书的支持进行判断。

具体地，对于包含效果参数特征的权利要求，可参照《专利审查指南》第二部分第二章关于"功能性限定"权利要求支持问题的相关规定，审查是否得到说明书的支持。

本案中，权利要求的参数实质上限定了本案的技术效果，权利要求的保护范围应当理解为覆盖了所有能够实现所述功能/效果的实施方式，即权利要求不仅覆盖了说明书实施例所记载的具体实施方案，而且覆盖了任何能够实现该功能/效果的其他方式。然而，根据申请文件记载的内容，本领域技术人员并不清楚采用实施例之外的紫外光添加剂是否能够获得权利要求所包含参数所表征的效果，进而解决相应的技术问题，换言之，本领域技术人员不能明了上述参数是否还可以采用说明书实施例未提到的其他紫外光添加剂来完成。具体地：

说明书记载了制备光学物理材料可采用的紫外光添加剂的具体种类，包括紫外光吸收化合物、纳米颗粒光散射剂、纳米颗粒光吸收剂或它们的任何组合。

首先，对于紫外光添加剂选自二氧化钛（TiO_2）、氧化镁（MgO）和二氧化硅（SiO_2）等纳米颗粒紫外光吸收剂或纳米颗粒紫外光散射剂的情形，说明书中并没有任何关于其光学性能的记载，本领域技术人员无法知晓其能否解决本案的技术问题，即能够阻挡紫外光，并且同时透射可见光。

其次，对于紫外光添加剂选自多种羟基二苯甲酮、羟基苯基三嗪（HPT）和羟基苯并三唑中的紫外光吸收化合物的情形，一方面，说明书中并没有实施针对多种羟基二苯甲酮或羟基二苯甲酮与其他紫外光吸收剂组合的技术方案，自然也不可能对其效果进行验证。对于多种羟基二苯甲酮，羟基的数量、位置不同会导致其吸收波长改变，例如，本领域技术人员公知，邻羟基二苯甲酮，当只有一个邻羟基时，其强烈吸收 $290 \sim 380nm$ 的紫外线，当含有两个邻羟基时，其吸收的波段向长波方向偏移，强烈吸收 $300 \sim 400nm$ 的紫外光，但也吸收一部分可见光，因而使制品带光色，而且与树脂的相容性也稍差（参见《高分子材料用有机助剂》，桂一枝编，人民教育出版社，1983 年 6 月，第 80 页），因此，对于单独使用羟基二苯甲酮或使用羟基二苯甲酮与其他紫外线吸收剂的组合，在缺少实验数据验证的情况下，本领域技术人员难以预期该技术方案能够实现权利要求效果参数所表征的效果。

另一方面，对于使用羟基苯并三嗪或羟基苯并三嗪与其他紫外线吸收剂的组合的技术方案，根据本案表 4 可以看出，单独使用羟基苯并三嗪（Tinuvin® 400），当其含量为 0.10 重量% 时，材料对紫外线的阻挡不足，当其含量为 1.00 重量% 时，材料的透射减少。可见使用本领域技术人员通常使用量的 Tinuvin® 400 产生了阻挡不足或透射减少的缺陷，本案说明书中也没有记载如何调节 Tinuvin® 400 的含量使材料达到阻挡紫外光，并且同时透射可见光的良好平衡的技术效果。另外，对于羟基苯并三嗪类紫外线吸收剂，均三嗪 2,4,6 - 位上邻羟苯基数目越多，紫外线吸收范围越是红移，并吸收部分可见光，从而造成添加后塑料制品变黄（参见《光稳定剂及其应用技术》，隋昭德、李杰、张玉杰等编著，中国轻工业出版社，2010 年 1 月，第 197 页）。因此，在缺少实验数据验证的情况下，本领域技术人员难以预期使用有效量的羟基苯并三嗪或羟基苯并三嗪与其他紫外线吸收剂的组合的技术方案能够实现权利要求效果参数所表征的效果。

综上，本领域技术人员难以预期是否还可以采用说明书实施例未提到的其他紫外光添加剂能够实现权利要求效果参数所表征的效果。因而权利要求得不到说明书的支持，不符合专利法第二十六条第四款的规定。

四、独立权利要求应当记载解决技术问题的必要技术特征

案例 2-10 多交互主体技术方案的必要技术特征判断

【相关法条】 专利法实施细则第二十三条第二款

【IPC 分类】 H04W

【关 键 词】 多交互主体　单侧保护　必要技术特征

【案例要点】

基于专利保护范围的考量，对于通信链路或多交互主体技术的方案，申请人往往倾向于选取整体通信系统的一部分或者该部分对应的通信方法请求保护，而不是在权利要求中描述整个系统或其整个系统的通信方法。对于技术方案仅涉及整体通信系统部分设备或模块的独立权利要求而言，其是否满足专利法实施细则第二十三条第二款的规定，应站位本领域技术人员进行判断。一般来说，如果本领域技术人员基于独立权利要求请求保护的技术方案，能实现发明目的、解决发明所要解决的技术问题，该权利要求符合专利法实施细则第二十三条第二款的规定。

【相关规定】

专利法实施细则第二十三条第二款规定，"独立权利要求应当从整体上反映发明或者实用新型的技术方案，记载解决技术问题的必要技术特征"。

《专利审查指南》第二部分第二章第 3.1.2 节规定，"必要技术特征是指，发明或者实用新型为解决其技术问题所不可缺少的技术特征，其总和足以构成发明或者实用新型的技术方案，使之区别于背景技术中所述的其他技术方案。

判断某一技术特征是否为必要技术特征，应当从所要解决的技术问题出发并考虑说明书描述的整体内容，不应简单地将实施例中的技术特征直接认定为必要技术特征"。

【案例简介】

申请号：201510487439.6（复审案件编号：1F359195）

发明名称：用于配置中继发现消息传输资源的方法、相应的中继终端设备和远程终端设备

基本案情：

权利要求：

1. 一种通过中继终端设备实施的方法，包括：

响应于确定要在发现周期内发送中继发现消息，在所述发现周期内的发现资源池的每个发现资源区选择一个时段用于发送所述中继发现消息，其中所述发现资源池在时间上被划分为多个发现资源区；以及

在每个发现资源区中的所选择的时段上发送所述中继发现消息。

12. 一种中继终端设备，包括：

发送确定单元，被配置为确定是否要在发现周期内发送中继发现消息；

时段选择单元，被配置为响应于确定要发送所述中继发现消息，在所述发现周期内的发现资源池中的每个发现资源区选择一个时段用于发送所述中继发现消息，其中所述发现资源池在时间上被划分为多个发现资源区；以及

消息发送单元，被配置为在每个发现资源区中的所选择的时段上发送所述中继发现消息。

说明书：本案涉及 LTE 系统中中继设备的选择。LTE 系统中，远程终端设备通过检测中继发现消息的接收功率水平来确定中继链路质量，进而选择合适的中继设备；现有中继终端设备在一个发现周期内最多用一个所选择的时段来发送中继发现消息，从而使得远程终端设备在对中继链路质量进行测量时，如果只用一个发现周期的测量结果，测量准确性差；如果用多个发现周期的测量结果，测量延迟太大。本案要解决的技术问题是如何提高中继链路质量的测量精度，使远程终端设备能够选择适当中继设备。

说明书还记载了缩短发现周期的背景技术，此时，相应远程终端设备可以将多个发现周期内检测到的中继链路质量水平进行平均，从而提高中继链路质量测量的准确性。但这种缩短发现周期的方式会导致发现资源开销过大。

【焦点问题】

通信链路系统中，申请人往往倾向于选取通信系统的一部分或者该部分对应的通信方法的权利要求撰写形式，即如本案的情形。此时，权利要求 1、12 是否符合专利法实施细则第二十三条第二款的规定？

观点一：根据本案说明书的记载，只有通过远程终端对多个中继发现消息进行检测并对多个中继发现消息的接收功率水平进行测量并平均才能解决提高中继链路质量的测量精度的技术问题。权利要求 1 和 12 要求保护的技术方案仅限定了中继终端在多个发现资源区中的每个发现资源区所选择的时段发送中继发现消息，无法明确得出远程终端接收到中继发现消息后的处理过程，因此缺少解决提高中继链路质量的测量精度的技术问题的技术特征，不符合专利法实施细则第二十三条第二款的规定。

观点二：权利要求 1 和 12 要求保护的技术方案已完整记载了体现该侧对现有技术所作出的全部改进的技术方案，对端侧的处理不应作为必要技术特征，并且该技术方案能够解决本案说明书中记载的技术问题，因此符合专利法实施细则第二十三条第二款的规定。

【审查观点和理由】

基于专利保护范围的考量，对于通信链路或多交互主体技术的方案，申请人往往倾向于选取通信系统的一部分或者该部分对应的通信方法请求保护，而不是在权利要求中描述整个系统或其整个系统的通信方法。此时，独立权利要求是否应当包括该通信系统其他部分的相应技术特征，应站位本领域技术人员进行判断。一般来说，如果本领域技术人员在独立权利要求所记载内容的基础上，结合现有常规手段能够解决发

明所要解决的技术问题，可以认为该独立权利要求符合专利法实施细则第二十三条第二款的规定。

具体到本案，其要解决的技术问题是：如何提高中继链路质量的测量精度，使得远程终端设备能够选择适当中继终端设备来提供中继。本案采取的技术方案是：中继终端设备在发现周期内的发现资源池的每个发现资源区选择一个时段用于发送中继发现消息，其中所述发现资源池在时间上被划分为多个发现资源区，这样中继终端设备在每个发现资源区内都至少可以发送一次中继发现消息。相应地，远程终端设备可以基于中继终端设备多次发送的中继发现消息来检测远程终端设备与中继终端设备之间的中继链路质量，从而提高中继链路质量的测量精度。

本案整体而言，提高中继链路质量的测量精度是通过中继终端设备和远端设备相互配合共同来实现，中继终端设备及其远端设备，各作为多主体系统中的一部分，具有各自明确的分工，通过两者之间的协作，解决了本案的技术问题。本案权利要求中仅记载了中继终端设备及中继设备对发现资源的处理方法，而未记载与之相配合的远端设备。判断相关权利要求是否缺少必要技术特征，应从所要解决的技术问题出发，结合说明书记载的整体内容并站位本领域技术人员的认知水平进行综合考虑。因此本案争议焦点在于权利要求 1 和 12 要求保护的技术方案仅限定了中继终端在多个发现资源区中的每个发现资源区所选择的时段发送中继发现消息，本领域技术人员在此基础上是否可以得出远程终端接收到中继发现消息后的处理过程，认为权利要求还是可以解决发明所要解决的技术问题。本案说明书中，已明确记载了一种传统的解决方案是缩短发现周期（例如，将发现周期缩短为 40ms、80ms 或 160ms 等）。相应地，远程终端设备可以将多个发现周期内检测到的中继链路质量水平进行平均，从而提高中继链路质量测量的准确性。由此可知，现有技术已经公开了对于同一中继设备发送多个中继发现消息时，远程终端设备可以选择对多个检测到的中继链路质量水平求平均值的方式获得最终的中继链路质量。同时，对本领域技术人员而言，在信道质量检测过程中，通信链路终端对接收到的多个信号采取求功率平均值或随机抽样等多种方式属于本领域的公知常识。因此，基于独立权利要求 1 和 12 记载的内容，本领域技术人员能够想到现有常规手段可以应用于整体通信系统，以解决发明所要解决的技术问题，权利要求 1 和 12 符合专利法实施细则第二十三条第二款的规定。

第三章　现有技术

现有技术是申请日以前在国内外为公众所知的技术，现有技术是判断专利申请是否具备新颖性和创造性，是否符合授权条件的基础。关于现有技术的界定，首先，从时间界限来看，现有技术的时间界限是申请日，享有优先权的，则指优先权日；其次，要成为现有技术，相关技术内容应当处于公众能够得知的状态，处于保密状态的技术内容并不属于现有技术。现有技术的公开方式多种多样，包括出版物公开、使用公开、口头公开等。伴随着信息技术的迅猛发展，存在于互联网或其他在线数据库中的资料作为出版物的一种形式，成为现有技术的重要组成部分。由于网络证据存在易修改、易灭失等特点，其公开时间和公开内容等的确定往往容易成为审查中的难点和双方争议的焦点，网络证据是否能够作为现有技术需要根据具体案情进行分析。

一、现有技术公开时间的确定

案例 3-1　互联网证据公开时间认定中的时差问题

【相关法条】专利法第二十二条第五款
【IPC 分类】H04N
【关 键 词】互联网证据　公开时间　时差　现有技术
【案例要点】

公开时间是否在申请日之前是判断技术文献是否构成现有技术的关键因素。对于向我国提交的专利申请，应以北京时间来确定本案的申请日和现有技术的公开日，因此，在现有技术涉及互联网证据且其公开地与我国处于不同的时区的情况下，原则上应当考虑时差问题。但是并不意味着审查时需要对每件案件进行时差换算，这是因为绝大多数情况下现有技术的公开时间与本案申请日间隔远大于 1 日，此时不进行公开日期的时区转换也不影响是否属于现有技术的结果认定。

【相关规定】

专利法第二十二条第五款规定，"本法所称现有技术，是指申请日以前在国内外为公众所知的技术"。

《专利审查指南》第二部分第三章第 2.1 节规定，"根据专利法第二十二条第五款的规定，现有技术是指申请日以前在国内外为公众所知的技术。现有技术包括在申请日（有优先权的，指优先权日）以前在国内外出版物上公开发表、在国内外公开使用或者以其他方式为公众所知的技术。

现有技术应当是在申请日以前公众能够得知的技术内容。换句话说，现有技术应当在申请日以前处于能够为公众获得的状态，并包含有能够使公众从中得知实质性技术知识的内容"。

【案例简介】

申请号：201710204303.9

申请日：2017 年 3 月 31 日

发明名称：一种基于空间位置自适应质量调整的视频、图像编解码方法及装置

基本案情：

在审查意见通知书中，对权利要求的创造性评价使用的对比文件 2 属于本专利申请的发明人在某提案网站提交的文档第一版。

申请人在答复通知书时提交证据表明对比文件 2 上传时间（在该领域上传时间通常即视为公开时间）为法国时间 2017 年 3 月 30 日 22 时 54 分，其对应的北京时间为 2017 年 3 月 31 日 4 时 54 分，而本专利申请递交的时间为北京时间 2017 年 3 月 31 日零时 6 分，因此，申请人认为该对比文件不属于本专利申请的现有技术。

【焦点问题】

互联网证据的公开时间的认定是否考虑时差？

观点一：一般地，将在线电子期刊的上传日或出版日视为公开日，都以当地时间为准，不考虑时区的时差。从专利审查或者复审实际操作方面考虑，如果将每件对比文件的公开时间进行时差换算，其操作非常复杂，大大增加了审查成本。

观点二：专利法及其实施细则和《专利审查指南》并没有对时差问题做出具体规定，直接不考虑时差的做法缺乏足够法律依据。依据申请人提交的证据能够充分地表明对比文件 2 为申请人在提交专利申请后再进行上传的文件，其实质上不能在本专利申请的申请日北京时间 2017 年 3 月 31 日之前为公众所获知，将对比文件 2 认定为现有技术有损公平。

【审查观点和理由】

根据专利法实施细则和《专利审查指南》的规定，关于现有技术的认定，以日为单位确定是否属于申请日以前国内外为公众所知的技术。对于向我国提交的专利申请，通常应以北京时间确定申请日和相关技术公开的时间。就本案而言，申请日为 2017 年 3 月 31 日，对比文件 2 的公开时间实为北京时间的 2017 年 3 月 31 日，由于该申请的申请日以前，对比文件 2 并不处于能够为公众获得的状态，因而不属于现有技术。

需要注意的是，绝大多数情况下是否考虑时差问题不影响互联网证据是否属于现有技术的认定结果，因而，通常不需要将每件互联网证据的公开时间转化为相应的北

京时间，但互联网证据的公开时间与本专利申请的申请日（优先权日）足够接近且可能影响到是否为现有技术认定的情形除外。

案例3−2　网络出版物公开时间的认定

【相关法条】专利法第二十二条第五款

【IPC分类】G01N　G01G

【关 键 词】网络出版物　公开时间　现有技术

【案例要点】

原则上，电子期刊中记载的出版日期为该网络出版物的公开日，对于申请人提交的证明实际公开时间的证明文件，如果其真实性、合法性无法核实，或者其中提及的相关事实没有确凿证据证明，通常不能单独作为推翻上述公开日的依据。如果有其他证据佐证，则应当对全部证据综合认证来确定其真实性、证明力。

【相关规定】

《专利审查指南》第二部分第三章第2.1.2.1节规定，"专利法意义上的出版物是指记载有技术或设计内容的独立存在的传播载体，并且应当表明或者有其他证据证明其公开发表或出版的时间。

符合上述含义的出版物可以是各种印刷的、打字的纸件……还可以是以其他形式存在的资料，例如存在于互联网或其他在线数据库中的资料等"。

【案例简介】

案例一

申请号：201610004069.0（复审案件编号：1F282681）

发明名称：一种水箱防腐材料溶出特性检测试验方法

基本案情：

本案申请日为2016年1月4日，审查员通过万方数据知识服务平台检索到对比文件1，用于评价权利要求的新颖性和创造性。该对比文件1为某期刊第46卷第1期第63—68页记载的文献，该期期刊记载的出版日期为2016年1月1日，审查员将该日期认定为对比文件1的公开日。

申请人在意见陈述中提供了一份证明材料，落款为该期刊的编辑部。申请人声称对于审查员所引用的对比文件1，经过与该期刊的编辑部联系，现已证明该期期刊的公开时间是2016年1月6日，而非2016年1月1日，即对比文件1的实际公开时间晚于本案的申请日2016年1月4日。

案例二

申请号：201710701670.X

发明名称：一种用于球形果蔬动态称重的试验装置

基本案情：

本案申请日为2017年8月16日，审查员引用中国知网（CNKI）某数据库公开的博士学位论文作为对比文件1，用于评价本案权利要求的新颖性和创造性。根据该数据库的公开时间，审查员确定对比文件1的公开日为2017年8月15日。

申请人陈述意见认为对比文件1的公开时间晚于本案，理由为：根据对比文件1的网络资料，该论文于万方数据库在线出版日期为2017年8月29日，晚于本案的申请日；中国知网相关数据库（光盘版）的收录年期为2017年第08期，该年期的收录时间虽为2017年7月16日至8月15日，但根据该数据库的编订要求，因对稿件内容进行校对和编辑，该篇论文的实际网络出版时间为2017年9月10日，同样晚于本案的申请时间；上述情况已向该数据库的杂志社确认。

【焦点问题】

当申请人提交主张电子期刊实际公开时间的证据时，如何认定电子期刊的公开时间？

观点一：虽然案例一和案例二中申请人提交了落款为出版方的公开日证明文件，但其作为孤证，在缺乏其他类型相关证据的情况下，不足以推翻审查员对出版物公开日的认定。

观点二：案例一和案例二中申请人提交了落款为出版方的公开日证明文件，加盖有出版方的公章，应认定该证明文件真实可信，申请人提供的证明文件属于《专利审查指南》规定的"有其他证据证明其公开发表或出版的时间"的情形。

【审查观点和理由】

中国知网（CNKI）和万方数据知识服务平台包括以网络方式出版的学位论文、期刊等出版物。学位论文、期刊等网络出版物的公开时间一般按照以下原则确定。

关于网络出版的学位论文，上述两个网络资源中均提供学位论文在线数据库供公众查阅。当相同的资料在不同的在线数据库中记载的网络出版时间不同时，以最早的网络出版时间作为相关资料的公开日。

关于网络出版的期刊，国家对于期刊的出版有较为严格的规定，一般情况下，纸质期刊对外发行的最晚时间是刊物上印制的出版日期，单独或者同步发行的电子期刊会在电子刊物上记载的出版日当天上线，供读者阅读。

对于申请人提供的主张学术论文或电子期刊实际公开日晚于相应的网络出版物记载的出版日的证据，应谨慎考虑。需要核实该证据的真实性、合法性、关联性以及证明力。实质审查阶段，如果申请人提供的证明材料的真实性、合法性无法核实，或者在证明材料中提及的相关事实没有确凿证据证明，通常申请人的主张不能被接受。

具体到本案的情况下，可以基于国家对于期刊出版有较为严格的规定、电子期刊通常会在刊物上记载的出版日当天上线为由，认为申请人提供的相关证据并不足以证明上述对比文件不属于相关申请的现有技术，并可以继续使用该对比文件用于评价相关申请的新颖性和创造性。后续审查过程中，如果由申请人提供了更全面的证据，则审查员应综合考虑。审查员也可联系出版方核实该证明文件的真实性，如果在核实后采用了该证明文件，建议做好核实过程的记录。

案例 3 −3　互联网网站会议论文公开时间的认定（一）

【相关法条】专利法第二十二条第五款

【IPC 分类】G06F

【关　键　词】网络证据　公开时间　会议论文　网站网页　现有技术

【案例要点】

在互联网网站上公开的会议论文是网络证据的常见形式，其能否作为现有技术证据，应当核查其真实性、公开性和公开时间。申请人基于合理的理由对公开时间提出异议时，在审查中可通过邮件等方式联系相关方、核查相关网页快照等方式补充证据，以形成完整、可信、证明力充分的证据链证明其公开时间。

【相关规定】

《专利审查指南》第二部分第三章第 2.1.2.1 节规定，"专利法意义上的出版物是指记载有技术或设计内容的独立存在的传播载体，并且应当表明或者有其他证据证明其公开发表或出版的时间。

符合上述含义的出版物可以是……正式公布的会议记录……还可以是以其他形式存在的资料，例如存在于互联网或其他在线数据库中的资料等"。

【案例简介】

申请号：201610993731. X

发明名称：文本断句方法及系统

基本案情：

本案涉及一种文本断句方法。审查员在第一次审查意见通知书中引用了会议论文"Automatic Paragraph Segmentation with Lexical and Prosodic Features"作为对比文件 1，并以论文标示的会议时间最后一天 2016 年 9 月 12 日作为会议论文的公开时间。申请人针对对比文件 1 公开时间提出疑问，指出对比文件 1 被收录于正式出版的论文年刊《INTERSPEECH 2016》，并提供证据证明该论文年刊作为正式出版物的刊印日期为 2017 年 1 月，晚于本案的申请日（2016 年 11 月 11 日）。针对申请人的陈述意见，审查员补充如下证据：

证据 1：在会议的官网可找到包括该论文的会议论文集，对比文件 1 已经上传到会议官网，并于专利申请日前可以通过相应的网址下载。同时，相关网站于 2016 年 9 月 23 日备份了下载对比文件 1 的网页，该日期早于专利申请日。

证据 2：审查员通过邮件，就会议上是否公开对比文件 1 的全文、会议上公开的内容是否与对比文件 1 相同、在该会议官方论文集网址上最早下载对比文件 1 的时间等事宜咨询会议方，获得会议方的邮件答复，证实该会议论文于会议当天已全文公开。

【焦点问题】

本案中，互联网网站上公开的会议论文的公开时间应如何认定？

观点一：本案所引用网络证据来源的网站，其发布内容存在修改的可能性，无法确定网络证据实际的公开时间。

观点二：本案所引用网络证据的网站是正规网站，申请人并未提供相反证据表明其管理不规范、内容存在修改，因此可以网络证据的发布时间作为其公开时间。

【审查观点和理由】

以互联网方式公开的会议论文的公开时间可以综合会议时间、网站的发布时间等作出认定。申请人基于合理的理由对公开时间提出异议时，审查员可通过邮件等方式联系会议方、核查相关网页快照或者查证是否有其他网页交叉印证等方式补充证据，以形成完整、可信、证明力充分的证据链证明其公开时间。

首先，来源于互联网的会议论文，可以其在网站上的发布时间作为其公开时间；网站发布时间难以确定的，通常可以会议召开的最后一天作为会议论文的公开日期。

其次，申请人对会议论文的公开时间提出疑问时，审查员可以通过如下方式补充证据：（1）通过邮件等方式联系会议方和/或作者，确认会议期间是否公开论文全文；（2）核查相关网页快照，确定下载论文的网页的公开时间；（3）核查是否有其他网页如搜索引擎网站等公开会议论文可用的下载时间。

本案中，一方面，会议论文本身标注有会议时间，会议主办方的证言印证会议召开时已经将会议论文，包括对比文件 1 向参会人员公开，因此可以将会议最后一日作为对比文件 1 的公开日期；另一方面，单就互联网方式的公开而言，本案会议方系通信领域国际知名的学术机构，会议官网可信度较高，且显示了会议论文的下载链接，相关网页快照、会议主办方的证言之间形成了完整证据链，表明即使以网络上的发布时间作为对比文件 1 的公开日期（2016 年 9 月 23 日），对比文件 1 也在专利申请日之前被公开，属于现有技术证据。

案例 3-4　互联网网站会议论文公开时间的认定（二）

【相关法条】 专利法第二十二条第五款
【IPC 分类】 G06T
【关 键 词】 互联网证据　公开时间　现有技术
【案例要点】

对于互联网证据而言，如果网页上未明确发布日或者对发布日存疑，可以参考更新日志文件中记载的发布日期和修改日期、搜索引擎给出的索引日期、互联网档案馆服务显示的日期、时间戳信息或者在镜像网站上显示的复制信息的发布日期等信息确定公开日。

【相关规定】

《专利审查指南》第二部分第三章第 2.1.2 节规定，"现有技术公开方式包括出版物公开、使用公开和以其他方式公开三种"。

《专利审查指南》第二部分第三章第 2.1.2.1 节规定，"符合上述含义的出版物……还可以是以其他形式存在的资料，例如存在于互联网或其他在线数据库中的资料等"。

《专利审查指南》第四部分第八章第 5.1 节有关互联网证据的公开时间规定为，"公众能够浏览互联网信息的最早时间为该互联网信息的公开时间，一般以互联网信息的发布时间为准"。

【案例简介】

申请号：201480000156.8

发明名称：一种基于级联二值编码的图像匹配方法

基本案情：

本案的申请日为 2014 年 4 月 29 日，审查员在审查意见通知书中引用对比文件 1 评述所有权利要求的新颖性。对比文件 1 为某会议的官方网站公开的学术论文，该会议为该领域广泛认可的国际会议。对比文件 1 的更新日志提供了该论文的 PDF 文件链接以供读者查看论文全文，该更新日志记录的时间为 2014 年 4 月 28 日，而该会议的召开时间为 2014 年 6 月 24 日。

在答复审查意见通知书时，申请人认为：虽然更新日志中标注有日期，但没有证据证明更新日志标注的日期当日（2014 年 4 月 28 日）论文全文已经公开，该论文的公开日期应认定为该会议召开的当天（2014 年 6 月 24 日），其晚于本案的申请日。因此，对比文件 1 不能作为现有技术影响本案权利要求的新颖性。

此外，审查员与该会议组委会的多个主席沟通，其中一位主席的答复为"该论文看起来被保存在作者的网站上，根据更新日志，情况应当是该论文在当天被公开"。

【焦点问题】

对于互联网网站公开的会议论文，当会议时间与网站更新日志显示的时间不一致时，应如何认定其公开时间？

观点一：采信会议组委会工作人员的回复，以更新日志记录时间为准，将对比文件 1 的公开时间认定为更新日志记录的时间（2014 年 4 月 28 日）。

观点二：以该会议召开时间为准，将对比文件 1 的公开时间认定为该会议召开的当天（2014 年 6 月 24 日）。

【审查观点和理由】

由于互联网证据易修改、易灭失，在公开时间认定方面比较复杂，为确保审查质量，平衡专利申请人和公众之间的利益，一方面需要对采用互联网证据持开放态度，尽量避免本应属于现有技术的网络证据不能被采用，使得社会公众利益受到损害，另一方面需要严谨地认定互联网证据的公开时间和内容，确保专利审查的客观、公正。采信互联网证据通常考虑网站的可信度、相关证据之间的相互印证等。如果审查员通过对证据证明力的判断，最终可以确信该互联网证据符合现有技术的使用条件，则可以采信该互联网证据。

在本案中，虽然申请人认为所引用对比文件的公开日期应当为该会议的召开时间即 2014 年 6 月 24 日，但是基于以下因素的考虑，建议将公开日期认定为更新日志记录的时间即 2014 年 4 月 28 日。

（1）该会议官方网站的可信度较高，且该会议的年度会议论文有特定发表机制。

作为该领域广泛认可的国际会议的官方网站，其是用于接收和发布论文的专用网站，属于可信网络资源。该年度会议论文产生的机制是该会议组委会每年从在网站上自助发表的论文中，选取有一定水平的优秀论文，集结成会议论文，并召开年度会议，这与一般的会议论文的发表机制有所不同。

（2）更新日志通常如实反映网站公开信息的更新情况。该会议官方网站的链接页面内有更新日志菜单，点击之后可以看到 2014 年 4 月 28 日的更新日志，其中有该对比文件的名称、PDF 链接、作者和所属单位，其中 PDF 链接即该对比文件全文内容。日志文件是指记载网站操作的记录文件，除非网站被非法侵入或者被篡改，否则日志文件通常记录针对网站进行的所有内容更新操作，如果 PDF 链接是后期追加的，一般应重新记录更新日志。

结合该网站最新的更新日志情况，可以合理推断在更新日期当日 PDF 链接对应的全文被公开。为排除在更新日志中后期追加 PDF 文件的可能性，进一步分析该网站最新的更新日志，在该网站 2017 年的论文发布的更新日志链接页面内，可以看到最新的更新日志为 2017 年 11 月 6 日，在论文标题之后有 PDF 链接，其链接至论文全文。因而，可以合理推断如果存在 PDF 链接，则应当是在更新日期当日该 PDF 链接对应的论文全文即被公开。

此外，根据该会议组委会工作人员的意见，该论文应当是在更新日志记录的当天就已经被公开。该会议组委会工作人员与本案无利害关系，其答复佐证了该文献的公开时间。

（3）根据该网站 RSS（"简易信息聚合"的缩写，是某一站点和其他站点之间共享内容的一种简易信息发布与传递的方式）菜单中的论文发布详细记录信息，可以确定该论文的公开时间。点击该网站 RSS 菜单可以进入论文发布的详细记录信息页面，其中显示了对比文件的 RSS 发布更新时间为"2014 年 4 月 28 日，7：00：00"，点击其中的图形链接可访问该对比文件的 PDF 全文。该 RSS 发布记录页面上的所有条目均有链接至文件全文的图形链接，因此可以排除后期追加全文的可能性，该条发布记录所链接到的网址是该对比文件的第一作者在其所在单位网站上的个人网页。该事实与该会议组委会工作人员的答复相互印证。

综上，可以认定该论文于 2014 年 4 月 28 日公开在该会议官方网站上，该对比文件的公开时间早于本案的申请日，可以作为现有技术证据使用。

🗐 案例 3-5　博客类证据公开时间的认定

【相关法条】专利法第二十二条第五款
【IPC 分类】G06F
【关 键 词】互联网证据　博客　公开时间　现有技术
【案例要点】
对于没有明显瑕疵的网络证据，如果申请人质疑其真实性、合法性、公开性以及公开时间，应当提交相应证据予以证明，否则应承担不利后果。

【相关规定】

《专利审查指南》第二部分第三章第 2.1.2 节规定，"现有技术公开方式包括出版物公开、使用公开和以其他方式公开三种"。

《专利审查指南》第二部分第三章第 2.1.2.1 节规定，"符合上述含义的出版物……还可以是以其他形式存在的资料，例如存在于互联网或其他在线数据库中的资料等"。

《专利审查指南》第四部分第八章第 5.1 节有关互联网证据的公开时间规定为，"公众能够浏览互联网信息的最早时间为该互联网信息的公开时间，一般以互联网信息的发布时间为准"。

【案例简介】

申请号：201010608501.X

发明名称：单据额度控制方法和装置

基本案情：

本案的申请日为 2010 年 12 月 27 日，审查员在第一次审查意见通知书中引用一篇博文评述所有权利要求的创造性，该博文来自互联网，单从博文记载的内容来看，其可以影响所有权利要求的创造性。审查员认为该博文来自可信网站，可信度高，故将博文中显示的发表日期"2009－01－12"确定为博文的公开日，该博文构成本案的现有技术。

申请人答复第一次审查意见通知书时认为该博文发表时间不能作为其公开日，具体理由如下：

其一，作为电子证据的网页很容易修改，证据不固定。2009 年 1 月 12 日可能是作者的本地系统时间，也可能是网站系统时间，而这两者均非国家标准时间，可以随意调整。发表时间也并不一定是公开时间，存在由于严格的信息审查程序导致公开时间滞后于发表时间的情况。

其二，博客网站可以将博文设置为私密属性，避免他人看到（例如用户可以在发表或编辑博文时，通过设置文章权限控制是否允许他人查看博文）。被设置为私密属性的博文只有在解除私密属性后才对公众公开，但其发表时间实际上可能是写文章时的时间。

【焦点问题】

能否将博文中显示的发表日期认定为博文的公开时间？本案中的博文能否作为本案的现有技术？

观点一：在博文来源于可信网站且无相反指引的情况下，应默认证据的公开时间是真实的，如果申请人质疑证据的真实性，那么根据"谁主张谁举证"的原则，申请人应提供该公开时间不真实的证据，由于申请人不能提供证据，审查员应将博文中显示的发表日期认定为博文的公开时间，该博文因此构成本案的现有技术。

观点二：审查员可向相关部门联系确定该网站的可信性，并与网站管理部门联系，调查该博文的真实公开时间。如果在实际审查过程中存在难度，不能举证，可放弃将该博文作为现有技术。

【审查观点和理由】

互联网中的博客、网页等作为存在于互联网中的资料，属于专利法意义上的出版物。对于该类证据，在确定其是否可以作为现有技术使用时，需要从这类证据的真实性、公开性和公开时间的确定三个方面来综合考虑和判断。

关于真实性，政府网站、知名网站等信誉较高的网站，尤其是相关时间只有网站管理方才能够更改，且获得该证据的来源较为可靠（如经公证、搜索引擎快照等）的网站，在没有证据表明网站的管理方与本案当事人存在利害关系，也没有证据证明其公开时间（如上传时间）是被更改的，一般情况下可以认定该网站内容的真实性。本案中博文出处为知名网站，没有理由和证据认定其为不可信的网络资源。

关于公开性，现有技术应当在申请日前处于能够为公众获得的状态。如果该博客仅仅限定少数人可以阅读且被要求保密，则不构成专利法意义上的公开。在本案中，没有证据表明上述博文仅在小范围披露且被要求保密；博文的内容涉及技术性的论文，并非个人私密性日记，并且博客本身就是一种新型的交流平台，所以从发表博客目的进行合理推定，可以认为公众可以访问该博文，已构成专利法意义上的公开。

关于公开时间的确定，从网页生成的技术角度而言，网页上传时间是指撰稿生成的网页被上传到网站并且记录到网站数据库的时间，而网页发布时间（网页上记载的时间）是指网页被业务层应用到通过互联网可浏览的网页中，是网页访问者可以看到网页内容的起始时间。从专利法意义上讲，网页发布时间才是网络证据公开的起始时间。不过，大部分网站的"网页上传时间"与"网页发布时间"很接近。在本案中，可以通过查阅确定网站发表时间是否为发布时间；也可以根据网站实际情况，例如日志信息（上传时间、发布时间、修改时间）等，推定网页发布时间。本案中，在没有相反证据的情况下，可以将本案博文中显示的发表日期认定为博文的公开时间，从而认定该博文的公开时间早于本案的申请日。

综上，本案中的博文证据没有明显瑕疵，证据三性及其公开时间可以基本得到确认。虽然申请人对其公开性、公开时间提出了疑问，但未提出任何有说服力的证据，根据其所谓的证据被修改的可能性并不必然推知该证据被修改的事实，因此，应当承担举证不利的后果。

案例3-6 在线数据库收录的会议论文公开时间的认定

【相关法条】 专利法第二十二条第五款

【IPC分类】 A61K

【关 键 词】 会议论文 公开时间 现有技术

【案例要点】

互联网资源检索平台中国知网收录的会议论文信息，属于公众可以获得的在线数据库中的资料。审查员可以根据在线数据库中记载的出版日期认定相关会议论文信息的公开日，但有充分证据证明该会议论文的实际公开时间不同于该出版日期的除外。

【相关规定】

《专利审查指南》第二部分第三章第 2.1.2.1 节规定，"专利法意义上的出版物是指记载有技术或设计内容的独立存在的传播载体，并且应当表明或者有其他证据证明其公开发表或出版的时间。

符合上述含义的出版物可以是各种印刷的、打字的纸件……还可以是以其他形式存在的资料，例如存在于互联网或其他在线数据库中的资料等"。

【案例简介】

申请号：201811184857.8

发明名称：一种 RGD - 全氟化碳 - 纳米硅球 129Xe 磁共振成像显影剂及其制备方法和应用

基本案情：

审查过程：

本案的申请日为 2018 年 10 月 11 日，审查员通过中国知网的会议论文数据库检索到对比文件 1，并在审查意见通知书中采用该对比文件评述权利要求不具备创造性。

对比文件 1 为本案发明人发表的一篇会议论文，其公开了本案的发明构思，对于此会议论文的公开日期，在中国知网上显示的发表时间以及会议时间均为 2017 年 10 月 9 日，出版日期为 2017 年 10 月。

与该会议论文相关的信息：

在会议的主办方官网进行查询，结果如下：

会议的主办方官网显示的学术会刊发布时间为 2017 年 10 月 27 日。

下载该学术会刊后，会刊显示了会议议程、涉及本案发明人的会议论文题目，封面并没有显示公开日期，此学术会刊也没有会议论文的具体内容。

【焦点问题】

该会议论文是否属于现有技术，知网提供的出版日期是否可作为公开时间？

观点一：该论文涉及的会议时间为 2017 年 10 月 9 日，会议主办方官网显示的学术会刊发布时间为 2017 年 10 月 27 日，知网上明确记载了会议摘要集的出版日期为 2017 年 10 月。因此，可以认定该会议论文公开时间为 2017 年 10 月 31 日，该会议论文构成现有技术。

观点二：中国知网平台显示的发表时间及会议时间、出版时间，会议官方网站显示的学术会刊发布时间均不相同。而且，根据会议主办方官网上的下载链接，其仅公开了文章题目，并未涉及具体内容。由此并不能确定此会议论文具体公开时间，无法判断该论文是否构成现有技术。

【审查观点和理由】

中国知网的会议论文数据库中收录的国内外会议论文与中国知网中收录的期刊、学位论文一样，均通过在线数据库向公众公开。

虽然会议文献的形式较为多样，可能为会前预先印发给与会代表的会议论文预印本，也可能为在会议讨论的基础上，又经作者修改后正式出版的会议论文。但是根据《专利审查指南》中的相关规定，存储于互联网资源检索平台在线数据库中的会议论文信息属于以互联网形式公开的出版物。

具体到本案，一般可以将知网显示的会议论文的出版日期视为相关会议论文信息的公开时间，但是有充分证据证明该会议论文的实际公开时间不是该出版日期的除外。通过查看中国知网收录的会议论文集，能够显示该收录入中国知网的会议论文有明确的出版日期 2017 年 10 月，一般可以将其公开日认定为 2017 年 10 月 31 日。

案例 3 - 7　在线数据库收录"科技成果信息"公开时间的认定

【相关法条】专利法第二十二条第五款

【IPC 分类】C08B

【关 键 词】科技成果登记　科技成果评价　公开时间

【案例要点】

收录在互联网资源检索平台的科技成果信息，属于公众可以获得的在线数据库中的资料，科技成果信息的公开时间可以按照成果入库时间认定。

【相关规定】

《专利审查指南》第二部分第三章第 2.1.2.1 节规定，"专利法意义上的出版物是指记载有技术或设计内容的独立存在的传播载体，并且应当表明或者有其他证据证明其公开发表或出版的时间。

符合上述含义的出版物可以是各种印刷的、打字的纸件……还可以是以其他形式存在的资料，例如存在于互联网或其他在线数据库中的资料等"。

【案例简介】

申请号：201910634537.6

发明名称：抗盐耐温淀粉类钻井降滤失剂及其制备方法

基本案情：

本案的申请日为 2019 年 7 月 13 日，审查员在中国知网平台上的中国科技项目创新成果鉴定意见数据库中检索到对比文件 1。该对比文件 1 为科技成果登记表类型文件，中国知网上给出了成果入库时间为 2011 年，发表时间为 2010 年 7 月 2 日。通过咨询知网相关工作人员，了解到的相关情况为：成果入库时间"2011 年"为该文献登记入库的时间，是知网合作方采集到文献数据的时间，科技成果网授权知网在该数据库中发表公开该文献。对于发表时间 2010 年 7 月 2 日，该日期是成果登记表中填写的成果评价日期，而该文献是在 2011 年被授权发表后才能被公众下载获得。

审查员在审查意见通知书中认定对比文件 1 公开时间为 2011 年 12 月 31 日，并使用对比文件 1 评述了权利要求的创造性。申请人在答复审查意见通知书时也未对对比文件 1 的公开日提出疑问。

【焦点问题】

对于知网公开的科技成果信息，其公开时间应如何认定？

观点一：根据知网提供的信息，成果入库时公众能够下载获得相关科技成果信息，因此，可以将成果入库时间作为科技成果信息的公开日。

观点二：本案中，成果入库时间并不一定是公众能够获得的时间，不能代表文献的公开日期，由于对比文件 1 的公开日期不能够准确地确定，因此不能作为本案的现有技术使用。

【审查观点和理由】

中国知网的《中国科技项目创新成果鉴定意见数据库》中收录的科技成果信息与中国知网中收录的期刊、学位论文一样，均以在线数据库形式向公众公开。

虽然科技成果经鉴定后是否处于对公众公开的状态存在不确定性，是否能够根据成果评价时间确定公开日也可能会存在争议。但是根据《专利审查指南》中的上述规定，存储于互联网资源检索平台在线数据库中的科技成果信息属于以互联网形式公开的出版物。

本案中，根据核实的相关情况，科技成果信息在在线数据库中的成果入库时间是公众能够通过在线数据库检索到相关资料的时间。因此，可以将中国知网的《中国科技项目创新成果鉴定意见数据库》中的成果入库时间作为科技成果信息的公开时间，将其公开日具体认定为 2011 年 12 月 31 日。

二、网络证据的听证问题

案例 3-8 链接地址变化时互联网证据效力的判断（一）

【相关法条】 专利法第二十二条第五款

【IPC 分类】 H04L

【关 键 词】 互联网证据 链接地址 现有技术

【案例要点】

与传统的通过印刷品、电/光/磁记录介质等实物存在的出版物不同，互联网证据的内容和获取方式可能出现变更、灭失等情况，如果审查过程中引用的互联网证据的链接地址在之后发生变化，但能够确认该互联网证据的内容并未发生实质改变，该链接地址的变化未导致该证据的灭失，则不应否认该互联网证据的真实性。

【相关规定】

《专利审查指南》第二部分第三章第 2.1.2.1 节规定，"专利法意义上的出版物是指记载有技术或设计内容的独立存在的传播载体，并且应当表明或者有其他证据证明其公开发表或出版的时间。

符合上述含义的出版物可以是各种印刷的、打字的纸件……还可以是以其他形式存在的资料，例如存在于互联网或其他在线数据库中的资料等"。

【案例简介】

申请号：201710979786.X

发明名称：一种 kubernetes 集群解析宿主机主机名的方法及装置

基本案情：

审查员在第二次审查意见通知书中引用一篇互联网文献，评价权利要求的创造性，在通知书中提供了该文献的网址链接，并将包含该网址的文献提供给申请人。

申请人在答复第二次审查意见通知书时，并没有针对该文献的有效性进行质疑，而是在答复第三次审查意见通知书时才质疑了该文献的证据有效性，具体理由是根据该链接地址无法成功访问获得相应文献。

经核实，上述链接地址确实无法访问，已变更为新网址。据分析，这是由于网站服务器修改文件目录名称导致的，即该非专利文献在服务器的存储位置发生了变化，因此其访问网址也相应发生了变化，通过原地址无法访问。

【焦点问题】

本案中，互联网证据的网络链接地址发生变化时，是否可以继续作为现有技术使用？

观点一：在第二次审查意见通知书中引用的互联网文献属于专利法意义上的出版物公开，可以作为现有技术使用，在审查员已经提供给申请人网络链接及文献内容的基础上，即使网址链接发生变化，也不影响将该互联网文献作为现有技术继续使用。

观点二：虽然第二次审查意见通知书中审查员已经提供给申请人网络链接及文献内容，但链接地址发生变更后，不能再通过相同的网络链接获得该文献，此时不应将该互联网文献作为现有技术继续使用。

【审查观点和理由】

根据《专利审查指南》第二部分第三章第2.1.2.1节的规定，审查员可以在审查意见通知书中将互联网证据作为现有技术使用。

就本案而言，审查员在第二次审查意见通知书中使用互联网证据时，已给申请人提供了网络链接以及包含该网络链接的互联网证据的电子文档，虽然之后链接地址发生变更，但属于网站内部调整，实质上并未导致互联网证据的灭失；作为经国务院专利行政部门授权从事专利申请审批工作的审查员，一般不存在提供虚假证据的主观故意；另外，申请人答复第二次审查意见通知书时，并未对证据的真实性进行质疑，可以推定当时其认可证据的真实性，只是在答复第三次审查意见通知书时才提出此问题。因此，就本案而言，审查员已经完成相应的举证义务，在后面的程序中可以继续使用该互联网证据。

对于互联网证据链接地址变更的情形，审查员可以对变更情况进行核实，在后续通知书中说明情况并将变更后的网址告知申请人，以更好地满足听证原则，也可消除不必要的争议。

另外，专利审查过程中，为避免互联网证据灭失的风险，审查员在使用互联网文献作为现有技术证据时，应当通过截屏、录屏等方式尽可能将其固化保全。

案例3-9 链接地址变化时互联网证据效力的判断（二）

【相关法条】专利法第二十二条第五款

【IPC分类】H05K

【关 键 词】网络证据 网址变更 网络论坛 现有技术

【案例要点】

在网络证据的真实性、合法性、公开性得到确认，且能够确定其公开时间早于专利申请日的情况下，网络证据可以作为现有技术证据使用，网络证据的网址是其判断依据之一。当两份网络证据内容相同而网址不同时，一般情况下，应将其视为两份不同的证据，应当给予申请人分别听证的机会。

【相关规定】

专利法第二十二条第五款规定，"本法所称现有技术，是指申请日以前在国内外为公众所知的技术"。

《专利审查指南》第二部分第三章第2.1节规定，"现有技术应当在申请日以前处于能够为公众获得的状态，并包含有能够使公众从中得知实质性技术知识的内容"。

【案例简介】

申请号：201811149189.5

发明名称：一种适用于研发阶段的钢网与丝印台自制作工艺

基本案情：

本案涉及一种适用于研发阶段的钢网与丝印台自制作工艺。在审查过程中，审查员引用对比文件1、2评价本案不具备创造性。其中，对比文件2为从网址1获得的论坛发帖，论坛发布时间为2016年11月27日至2016年11月28日。

审查员在发送第一次审查意见通知书（下称一通）时，仅附具对比文件2的网页打印件，没有下载打印的网络地址。申请人答复一通时，认为对比文件2不能作为本案的现有技术，因为根据审查员一通中提供的网址无法获得对比文件2。随后，审查员发现，对比文件2的论坛发帖登录访问网址变更为网址2。

审查员发出第二次审查意见通知书时（下称二通），仍然以对比文件1和一通中发送给申请人的对比文件2作为现有技术，评价本案不具备创造性。二通中仍注明对比文件2的出处是网址1，并未将网址2及其获取方式告知申请人。申请人答复二通时，坚持认为对比文件2不构成现有技术。

【焦点问题】

本案中，互联网证据的网络链接地址发生变化，且审查员提供的网页打印件未显示网址时，应当如何把握听证原则？

观点一：审查员在一通时可以通过网络搜索到对比文件2，且其网页页面显示论坛发帖时间为 2016 年 11 月 27 日到 28 日，早于本案的申请日，因此对比文件 2 在申请日前处于公众能够得知的状态。虽然审查员提供的对比文件 2 网页打印件中没有显示网址，但对比文件 2 本身在申请日前已经存在，且经由网址 2 能够获得该证据，这一事实可以佐证对比文件 2 的客观真实性。基于在一通时审查员已经将对比文件 2 提供给申请人，因此二通后直接作出驳回决定满足听证原则。

观点二：如果公众能够从网站获得网络证据中的内容，即该内容构成专利法意义上的"公开"，但是审查中需要关注网络证据访问的稳定性。本案中，申请人答复一通时，经由网址 1 已经不能访问获得对比文件 2，审查员提供给申请人的网页打印件又未包含网址、内容和公开时间等完整信息，因此其真实性和可靠性缺乏充分依据。同时，对比文件 2 的网址发生变更后，其与之前的对比文件 2 不能被视为同一证据，在审查员未将网址 2 提供给申请人的情况下，以对比文件 2 为基础作出驳回决定违反听证原则。

【审查观点和理由】

根据《专利审查指南》第二部分第三章第 2.1.2.1 节的规定，"存在于互联网或其他在线数据库中的资料"可以以出版物公开的方式构成现有技术。然而，互联网证据作为区别于传统出版物的新型证据，具有数字性、修改常常不留痕迹等特点，因此，将互联网证据作为对比文件时，往往需要通过一些额外的步骤进行证据保全和固定。

首先，由于网页存在随时被删除或变更网址的可能，一旦删除或变更网址，网页内容将无法获得，因此，将互联网证据，特别是网络论坛证据作为对比文件时，应当及时通过截屏或者下载网页等方式对证据进行保全或固定，且保全内容不仅要包括网页本身的技术内容，至少还应包括网址、公开时间、发布者等信息。

其次，与传统的出版物类似，互联网证据作为现有技术证据时，也要满足在专利申请日前处于公众想得知就能够得知的状态，而网址是表明该类证据来源的有效途径。同样的内容经由不同的网址获得时，原则上应当作为不同的证据对待。

本案中，审查员一通时提供给申请人的是经由网址 1 得到的对比文件 2，并且相关的网页打印件未包含网址 1 等完整信息，一通后虽然对比文件 2 仍然可以通过网址 2 获得，但其来源和发布时间可能完全不同于一通时引用的对比文件 2，在未说明以上新的事实且给予申请人进一步陈述意见的机会的情况下，此时不宜直接作出驳回决定。

第四章 新 颖 性

新颖性是授予专利权的必要条件之一。发明创造是否满足新颖性条件，需要确认其既不属于公众已知的技术，也不属于抵触申请，即没有被现有技术公开，也没有记载在申请日前由任何单位或个人向专利局提出并在申请日以后公布的专利申请文件或者公告的专利文件中（以下简称对比文件）。

新颖性判断需要确定本案要求保护的同样的发明创造是否在对比文件中公开。如果专利申请要求保护的权利要求和对比文件的相关内容相比，技术领域、所解决的技术问题、技术方案和预期效果实质上相同，则认为两者为同样的发明，该权利要求不具有新颖性。其中，首先应当判断的是技术方案是否实质上相同，这是因为如果专利申请与对比文件的技术方案实质上相同，所属技术领域的技术人员根据两者的技术方案可以确定两者能够适用于相同的技术领域，解决相同的技术问题，并具有相同的预期效果，则两者为同样的发明。在判断新颖性时，采用单独对比原则，这意味着在理解对比文件公开的技术内容时，不得将几项对比文件的内容进行组合，或者将一份对比文件中的多项技术方案或不同内容进行组合，除非存在可以将相关技术内容组合的明确而具体的指引，或者相关技术内容之间存在直接的关联，使得本领域技术人员可以直接、毫无疑义地将两者结合起来，成为"一项"技术方案。

在新颖性判断时需要确定权利要求的保护范围和对比文件公开的内容。在确定权利要求的保护范围时，权利要求中的所有特征均应当予以考虑，而每一个特征的实际限定作用应当最终体现在该权利要求所要求保护的主题上。对于产品权利要求而言，通常应当用产品的结构特征来描述，但当产品权利要求中的一个或多个技术特征无法用结构特征予以清楚地表征时，允许借助物理或化学参数特征；当无法用结构特征并且也不能用参数特征予以清楚地表征时，还允许借助于方法特征表征。此外，还存在采用效果特征、配合使用的另一个产品的特征来限定产品权利要求等情形。在确定对比文件公开的内容时，如果认为对比文件本身存在错误或缺陷，或者对比文件未公开医药用途的效果数据等情形，也需要在正确理解发明的基础上，客观认定发明与对比文件的事实，确定权利要求所限定的技术方案和对比文件公开的技术方案，进一步判断两者是否实质上相同。

现有技术的时间界限是申请日，享有优先权的，则指优先权日。在时间界限的判定中可能会涉及优先权的核实，在先申请是否公开了在后申请相同主题的发明创造是优先权成立与否的重要条件之一。新颖性宽限期对于某些特定情形下的公开给出了豁免，即使满足现有技术的时间界限要求也被认为不构成现有技术。优先权和新颖性宽限期也与新颖性的审查存在密切关联。

一、新颖性判断的常见情形

案例4-1 原料特征限定的产品权利要求的新颖性判断

【相关法条】 专利法第二十二条第二款

【IPC分类】 C08G

【关 键 词】 原料特征　性能参数特征　推定新颖性

【案例要点】

对于采用原料特征和产品性能参数特征共同限定的产品权利要求而言，如果原料特征对产品结构和/或组成的影响最终体现在限定产品的相关性能参数上，则对于公开了相同性能参数限定产品的现有技术来说，该产品权利要求不具备新颖性。

【相关规定】

《专利审查指南》第二部分第十章第4.4节规定，"涉及物质的方法特征包括该方法中所采用的原料和产品的化学成分、化学结构式、理化特性参数等"。

《专利审查指南》第二部分第十章第5.3节规定，"对于用制备方法表征的化学产品权利要求，其新颖性审查应针对该产品本身进行，而不是仅仅比较其中的制备方法是否与对比文件公开的方法相同。制备方法不同并不一定导致产品本身不同"。

【案例简介】

申请号：201811475403.6

发明名称：一种耐黄变的聚酰胺树脂及其制备方法

基本案情：

权利要求：一种二元酸胺盐，其特征在于：

所述二元酸胺盐的原料为二元胺、脂肪族二元酸和除氧水，所述除氧水中溶解氧含量为小于0.2mg/L；

所述二元胺为戊二胺；所述二元酸选自丁二酸、己二酸……中的一种或多种；

所述二元酸胺盐根据 SH/T 1498.7—1997 标准检测，其浓度为 0.1%（m/V）的溶液在吸收池厚度为 5cm，279nm 下检测得到的 UV 指数为 0.8×10^{-3} 以下。

说明书：本案为解决聚酰胺树脂黄变的技术问题，提供一种由二元酸胺盐制备得到的耐黄变聚酰胺树脂，并进一步提供了所述二元酸胺盐及其制法。所述二元酸胺盐的制备方法与使用普通水的方法相比，由于使用了除氧水，能够有效地避免在高温成盐的过程中水中的溶解氧氧化戊二胺及戊二胺-己酸盐中裸露的胺基产生氮氧化物等易在高温下发生黄变的杂质，从而使所得二元酸胺盐具有较低的 UV 指数，从而提升了二元酸胺盐产品的品质。

现有技术状况：对比文件 1 公开了一种尼龙盐及其制备方法，包括将 1,5 – 戊二胺、水和二元酸在惰性气体保护下在 65～120℃下混合，制备尼龙盐。所述二元酸为丁二酸、己二酸……中的一种或多种。根据 ST/T 1498.7—1997 标准检测，实施例制备得到的尼龙盐的 UV 指数可以是 0.05×10^{-3}—0.25×10^{-3}。

即，对比文件 1 公开了与本案相同的二元胺和二元酸原料，它们最终得到的二元酸胺盐（即尼龙盐）主体结构相同，同时，对比文件 1 公开的产品的 UV 指数落在本案限定的范围内。对比文件 1 未公开使用具有特定溶解氧含量的除氧水的原料特征。

【焦点问题】

本案涉及原料表征的产品权利要求的新颖性判断。本案权利要求中的原料特征"使用特定溶解氧含量的除氧水"未被对比文件 1 公开，新颖性判断时应如何考虑该特征对权利要求保护的产品的限定作用？

观点一：对比文件 1 未公开权利要求的具有特定溶解氧含量的除氧水的原料特征，该特征影响产品的组成，因此不能用于评述该权利要求 1 的新颖性。

观点二：尽管对比文件 1 未公开权利要求的使用特定溶解氧含量的除氧水的原料特征，但该特征对产品的影响体现在减少高温下发生黄变的杂质，其可以通过产品的 UV 指数进行表征。在对比文件 1 的 UV 指数落在了权利要求限定的 UV 指数范围内的情况下，并不能将本案要求保护的产品与对比文件 1 公开的产品区分，因此可以推定两者产品相同，权利要求不具有新颖性。

【审查观点和理由】

本案的权利要求为由原料特征（原料：二元胺、二元酸和特定溶解氧含量的除氧水）限定的产品权利要求。对于原料特征限定的产品权利要求，首先应当判断所述原料特征是否隐含了要求保护的产品具有特定结构和/或组成。

具体到本案的权利要求，其中原料二元胺、二元酸等特征主要是影响产品二元酸胺盐的主体结构。而对于具有特定溶解氧含量的除氧水这一特征，根据说明书的记载，本案在制备二元酸胺盐的过程中，通过使用所述除氧水，可以避免形成易在高温下产生黄变的杂质，并最终表现为得到的二元酸胺盐具有较低的 UV 指数。即，本案中，在二元酸胺盐制备过程中使用特定除氧水能够使产品具有较低的 UV 指数。因此，本案权利要求包含的特征中，具有特定溶解氧含量的除氧水与参数特征中的 UV 指数存在明确的相互对应关系。

对比文件 1 公开了与本案相同的二元胺和二元酸原料，所述方法获得的产品二元酸胺盐（即尼龙盐）的主体结构相同，同时，对比文件 1 公开的产品的 UV 指数落在本案权利要求限定的 UV 指数范围内。虽然对比文件 1 没有公开使用具有特定溶解氧含量的除氧水的原料特征，但如前所述，本案中使用具有特定溶解氧含量的除氧水的原料特征对权利要求所要求保护产品的影响体现在权利要求所限定的性能参数特征上（表征氧化杂质量的 UV 指数），而对比文件 1 公开了与本案相同的 UV 指数。因此，具有特定溶解氧含量的除氧水的原料特征无法使本案所请求保护的产品在结构和/或组成方面与对比文件 1 公开的产品区分开。因此，可以推定要求保护的产品与对比文件 1 公开的产品相同，该权利要求相对于对比文件 1 不具备新颖性。

案例 4-2　效果特征限定的产品权利要求的新颖性判断

【相关法条】 专利法第二十二条第二款

【IPC 分类】 F25B

【关　键　词】 效果特征　产品权利要求　实际限定作用　隐含公开　新颖性

【案例要点】

对于同时包含产品结构和/或组成特征以及效果特征的产品权利要求，如果效果特征是由权利要求中已经包含的且被现有技术公开的产品结构和/或组成实现的，其没有隐含要求保护的产品具有其他不同的特定结构和/或组成，可以认为所述效果特征无法将包含该效果特征的产品与现有技术区别开来。

【相关规定】

《专利审查指南》第二部分第二章第 3.1.1 节规定，"通常情况下，在确定权利要求的保护范围时，权利要求中的所有特征均应当予以考虑，而每一个特征的实际限定作用应当最终体现在该权利要求所要求保护的主题上"。

《专利审查指南》第二部分第三章第 3.2.5 节规定：

"（1）包含性能、参数特征的产品权利要求

对于这类权利要求，应当考虑权利要求中的性能、参数特征是否隐含了要求保护的产品具有某种特定结构和/或组成。如果该性能、参数隐含了要求保护的产品具有区别于对比文件产品的结构和/或组成，则该权利要求具备新颖性；相反，如果所属技术领域的技术人员根据该性能、参数无法将要求保护的产品与对比文件产品区分开，则可推定要求保护的产品与对比文件产品相同，因此申请的权利要求不具备新颖性，除非申请人能够根据申请文件或现有技术证明权利要求中包含性能、参数特征的产品与对比文件产品在结构和/或组成上不同。"

【案例简介】

申请号：201680043375.3

发明名称：用于辐射冷却和加热的系统和方法

基本案情：

权利要求：1. 一种用于辐射冷却的系统，包含：

包含一种或多种聚合物的顶层，其中所述顶层在至少一部分热谱中具有高的发射率，并且在至少一部分太阳光谱中具有近似为零的电磁消光系数、近似为零的吸收率和高的透射率；以及

设置在顶层下方的反射层，所述反射层包含一种或多种金属，其中所述反射层在至少一部分太阳光谱中具有高的反射率，并且其中所述系统被配置为能够实现日间被动辐射冷却。

说明书：本案使用的短语"被动辐射冷却"，当与物体或结构结合使用时，意指其通过电磁辐射的本征发射的热量损失，即一种本身不需要额外能量的过程。例如，热量损失能够以热辐射的形式发生。"日间被动辐射冷却"是指在太阳下的物体通过辐射的净损失的被动冷却。当物体具有高的太阳辐射反射率和高的热辐射发射率时，日间被动辐射冷却可以产生。

现有技术状况：

1. 对比文件1公开了利用聚酯薄膜在8至13μm有良好的吸收性能，衬上一块全反射性能好的抛光不锈钢，就组成具有良好光谱选择性的辐射制冷材料。此外，对比文件1公开了在白天，由于太阳辐射所传递的热量远远大于辐射体本身向外界空间辐射的热量，因此辐射致冷在白天是不能实现的；实验数据表明，在白天9：00～14：50，各实验样本空间温度均大于环境温度，即获得热量大于辐射热量，因此在白天辐射致冷降温是无法实现的。

2. 本技术领域公知，由于白天太阳辐射强度相比较辐射制冷的功率要大得多，所以辐射制冷在白天作用不大，但是辐射制冷用于建筑物的被动式降温仍然具有明显的意义：对于没有空调的建筑物，它可以起到一定的降温作用；而对于已采用空调的建筑物，辐射制冷系统能够阻断到屋顶的太阳辐射，减少供冷负荷（参见张志强、曾明、苏文佳等，"建筑物辐射制冷研究"，《郑州轻工业学院学报（自然科学版）》，2008年第2期）。

【焦点问题】

特征"所述系统被配置为能够实现日间被动辐射冷却"是否构成权利要求请求保护的技术方案与对比文件1公开的产品的区别技术特征？

观点一：对比文件1明确提到"根据理论分析，在白天，由于太阳辐射所传递的热量远远大于辐射体本身向外界空间辐射的热量，因此辐射致冷在白天是不能实现的"；以及"白天各实验样本空间温度均大于环境温度，即获得热量大于辐射热量，因此在白天辐射致冷降温是无法实现的"。可见，对比文件1没有公开其辐射冷却系统能够实现日间被动辐射冷却。综上所述，上述特征具有限定作用，对比文件1没有公开该特征。

观点二：对比文件1虽然没有明确指出所述系统被配置为能够实现日间被动辐射冷却，但对比文件1公开的辐射冷却系统的结构和材质与本案权利要求1中限定的结构和材质相同。对比文件1中辐射冷却系统的结构和材质特性决定了其在白天应用时，也能够使物体通过辐射和反射损失热量，起到一定降温作用，即可推定对比文件1所述系统能够实现日间被动辐射冷却。

【审查观点和理由】

本案产品权利要求请求保护的技术方案包含"所述系统被配置为能够实现日间被动辐射冷却"特征，其是对辐射冷却系统能够实现的效果进行的限定，属于效果特征。在判断该特征对产品的实际限定作用时，首先应当明确所述特征的含义，再参照《专利审查指南》中有关包含性能特征限定的产品权利要求的新颖性的判断原则，考虑该特征对所要保护的主题的实际限定作用。

首先，需要根据申请文件和现有技术情况，确定"日间被动辐射冷却"的含义。本案说明书记载，"日间被动辐射冷却"是指在太阳下的物体通过辐射的净损失的被动冷却，当物体具有高的太阳辐射反射率和高的热辐射发射率时，日间被动辐射冷却可以产生。从上述内容可以看出，发生"日间被动辐射冷却"并非指在阳光下物体温度要低于环境温度，而是物体通过具有高的热辐射发射率的结构将物体自身的热量散发出去，与不具有上述结构的物体相比，具有这种结构的物体的温度相对较低，即发生了"日间被动辐射冷却"。这也与本技术领域公知辐射冷却的含义一致，虽然由于白天太阳辐射强度相比较辐射冷却的功率要大得多，使所述系统的温度高于环境温度，但并不能以此为由就否定其具有辐射冷却的功能。

其次，依照《专利审查指南》的规定，确定所述效果特征是否能够将权利要求请求保护的技术方案与对比文件1公开的内容区别开来。本案请求保护的"能够实现日间被动辐射冷却"的辐射制冷系统，其技术方案已经包括了结构和组成特征"聚合物顶层和设置在顶层下方的金属反射层，所述顶层在至少一部分热谱中具有高的发射率，在至少一部分太阳光谱中具有近似为零的电磁消光系数，近似为零的吸收率和高的透射率，所述反射层在至少一部分太阳光谱中具有高的反射率"，满足了"辐射冷却"的"具有高的太阳辐射反射率和高的热辐射发射率"要求，可以认为达到了"能够实现日间被动辐射冷却"的技术效果。也就是说，在产品权利要求已经采用了所述结构和组成特征进行限定的基础上，"系统被配置为能够实现日间被动辐射冷却"这个效果特征并没有隐含产品具有其他不同的特定的结构和/或组成。

在此基础上，在新颖性审查中，如果现有技术已经公开了实现其效果的相应产品的组成和结构，可以推定所述效果也被现有技术公开，或者说隐含公开了所述技术效果。就本案而言，对比文件1公开的辐射冷却系统利用聚酯薄膜作为顶层，全反射性能好的抛光不锈钢作为反射层，与本案相比，所述顶层也具有高的发射率，反射层也具有高的反射率，可见，对比文件1的辐射冷却系统具有与本案的辐射冷却系统相同的结构和组成结构，因此，可以推定权利要求1的系统与对比文件1的系统相同，权利要求1不具有新颖性。

案例4-3 杂质含量限定的聚合物产品权利要求的新颖性判断

【相关法条】专利法第二十二条第二款
【IPC分类】C08F
【关　键　词】杂质含量　聚合物　新性能　新颖性
【案例要点】

聚合物产品由于其结构和组成的复杂性和多样性，表征方式较为复杂，某些情况下杂质的存在可能与聚合物产品的性能相关，申请人在撰写权利要求时会借助杂质含量特征对聚合物产品进行表征。对于此类权利要求的新颖性判断，若根据现有技术公开的聚合物产品的结构/组成，无法确认二者是否相同，则可以结合该聚合物产品的制备方法和/或其性能或效果辅助判断二者是否相同。如果所获得的聚合物产品的性能或效果得到改进或者产生了新的性能或效果，并且该性能或效果的改进或新的性能或效果与聚合物的结构/组成密切相关，则说明特定的杂质含量限定赋予了该聚合物产品新的组成特征，可以认可其具备新颖性。

【相关规定】

《专利审查指南》第二部分第三章第 3.1 节规定，"在进行新颖性判断时，审查员首先应当判断被审查专利申请的技术方案与对比文件的技术方案是否实质上相同，如果专利申请与对比文件公开的内容相比，其权利要求所限定的技术方案与对比文件公开的技术方案实质上相同，所属技术领域的技术人员根据两者的技术方案可以确定两者能够适用于相同的技术领域，解决相同的技术问题，并具有相同的预期效果，则认为两者为同样的发明或者实用新型"。

【案例简介】

申请号：97182136.4

发明名称：偏氯乙烯基胶乳及其制备方法

基本案情：

权利要求：一种偏氯乙烯聚合物胶乳，其中基于胶乳中所有固体物质的总重量，氯离子含量的总浓度不高于500ppm。

说明书：偏氯乙烯胶乳形成的涂敷膜主要用于食品包装，根据食品的种类，需要将包装品浸没在热水中对内容物灭菌，在这种情况下，热水处理有可能损害涂敷膜的透明度使之呈乳白色（以后称之为"蒸煮发白"）或降低涂敷膜对气体的阻隔性能。偏氯乙烯胶乳是通过乳液聚合获得的共聚物胶乳，在其聚合过程中会产生盐酸，所获得的胶乳通常含有约占共聚物1000ppm的氯离子，本案发现通过控制胶乳中的氯离子含量，由该胶乳制成的涂敷膜可以获得具有明显改进的耐热水性能，特别是抗蒸煮发白性能，并具有良好的气体阻隔性能。

说明书实施例记载了制备实施例，以偏氯乙烯作为主要单体和可与其共聚的单体（实施例1：甲基丙烯酸甲酯、丙烯腈和丙烯酸，或实施例2：甲基丙烯酸甲酯和丙烯酸2-羟基乙酯），在加入乳化剂（十二烷基苯磺酸钠、十二烷基硫酸钠）、聚合引发剂（过硫酸钠）和表面活性剂（十二烷基硫酸钠）等的条件下，经乳液聚合反应获得偏氯乙烯胶乳，并利用人工肾中空纤维膜组件对胶乳进行透析提纯，通过控制流动方式、流量、压力等流体流过条件，将胶乳中的氯离子含量降低到500ppm以下。比较例1采用不同的透析提纯方法对实施例1制备得到的胶乳进行处理，采用再生纤维素平膜管浸泡在自来水中进行透析提纯，4小时后氯离子含量为650ppm。参考例1和2在实施例1透析后氯离子含量低于500ppm的胶乳中分别加入氯化钠和硫酸钠后，使胶乳中氯离子含量分别为681ppm和80ppm。说明书进一步记载了蒸煮后氧渗透率、蒸煮发白目测评估等效果实验数据，证明氯离子含量低于500ppm的胶乳相对于氯离子含量高于500ppm的胶乳具有更低的氧渗透率和更高的抗蒸煮发白性能，包括参考例2的胶乳蒸煮后的氧渗透率和抗蒸煮发白性能均优于参考例1。

现有技术状况：

对比文件1公开了一种偏二氯乙烯胶乳，并公开了在制备偏二氯乙烯共聚物时，可以加入引发剂、聚合促进剂、乳化剂等添加剂，在这些添加剂中大多含有钠、钾等无机盐类，胶乳中这些无机盐的存在会影响由其制得的涂层的性能，如气体阻隔性能和基材附着性能，从偏二氯乙烯胶乳中除去无机盐或降低其含量，可以改善由其制得的涂层的性能。

对比文件1实施例记载了制备实施例，以偏氯乙烯作为主要单体和可与其共聚的单体（丙烯酸甲酯、甲基丙烯酸甲酯），在加入乳化剂（月桂酸钠）、聚合引发剂（焦亚硫酸钠、过硫酸铵）等的条件下，经乳液聚合反应获得偏氯乙烯胶乳，并利用赛璐玢（再生纤维素的一种）管（实施例1）或聚乙烯醇管（实施例2）对胶乳进行透析提纯，在流水透析12小时和15小时后，盐的量从5000ppm减少到1000ppm。对比文件1还提供了效果实验数据证明透析处理后的胶乳相对于透析处理前的胶乳具有更低的蒸煮后氧渗透率和更高的蒸煮后剥离强度。但是对比文件1没有公开氯离子对胶乳制成的涂层性能的影响，也没有具体公开氯离子的含量和去除氯离子的方法。

【焦点问题】

权利要求中限定的杂质含量没有被对比文件1披露，权利要求1要求保护的聚合物产品与对比文件1的产品是否相同？

观点一：对比文件1与本案采用的提纯方法不同，两者无法区分，本领域技术人员可以推定对比文件1中偏二氯乙烯胶乳经提纯后，基于胶乳中所有固体物质的总重量，其氯离子含量的总浓度将低于500ppm，由此推定两者产品相同，权利要求不具有新颖性。

观点二：权利要求中对氯离子含量的限定是对偏二氯乙烯胶乳纯度的限定，根据普遍需要纯化化学产品是常规做法，可通过常规提纯方法去除其中的氯离子杂质，对氯离子含量的限定不能对该基于偏二氯乙烯胶乳产生任何影响，即不能赋予该产品新的特征使之区别于现有技术已知的偏二氯乙烯胶乳，该产品权利要求不具有新颖性。

观点三：对比文件1没有公开偏二氯乙烯胶乳中氯离子的含量，因此权利要求1相对于对比文件1具有新颖性。

观点四：本案通过控制偏二氯乙烯胶乳中氯离子的含量而不是钠离子等无机盐的含量，使制得的涂层的气体阻隔性能和抗蒸煮发白性能得到了改善，而对比文件1中公开的除去或降低无机盐，例如钠离子含量并不等同于除去或降低氯离子含量，对比文件1也没有认识到偏二氯乙烯胶乳中氯离子含量对这些特性的影响。因此，权利要求1中对氯离子含量的限定赋予了权利要求相对于现有技术新的组成特征，该权利要求具备新颖性。

【审查观点和理由】

本案中，由于对比文件1中未提到偏二氯乙烯胶乳中氯离子的含量，无法直接从组成上判断对比文件1是否公开了权利要求要求保护的产品。

权利要求 1 要求保护的产品与对比文件 1 公开的产品均采用自由基聚合体系聚合而成，反应机理相同，但反应条件不完全相同，无法确定对比文件 1 聚合体系中产生的氯离子的多少。二者后处理提纯所使用的透析膜不同，对比文件 1 采用的是赛璐玢管或聚乙烯醇管，其目的在于除去无机盐，例如钠离子等，但并没有关注氯离子。而本发明采用的是人工肾中空纤维膜组件，并且本案强调了后处理过程不同对氯离子含量的影响，根据比较例 1 可以看出，使用不同的透析膜（纤维素平膜管）会导致透析后氯离子的含量不同。而且对比文件 1 实施例中盐的量仅降低到 1000ppm，未达到500ppm。由此没有足够的理由推定对比文件 1 的制备方法与纯化方法能够使氯离子浓度低于 500ppm，即没有理由推定两者产品的组成实质相同。

进一步地，从所获得的聚合物产品的性能或者效果的角度考虑，发明所要解决的技术问题是，改善由偏二氯乙烯胶乳制得的涂层的气体阻隔性能和抗蒸煮发白性能。从申请记载的内容能够看出，胶乳中的氯离子含量对于解决上述技术问题是至关重要的。对比文件 1 则着眼于在制备偏二氯乙烯共聚物时由添加剂引入的钠、钾等无机盐类杂质，发现从偏二氯乙烯胶乳中除去无机盐或降低其含量，可以改善由它制得的涂层的气体阻隔性能和基材附着性能。但由对比文件 1 公开的内容可知，其所提到的无机盐并不涉及氯离子，即没有具体公开除去或降低氯离子含量的内容。因此对比文件 1 中公开的除去或降低无机盐含量并不等同于除去或降低氯离子含量。根据本案记载的效果实验数据能够证明，本案通过降低氯离子的含量而不是钠离子等无机盐的含量，由偏二氯乙烯胶乳制得的涂层的气体阻隔性能和抗蒸煮发白性能均大幅度提高。因此，本案要求保护的产品通过降低特定种类杂质的含量而改善了偏二氯乙烯胶乳的性质，也就是说，性质的改变是由氯离子含量这一特定产品组成的有目的的选择导致的，氯离子含量特征的限定使得要求保护的产品具备新颖性。

需要说明的是，如果直接依据权利要求中限定了杂质含量而对比文件 1 没有披露杂质含量就认可权利要求的新颖性，容易出现申请人仅对已知高分子产品测试现有技术中未提及的杂质就获得保护的情形。但是如果通过控制特定种类的杂质含量能够改进高分子产品的性能或效果，从而解决了与现有技术不同的技术问题，并实现了不同的预期技术效果，则可以认为要求保护的高分子产品具备新颖性。另外，对于小分子化合物发明而言，通常认为纯度限定不能对化合物的结构产生任何影响，不能赋予化合物新的特征使之区别于现有技术已知的化合物，因为通常现有技术如果公开了小分子化合物及其制备方法，则可以根据普遍存在的对高纯度化合物的需求，使用常规方法纯化获得所需纯度的小分子化合物，除非有证据表明常规方法无法达到该纯度水平。但是，对于高分子化合物发明而言，高分子的分离纯化相对于小分子化合物更加复杂和困难，需要考虑相关现有技术中是否存在得到所限定的纯度水平的高分子产品的需求，如果存在这种需求，则还需要进一步考虑现有技术中描述的常规提纯方法是否能够成功达到所要求的纯度水平。就本案而言，对比文件 1 中公开的除去无机盐或降低其含量并不等同于除去氯离子或降低其含量，现有技术中尚不存在将偏氯乙烯聚合物胶乳中的氯离子含量降至很低水平的普遍需要，也不存在将偏氯乙烯聚合物胶乳中的氯离子含量降至很低水平从而改善由偏二氯乙烯胶乳制得的涂层的气体阻隔性能和抗蒸煮发白性能的教导，在这样的情况下都无需进一步考虑常规提纯方法能否使氯离子纯度达到所要求的水平。因为根据说明书的记载，只有具有这种低氯离子水平的胶乳才能使生产出的涂层具有所需的气体阻隔性能和抗蒸煮发白性能，本案权利要求中限定的氯离子含量是一种有目的的选择，作为胶乳的基本特征使其具有区别于现有技术已知胶乳的组成。

案例4-4　基站特征限定的移动终端权利要求的新颖性判断

【相关法条】专利法第二十二条第二款

【IPC分类】H04W

【关 键 词】基站　移动终端　限定作用　新颖性

【案例要点】

产品权利要求未采用产品的组成部分进行限定，而是通过在技术上与本产品适配的另一个产品的特征对所要求保护的主题进行限定，如果这种适配隐含了要求保护的产品具有某种特定结构和/或组成，应当认为该另一个产品的所述特征对权利要求保护的主题具有实际的限定作用，在确定权利要求的保护范围时应当予以考虑。

【相关规定】

《专利审查指南》第二部分第二章第3.1.1节规定，"通常情况下，在确定权利要求的保护范围时，权利要求中的所有特征均应当予以考虑，而每一个特征的实际限定作用应当最终体现在该权利要求所要求保护的主题上"。

【案例简介】

申请号：201080031515.8

发明名称：基站、通信系统、移动终端和中继装置

基本案情：

权利要求：一种移动终端，其中，移动终端使用由分配单元分配的资源块来与基站通信，该基站包括：通信单元，用于经由基站和中继装置之间的中继链路以及中继装置和移动终端之间的接入链路或者经由基站和移动终端之间的直接链路来与移动终端通信；以及分配单元，用于将中继链路、接入链路和直接链路中的每一个的上行链路和下行链路分配给包含在多个资源块组中的任何资源块组中的资源块，其中，该分配单元将中继链路或接入链路的下行链路和直接链路的下行链路分配给包含在同一资源块组中的资源块，并且将中继链路或接入链路的上行链路和直接链路的上行链路分配给包含在同一资源块组中的资源块，其中，用于中继链路的下行链路的第一资源块组、用于接入链路的下行链路的第二资源块组、用于接入链路的上行链路的第三资源块组和用于中继链路的上行链路的第四资源块组至少在时间或频率上不同，其中，第一资源块组与第二资源块组在频率上相同但在时间上不同，与第三资源块组在时间上相同但在频率上不同，并且其中，第四资源块组与第二资源块组在时间上相同但在频

率上不同，与第三资源块组在频率上相同但在时间上不同。

说明书：本案通过基站的分配单元将中继链路、接入链路和直接链路中的每一个的上行链路和下行链路分配给包含在多个资源块组中的任何资源块组中的资源块，其中，该分配单元将中继链路或接入链路的下行链路和直接链路的下行链路分配给包含在同一资源块组中的资源块，并且将中继链路或接入链路的上行链路和直接链路的上行链路分配给包含在同一资源块组中的资源块，使不同资源块组在时间上或频率上进行相同或不同的调配从而减小干扰。

【焦点问题】

权利要求的主题名称是移动终端，而其特征部分主要是对基站的限定，基站不属于移动终端的一部分，基站的相关技术特征对于保护主题移动终端是否具有实际限定作用，从而使之相对于现有技术中的通用移动终端具备新颖性？

观点一：权利要求中有关基站特征的实际限定作用最终是要体现在其对于要求保护的主题移动终端本身带来了什么样的影响。如果对基站的改进需要移动终端进行相应的配合改进才能实现正常通信，则权利要求中与基站相关的技术特征对权利要求请求保护的移动终端具有限定作用，该权利要求相对于现有技术中的通用移动终端具有新颖性。

观点二：权利要求请求保护的主题是移动终端，而本发明相对于现有技术的改进在于基站侧在分配资源时所进行的优化，该优化不涉及对于移动终端本身在结构、性能上的改进，也即对移动终端无实质性影响。因此，权利要求中与基站相关的技术特征对权利要求要求保护的移动终端不具有限定作用，现有技术中已有的移动终端能够影响该权利要求的新颖性。

【审查观点和理由】

在通信领域，上行和下行、发送和接收、加密和解密、编码和解码等过程是相对应的，通信系统中工作的移动终端和基站之间存在交互与关联，一方的结构和功能的改变往往需要另一方的相应改变来保证适配。如果基站新的配置使得与其通信的移动终端必须在通用移动终端的基础上对结构和功能进行相应的调整才可以实现与基站的适配，那么，使用基站与上述新的配置相关的特征对移动终端进行限定隐含了对移动终端的所述相应的调整。

具体到本案，权利要求请求保护一种移动终端，虽然特征部分从表面看涉及对基站中通信单元和分配单元的限定，但具体分析可以得出对基站的相关描述限定了移动终端通信配置，对基站所包含的通信单元及分配单元的限定内容均与移动终端直接相关：对基站通信单元的描述实际上限定了移动终端可以经由接入链路和中继链路或者经由直接链路与基站通信；对基站分配单元的描述实际上限定了移动终端要基于基站为各条链路的每个的上行链路和下行链路分配的多个资源块组中的资源块来工作，换言之，上述与基站相关的限定隐含了移动终端需要进行特定的配置以实现与基站的正常通信。

因此，权利要求中基站的技术特征对于请求保护的主题移动终端具有实际的限定作用，在确定权利要求的保护范围时均应该予以考虑，不能采用仅公开了通用移动终端的现有技术文件来评价本案权利要求的新颖性。

需要说明的是，产品权利要求一般应当用本产品的组成部分进行限定，除非必要，不应当用与其适配的另一产品的特征进行限定，对于存在此类情况的权利要求，应注意按照《专利审查指南》第二部分第二章第 3.2 节的规定审查其是否符合专利法第二十六条第四款的规定。

📖 案例 4-5　包含与药物组合物存在必然配合使用关系的存放容器特征的权利要求的新颖性判断

【相关法条】 专利法第二十二条第二款
【IPC 分类】 A61K
【关　键　词】 药物组合物　容器　配合使用　气雾剂　新颖性
【案例要点】

新颖性审查需要将发明与现有技术进行对比，判断是否存在区别，准确理解权利要求所限定的技术方案是正确判断新颖性的前提。审查员应当站位本领域技术人员，全面考虑权利要求中的所有特征，完整地理解权利要求中所记载的技术内容，准确确定权利要求要求保护的主题，而权利要求中每一个特征的实际限定作用应当最终体现在该权利要求所要求保护的主题上。

【相关规定】

《专利审查指南》第二部分第二章第 3.1.1 节规定，"通常情况下，在确定权利要求的保护范围时，权利要求中的所有特征均应当予以考虑，而每一个特征的实际限定作用应当最终体现在该权利要求所要求保护的主题上"。

《专利审查指南》第二部分第二章第 3.2.2 节规定，"权利要求书是否清楚，对于确定发明或者实用新型要求保护的范围是极为重要的。

…………

权利要求的主题名称还应当与权利要求的技术内容相适应"。

《专利审查指南》第二部分第三章第 3.1 节规定，"在进行新颖性判断时，审查员首先应当判断被审查专利申请的技术方案与对比文件的技术方案是否实质上相同，如果专利申请与对比文件公开的内容相比，其权利要求所限定的技术方案与对比文件公开的技术方案实质上相同，所属技术领域的技术人员根据两者的技术方案可以确定两者能够适用于相同的技术领域，解决相同的技术问题，并具有相同的预期效果，则认为两者为同样的发明或者实用新型"。

【案例简介】

申请号：201480071526.7

发明名称：格隆溴铵和福莫特罗组合的稳定的加压气雾剂溶液组合物

基本案情：

权利要求：1. 预期用于加压定量雾化吸入器的气雾剂溶液药物组合物，包含：

（a）格隆溴铵，其剂量范围为 5~26μg/启喷；

（b）福莫特罗或其盐或所述盐的溶剂合物，其剂量范围为 1~25μg/启喷；

（c）HFA 推进剂；

（d）共溶剂；

（e）稳定量的无机酸；

该组合物包含在气雾剂罐中，所述气雾剂罐内部被包含氟化乙丙烯（FEP）聚合物的树脂涂敷。

说明书：本案涉及预期用于加压计量吸入器（pMDI）的气雾剂溶液组合物，其包含格隆溴铵和福莫特罗或其盐或所述盐的溶剂合物，任选地与吸入皮质类固醇组合，该气雾剂溶液用选择用量的无机酸稳定，该组合物包含在金属罐中，所述金属罐可内部被包含氟化乙丙烯（FEP）聚合物的树脂涂敷。根据说明书的记载，本发明的有益效果在于上述制剂组合一旦适当地储存在内部被包含氟化乙丙烯（FEP）聚合物的树脂涂敷并且进一步安装标准阀门的铝罐中，则能够将其贮存期限中的降解产物，特别是福莫特罗和格隆溴铵相互作用形成的 N–（3–溴）–[2–羟基–5–[1–羟基–2–[1–（4–甲氧基苯基）丙–2–基氨基]乙基]苯基]甲酰胺（DP3）的量最小化，甚至低于检测阈值。

现有技术状况：

对比文件 1 公开了一种气雾剂，含有 100μg/启动丙酸倍氯米松、6μg/启动富马酸福莫特罗、25μg/启动格隆溴铵、8856μg/启动无水乙醇、14μg/启动 1M HCl 和 64799μg/启动 HFA 134a，所述气雾剂溶液储存在常规铝罐中，所述铝罐安装有标准的在可变条件下旋紧的 EPDM 阀门。

【焦点问题】

权利要求 1 的主题名称是"气雾剂溶液药物组合物"，该权利要求中不仅限定了药物组分特征和用途特征（"预期用于加压定量雾化吸入器"），还限定了药物组合物存放容器特征，即"该组合物包含在气雾剂罐中，所述气雾剂罐内部被包含氟化乙丙烯（FEP）聚合物的树脂涂敷"。对比文件 1 已经公开了同样的药物组合物，所述气雾剂溶液也被储存在铝罐中，但对比文件 1 公开的技术方案中的铝罐不具有权利要求 1 中所述的涂敷层。对于主题名称为"气雾剂溶液药物组合物"，但是包含了存放容器特征的权利要求，应如何理解权利要求的保护范围，以及权利要求是否具备新颖性？

观点一：虽然权利要求 1 中限定了存放容器特征"该组合物包含在气雾剂罐中，所述气雾剂罐内部被包含氟化乙丙烯（FEP）聚合物的树脂涂敷"，但是权利要求 1 的主题名称是"气雾剂溶液药物组合物"，在判断新颖性时应当考虑上述存放容器特征对权利要求要求保护的"气雾剂溶液药物组合物"的组成有何种实际限定作用。

观点二：权利要求 1 中已经明确限定了"该组合物包含在气雾剂罐中……"，并且气雾剂溶液组合物与气雾剂罐必须配合使用。根据说明书的记载，本案减少降解产物的技术效果是基于药物组合物和具有特定涂敷层的气雾剂罐共同构成的气雾剂制剂实现的。将权利要求 1 要求保护的主题理解为气雾剂罐与气雾剂溶液的组合更加符合申请人欲请求保护的范围的本意。按照上述理解，权利要求 1 中限定的气雾剂罐内部涂敷层能够使包含气雾剂罐与气雾剂溶液的组合的技术方案区别于对比文件 1 公开的技术方案，具备新颖性。

【审查观点和理由】

对于本案而言，首先，权利要求中明确采用特定的存放容器来进一步限定发明，即"该组合物包含在气雾剂罐中，所述气雾剂罐内部被包含氟化乙丙烯（FEP）聚合物的树脂涂敷"。根据说明书公开的内容也可知，必须由药物组合物溶液和特定容器共同配合使用才能实现发明。其次，对于气雾剂而言，必须将药物组合物（包含作为液化抛射剂的 HFA 推进剂）封装于具有阀门系统的耐压容器中，才能利用液化抛射剂在喷出过程中气化所产生的压力将药物以雾状喷出，实际上权利要求中也采用了"μg/启喷"来定义活性成分的剂量范围，也就是说，本领域技术人员普遍知晓气雾剂药物溶液是无法独立于气雾剂罐存在、生产和销售的，两者必然配合使用。基于对权利要求技术方案的整体理解，将权利要求 1 要求保护的主题理解为气雾剂罐和存放于气雾剂罐中的药物组合物溶液的组合更为合理，在这样的情况下，由于对比文件 1 公开了存放于气雾剂罐的同样药物组合物，但是所述气雾剂罐无氟化乙丙烯（FEP）聚合物树脂涂敷层，权利要求 1 相对于对比文件 1 具有新颖性。

需要注意的是，授权权利要求的保护范围应尽可能稳定、清晰和适当。基于目前权利要求 1 的主题名称"气雾剂溶液药物组合物"在本案中可能导致歧义或不同解释，可以修改完善或进一步澄清说明，例如，将权利要求修改为"一种气雾剂制剂，包含气雾剂溶液药物组合物和内部被包含氟化乙丙烯（FEP）聚合物的树脂涂敷的气雾剂罐……"。

二、对比文件公开内容的认定

案例 4-6　对比文件不同部分的组合是否属于一项技术方案

【相关法条】专利法第二十二条第五款

【IPC 分类】A61K

【关 键 词】单独对比　技术方案组合　现有技术　新颖性

【案例要点】

判断发明要求保护的技术方案的新颖性，适用"单独对比原则"，将要求保护的技术方案与现有技术或抵触申请中公开的每一项技术方案进行单独比较，但不得将对比文件中的多项技术方案组合起来与要求保护的技术方案进行比较。对于对比文件不同段落的内容，是否可以组合为一项技术方案，要在站位本领域技术人员、整体考虑对比文件全部公开内容的基础上进行判断。如果对比文件不同段落内容的组合属于本领域技术人员能够直接地、毫无疑义地确定的"一项技术方案",则该技术方案可以用于评价要求保护的技术方案的新颖性;否则,人为地拼凑组合对比文件中公开的技术特征后得到"多项技术方案的组合",将权利要求与其进行对比,则违反了新颖性的单独对比原则。

【相关规定】

《专利审查指南》第二部分第三章第2.3节规定,"对比文件是客观存在的技术资料。引用对比文件判断发明或者实用新型的新颖性和创造性等时,应当以对比文件公开的技术内容为准。该技术内容不仅包括明确记载在对比文件中的内容,而且包括对于所属技术领域的技术人员来说,隐含的且可直接地、毫无疑义地确定的技术内容。但是,不得随意将对比文件的内容扩大或缩小"。

《专利审查指南》第二部分第三章第3.1节规定,"判断新颖性时,应当将发明或者实用新型专利申请的各项权利要求分别与每一项现有技术或申请在先公布或公告在后的发明或实用新型的相关技术内容单独地进行比较,不得将其与几项现有技术或者申请在先公布或公告在后的发明或者实用新型内容的组合、或者与一份对比文件中的多项技术方案的组合进行对比。即,判断发明或者实用新型专利申请的新颖性适用单独对比的原则"。

【案例简介】

申请号:201480071526.7

发明名称:格隆溴铵和福莫特罗组合的稳定的加压气雾剂溶液组合物

基本案情:

权利要求:加压计量吸入器,其包括内部被包含氟化乙丙烯(FEP)聚合物的树脂涂敷的气雾剂罐、气雾剂溶液药物组合物,该气雾剂溶液药物组合物包含:

(a)格隆溴铵,其剂量范围为5~26μg/启喷;

(b)福莫特罗或其盐或所述盐的溶剂合物,其剂量范围为1~25μg/启喷;

(c)HFA推进剂;

(d)共溶剂;

(e)稳定量的无机酸。

说明书:本发明的制剂组合一旦适当地储存在安装标准阀门且内部被包含氟化乙丙烯(FEP)聚合物的树脂涂覆的铝罐中,则能够将其贮存期限中的降解产物,特别是福莫特罗和格隆溴铵相互作用形成的N-(3-溴)-[2-羟基-5-[1-羟基-2-[1-(4-甲氧基苯基)丙-2-基氨基]乙基]苯基]甲酰胺(DP3)的量最小化,甚至低于检测阈值。

现有技术状况:

对比文件1为专利文献,说明书中公开了"发明提供了药物气雾剂制剂,包含溶于HFA推进剂和共溶剂的:(a)格隆溴铵;和(b)福莫特罗或其盐;其中该制剂还包含无机酸作为稳定剂。任选该制剂还包含丙酸倍氯米松。……就具体涉及的福莫特罗而言，优选的剂量在约 $0.5 \sim 50\mu g/$ 启动，优选约 $1 \sim 25\mu g/$ 启动，更优选约 $5 \sim 15\mu g/$ 启动。在具体的实施方案中，富马酸福莫特罗的剂量为 6 或 $12\mu g/$ 启动。就具体涉及的格隆溴铵而言，优选的剂量在约 $0.5 \sim 100\mu g/$ 启动，优选约 $1 \sim 40\mu g/$ 启动，更优选约 $5 \sim 26\mu g/$ 启动。在具体的实施方案中，格隆溴铵的剂量约为 $25\mu g/$ 启动。……将本发明的药物制剂灌注进入本领域公知的 pMDI（加压定量吸入器）装置。……部分或全部罐可以由金属例如铝、铝合金、不锈钢或阳极化铝构成。或者，该罐可以是塑料罐或塑料涂布的玻璃瓶。金属罐可以具有部分或全部衬有惰性有机涂敷材料的内表面。优选的涂敷材料实例是环氧－酚醛树脂、全氟化聚合物例如全氟烷氧基烷、全氟烷氧基烯、全氟烯类例如聚四氟乙烯（特氟隆）、氟化－乙烯－丙烯（FEP）、聚醚砜或氟化－乙烯－丙烯聚醚砜混合物或其组合。其他适合的涂敷材料可以是聚酰胺、聚酰亚胺、聚酰胺酰亚胺、聚苯硫醚或其组合"。

对比文件 1 的实施例 2 为气雾剂溶液制剂的稳定性实验，并具体公开了"进行研究以研究富马酸福莫特罗、格隆溴铵和丙酸倍氯米松的三重组合在具有不同 1M HCl 水平的气雾剂溶液制剂中的稳定性，以评价酸在常规铝罐中的稳定效果，所述的铝罐安装有标准的在可变条件下旋紧的 EPDM 阀门（即通过真空旋紧除去氧或不除去氧）"。实施例 2 实验对象涉及 9 种制剂，HCl 和抛射剂 HFA 134a 的浓度有所差别，制剂 1 组成为"$100\mu g/$ 启动丙酸倍氯米松、$6\mu g/$ 启动富马酸福莫特罗、$25\mu g/$ 启动格隆溴铵、$8856\mu g/$ 启动无水乙醇、$3.1\mu g/$ 启动 1M HCl 和 $64810\mu g/$ 启动 HFA 134a"。

【焦点问题】

权利要求要求保护的技术方案中的技术特征已经分别在对比文件 1 的不同段落被公开，对比文件 1 是否公开了权利要求的技术方案？

观点一：对比文件 1 公开了权利要求的技术方案。一方面，对比文件 1 说明书中已经公开了药物制剂的组成、活性成分的剂量、药物制剂可以装入加压计量吸入器、该装置可包含金属罐以及金属罐的涂敷材料，即本案权利要求技术方案中的所有技术特征在对比文件 1 中均已经有一般教导，基于该一般教导，本领域技术人员可以组合得到权利要求的技术方案。另一方面，对比文件 1 实施例 2 公开了权利要求所述的药物组成及剂量，权利要求要求保护的技术方案与对比文件 1 实施例 2 公开的气雾剂溶液制剂的差别在于权利要求是将气雾剂溶液装入加压计量吸入器，而对比文件 1 实施例 2 是将气雾剂溶液装入安装有标准 EPDM 阀门的常规铝罐中，并且权利要求限定了金属罐的涂敷材料为包含氟化乙丙烯（FEP）聚合物的树脂，而对比文件 1 实施例 2 所使用的铝罐不包含涂覆层。但是这些差别在对比文件 1 中均已经有一般教导，本领域技术人员可以理解一般教导同样适用于对比文件 1 中的具体实施例，由此可以将实施例与一般教导组合得到权利要求的技术方案。

观点二：对比文件 1 没有公开权利要求的技术方案。一方面，尽管权利要求技术方案中的技术特征在对比文件 1 中已经均有所公开，但是对比文件 1 并没有直接地、毫无疑义地教导如何来组合这些特征，尤其是挑选活性成分优选或更优选的剂量范围以及特定的金属罐涂敷材料等进行组合。另一方面，对比文件 1 实施例 2 中的气雾剂溶液制剂是一个完整的技术方案，尽管对比文件1有关于加压计量吸入器、气雾剂罐具有特定涂敷材料的一般教导，但没有直接地、毫无疑义地教导用其替代实施例2中的具有标准阀门的常规铝罐。

【审查观点和理由】

本案权利要求请求保护加压剂量吸入器，限定了其包括气雾剂罐和气雾剂溶液药物组合物，并具体限定了气雾剂罐的内部涂敷材料，以及气雾剂溶液药物组合物的组成和活性成分剂量。

首先，关于对比文件1一般教导部分的内容能否组合得到权利要求要求保护的技术方案，对比文件1说明书中公开了"药物气雾剂制剂，包含溶于HFA推进剂和共溶剂的：（a）格隆溴铵；和（b）福莫特罗或其盐；其中该制剂还包含无机酸作为稳定剂。任选该制剂还包含丙酸倍氯米松"。并公开了"将本发明的药物制剂灌注进入本领域公知的pMDI（加压定量吸入器）装置"。由此可以认为对比文件1公开了装入加压定量吸入器、具有上述组成的气雾剂制剂。但是对于该技术方案中格隆溴铵、福莫特罗或其盐的剂量，以及气雾剂罐的内部涂敷材料，对比文件1的说明书中均给出了多种选择，对比文件1中没有直接地、毫无疑义地教导如何对这些选择进行组合，不能认为对比文件1公开了每个技术特征的每种选择与其他技术特征一起组合所构成的多个具体技术方案。对于对比文件1公开的各个特征，不同的选择组合后构成的技术方案的技术效果可预见性较低，本案就是通过选择特定的气雾剂罐内部涂敷材料来提高气雾剂溶液药物组合物的稳定性。如果允许任意选择对比文件中的特征组合形成技术方案，并认为这些技术方案均已经被对比文件公开，将可能导致通过有目的地选择而形成的发明不能被授予专利权。

其次，关于对比文件1的实施例能否与一般教导部分的内容组合得到权利要求要求保护的技术方案，对比文件1实施例2公开的气雾剂溶液制剂包括具有标准阀门的气雾剂罐和存放于气雾剂罐中的气雾剂溶液，该气雾剂罐是不含涂敷材料的常规铝罐，其也不同于包含吸口的加压定量吸入器。尽管对比文件1说明书中有关于"将本发明的药物制剂灌注进入本领域公知的pMDI（加压定量吸入器）装置"以及"金属罐可以具有部分或全部衬有惰性有机涂敷材料的内表面。优选的涂敷材料实例是……氟化－乙烯－丙烯（FEP）……"的一般教导，但是，对比文件1实施例2是用于研究稳定性的气雾剂溶液制剂的完整技术方案，对比文件1中并没有直接地、毫无疑义地教导可以用具有特定涂敷材料的加压计量吸入器替代实施例2气雾剂溶液制剂中具有标准阀门的常规铝罐，因此不能将对比文件1实施例2的技术内容与对比文件1说明书中的一般教导进行组合，即不能认为对比文件1公开了权利要求要求保护的技术方案。

案例4-7　现有技术附图公开内容的确定

【相关法条】 专利法第二十二条第五款

【IPC 分类】A44B

【关　键　词】对比文件　附图公开　直接地、毫无疑义地确定　现有技术

【案例要点】

对比文件涉及专利文献时，只有能够从其附图中直接地、毫无疑义地确定的技术特征才属于对比文件公开的内容；由附图中推测的内容，或者无文字说明、仅仅是从附图中测量得出的尺寸及其关系，不应当作为已公开的内容。

【相关规定】

《专利审查指南》第二部分第三章第 2.3 节规定，"引用对比文件判断发明或者实用新型的新颖性和创造性等时，应当以对比文件公开的技术内容为准。该技术内容不仅包括明确记载在对比文件中的内容，而且包括对于所属技术领域的技术人员来说，隐含的且可直接地、毫无疑义地确定的技术内容。但是，不得随意将对比文件的内容扩大或缩小。另外，对比文件中包括附图的，也可以引用附图。但是，审查员在引用附图时必须注意，只有能够从附图中直接地、毫无疑义地确定的技术特征才属于公开的内容，由附图中推测的内容，或者无文字说明、仅仅是从附图中测量得出的尺寸及其关系，不应当作为已公开的内容"。

【案例简介】

申请号：201610647489.0

发明名称：带扣

基本案情：

权利要求：一种带扣，其特征在于：

所述带扣包含能够彼此连结及解除连结，且分别安装于规定的构件的插头（12）及插座（14），

所述插头（12）包括一对脚部（20），在一对所述脚部（20）的靠近前端部（20a）的位置分别形成着卡合突起（22），

在以一对所述脚部（20）间的中心线为中心而一对所述脚部（20）的彼此对称的位置且所述中心线的侧的各侧缘部，分别包括引导部（32），所述引导部（32）在表背方向上具有厚度且包含从所述卡合突起（22）连续地伸展的肋部（28），

所述插座（14）包括：形成供所述脚部（20）插入的收容空间（52）的上表面部（45）与下表面部（46），及设置在所述上表面部（45）与所述下表面部（46）的两侧缘部且以彼此相向的方式延伸的一对上侧壁部（47）与一对下侧壁部（48），

将一对所述上侧壁部（47）与一对所述下侧壁部（48）之间以一对狭缝（50）的方式而设置，

所述狭缝（50）形成于从所述收容空间（52）的插入口（40a）插入所述脚部（20）的方向上，在将所述插头（12）卡合到所述插座（14）的过程中，在所述带扣的卡合未完成的阶段中，在将所述插头（12）相对于前后方向倾斜地插入到所述插座（14）的情况下，所述引导部（32）与所述上侧壁部（47）和/或所述下侧壁部（48）的插入口（40a）侧的端缘抵接，而无法插入到所述狭缝（50），

所述引导部（32）的表背方向的尺寸形成得比所述狭缝（50）的表背方向的尺寸大。

说明书：本案涉及一种带扣，该带扣包括彼此能够卡合及解除卡合的插头与插座，能够将皮带或带及其他构件的各自的部分彼此连结及解除连结。本案带扣即便在将插头相对于插座而倾斜插入的情况下，也能够容易且确实地进行插头与插座的卡合，从而能够提升带扣插接过程中的操作性。带扣非卡合状态立体图如图7所示。

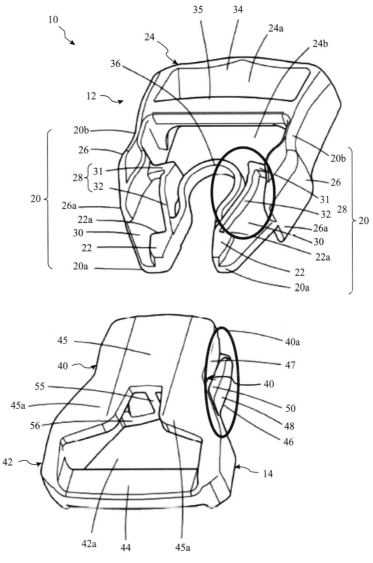

图7 带扣非卡合状态立体图

现有技术状况：

对比文件1公开了一种带扣，说明书文字记载：该带扣包括称作插头的插入体和称作插座的带扣体，其中，带扣体1形成有扁平外壳8，外壳8由互相连接的顶板9和底板 10 形成，外壳 8 前端及其相对两侧共三侧敞开，一插入口 12 设于外壳 8 的一端处，可使插入体 2 从此插入，啮合部 14 向内突起并可与插入体的啮合突起 23 相啮合。

对比文件 1 的附图 1（见图 8）公开了该插入体 2 和该带扣体 1 的结构，附图 6（见图 9）公开了带扣体 1 剖视图，附图 8（见图 10）公开了插入体 2。对比文件 1 说明书文字未说明，但依据附图 1 所示出的内容可以直接地、毫无疑义地确定，每个啮合突起 23 同时连接向两个方向延伸的两个部分，一个向插脚侧面（即啮合突起 23 朝向两侧弹性体 6 的方向）延伸的部分和一个向插脚顶部（即啮合突起 23 朝向能够紧固带子的紧固件 27 的方向）延伸的部分（对应于权利要求 1 中的引导部），该向插脚侧面延伸的部分在插入过程中会进入与其对应的同侧啮合部 14 中间的狭缝（对应于权利要求 1 中的狭缝）中。

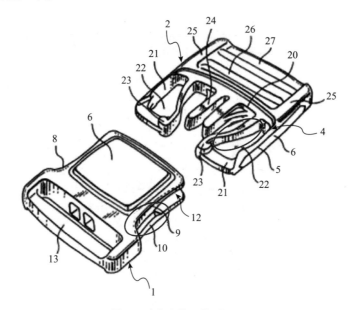

图 8　对比文件 1 的附图 1

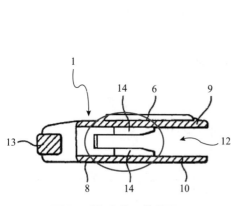

图 9　对比文件 1 的附图 6

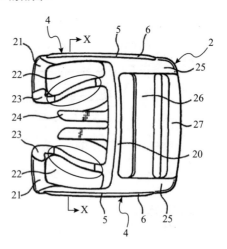

图 10　对比文件 1 的附图 8

【焦点问题】

在对比文件 1 没有文字说明的情况下，仅根据附图，能否确定附图中各部件尺寸的相对关系？能否确定对比文件的附图公开了权利要求的所述特征？

观点一：根据目测，对比文件 1 的附图中与啮合突起 23 连接的向插脚顶部延伸的部分（引导部）在表背方向整体厚度相同且等于啮合突起 23 在表背方向的厚度，由于啮合突起 23 在表背方向的厚度大于狭缝在表背方向的尺寸，因此与啮合突起 23 连接的向插脚顶部延伸的部分（引导部）的整体厚度均大于狭缝在表背方向的尺寸，即对比文件 1 的附图公开了权利要求 1 的所述特征。

观点二：在缺乏文字说明的情况下，通过对比文件 1 附图的内容仅能确定与啮合突起 23 连接的向插脚顶部延伸的部分（引导部）紧邻啮合突起 23 的近端在表背方向的尺寸大于狭缝在表背方向的尺寸，无法明确其远离啮合突起 23 的远端在表背方向的厚度与狭缝表背方向尺寸的大小关系，故对比文件 1 的附图没有公开权利要求 1 的所述特征。

【审查观点和理由】

就本案而言，根据对比文件 1 附图及文字部分内容可以直接地、毫无疑义地确定：在插入体 2 插入带扣体 1 的过程中，与啮合突起 23 连接的该向插脚侧面延伸的部分在插入过程中会进入对应的狭缝中，而该啮合突起 23 无法进入狭缝从而可以抵达啮合部 14 的底部实现啮合，因此，啮合突起 23 在表背方向的尺寸必然大于该狭缝的尺寸从而保证插入过程中该啮合突起 23 始终抵接啮合部 14 的内侧而不会通过狭缝到达插座外部。虽然在附图中通过测量可能会得出与啮合突起 23 连接的向插脚顶部延伸的部分的远端与啮合突起 23 在表背方向上的厚度基本相同，并以此为基础得到与啮合突起 23 连接的向插脚顶部延伸的部分的远端在表背方向上的厚度大于该狭缝的尺寸的结论，从而认为对比文件 1 公开了权利要求 1 的"所述引导部 32 的表背方向的尺寸形成得比所述狭缝 50 的表背方向的尺寸大"特征。但是，对比文件 1 文字部分未提及任何有关该向插脚顶部延伸的部分的远端与啮合突起 23 尺寸关系的内容，并且无论该与啮合突起 23 连接的向插脚顶部延伸的部分的远端在表背方向上的尺寸大于、等于或小于该狭缝的尺寸，都可以实现带扣的功能并解决相应的技术问题，因此可以认为仅由附图无法直接地、毫无疑义地确定二者之间的尺寸关系，即无法确定对比文件 1 公开了权利要求 1 的"所述引导部 32 的表背方向的尺寸形成得比所述狭缝 50 的表背方向的尺寸大"特征。

需要注意的是，在某些情况下，即使缺乏文字说明，但如果本领域技术人员能够确定对比文件附图中部件之间的相对关系只有一种必然结果，那么，这种必然结果属于根据对比文件附图毫无疑义地得出的内容，应当认定为对比文件公开的内容。例如，对于附图中给出的可以相互插接的插头和插座，即使说明书文字未提及插头插脚与插座上插孔之间的尺寸关系，也能够毫无疑义地得出该插孔的尺寸不小于该插脚的尺寸，应当将其认定为对比文件公开的内容。

案例4-8　对比文件内容存在错误或缺陷能否构成现有技术

【相关法条】 专利法第二十二条第五款

【IPC 分类】 G03G

【关　键　词】 PCT 国际申请国际公布文本翻译错误　现有技术　新颖性

【案例要点】

明确记载在对比文件中的内容通常属于对比文件公开的技术内容，能够用于新颖性或创造性的评价，即使对比文件记载的内容存在错误或缺陷，如果该错误或缺陷没有导致技术上明显的不可行，所属技术领域的技术人员仍然会按其文字记载的内容去实施，通常可以认为它构成现有技术的一部分。

【相关规定】

《专利审查指南》第二部分第三章第 2.1 节规定，"根据专利法第二十二条第五款的规定，现有技术是指申请日以前在国内外为公众所知的技术。现有技术包括在申请日（有优先权的，指优先权日）以前在国内外出版物上公开发表、在国内外公开使用或者以其他方式为公众所知的技术。

现有技术应当是在申请日以前公众能够得知的技术内容。换句话说，现有技术应当在申请日以前处于能够为公众获得的状态，并包含有能够使公众从中得知实质性技术知识的内容"。

《专利审查指南》第二部分第三章第 2.3 节规定，"引用对比文件判断发明或者实用新型的新颖性和创造性等时，应当以对比文件公开的技术内容为准。该技术内容不仅包括明确记载在对比文件中的内容，而且包括对于所属技术领域的技术人员来说，隐含的且可直接地、毫无疑义地确定的技术内容。但是，不得随意将对比文件的内容扩大或缩小"。

【案例简介】

申请号：201410044875.1

发明名称：静电荷图像显影用调色剂

基本案情：

权利要求：1. 一种静电荷图像显影用调色剂，其特征在于，由至少含有粘结树脂的调色剂粒子形成，所述粘结树脂含有将下述通式（1）表示的聚合性单体聚合而成的聚合物，

通式（1）

通式（1）中，R^1 和 R^2 各自独立地表示碳原子数 1～60 的脂肪族烃基、该脂肪族烃基的碳原子的一部分被取代为氧原子的脂肪族基团，或者可具有所述脂肪族烃基或所述脂肪族基团作为取代基的芳香族烃基，R^3 和 R^4 各自独立地表示氢原子或脂肪族烃基。

审查员在第一次审查意见通知书中引用了一篇进入中国国家阶段的 PCT 国际申请（CN101208636A，公开日 2008 年 06 月 25 日）作为对比文件评价权利要求 1 的新颖性，指出对比文件 1 公开的调色剂颗粒的可聚合单体包括 2－苯甲酰氧基丙烯酸乙酯，其对应于通式（1）中 R^1 表示芳香族烃基，R^2 表示乙基，R^3、R^4 表示氢原子的情况。

申请人在答复第一次审查意见通知书时认为对比文件 1 不能用于评价权利要求 1 的新颖性，理由在于对比文件 1 是进入中国国家阶段的 PCT 国际申请，根据审查员引用的对比文件 1 说明书中的具体位置，"2－苯甲酰氧基丙烯酸乙酯"对应到国际公布文本中的相应记载为 "2－benzoyloxy ethyl acrylate"。对比文件 1 中的 "2－苯甲酰氧基丙烯酸乙酯"存在翻译错误，"2－benzoyloxy ethyl acrylate" 的正确译文应当是"丙烯酸 2－苯甲酰氧基乙酯"，其与权利要求 1 中通式（1）的化合物相比结构完全不同。

【焦点问题】

对比文件 1 为进入中国国家阶段的 PCT 国际申请，其中记载的"2－苯甲酰氧基丙烯酸乙酯"为权利要求 1 中通式（1）表示的粘结树脂的下位概念，而对应到国际公布文本中的相应记载为 "2－benzoyloxy ethyl acrylate"，不同于通式（1）。对比文件 1 公开的内容如何认定，权利要求 1 相对于对比文件 1 是否具备新颖性？

观点一：进入国家阶段的 PCT 国际申请的译文应当与国际公布文本的内容相符，因此应当根据国际公布文本相应内容的正确译文认定对比文件 1 公开的技术内容，权利要求 1 相对于对比文件 1 具备新颖性。

观点二：应当根据对比文件 1 本身记载的信息认定其公开的技术内容，无需考虑其与国际公布文本中记载的相应内容是否存在不一致，权利要求 1 相对于对比文件 1 不具备新颖性。

【审查观点和理由】

对比文件是进入中国国家阶段的 PCT 国际申请，如果该专利文献与对应的国际公布文本由于翻译原因存在内容上的不一致，但是没有理由或证据表明不一致的内容根本不能构成一个技术方案，明显不具有技术上的可行性，则该不一致的内容应被视为现有技术的一部分，可以用于评价权利要求的新颖性或创造性。

本案中，对于如何认定对比文件 1 公开的内容，首先，对比文件 1 作为专利文献，属于公开出版物，且其公开日在所述专利申请的申请日之前，因此其所公开的技术内容构成所述专利申请的现有技术；其次，就实体内容而言，对比文件 1 相对于原始国际申请是否存在翻译错误，并不影响其作为申请日前公开的现有技术的属性。

对于权利要求 1 相对于对比文件 1 是否具备新颖性，本领域技术人员需要确定：在对比文件 1 的说明书中，包含有"2－苯甲酰氧基丙烯酸乙酯"的技术方案是否成立、是否与说明书中的其他技术方案等内容存在明显矛盾，以及是否属于可以推定为具有可行性的技术方案。

如果对比文件1中的所述方案不存在上述问题，则对比文件1与国际公布文本的不一致原则上并不影响其作为现有技术评价所述申请权利要求的新颖性。但如果含有"2-苯甲酰氧基丙烯酸乙酯"技术特征的技术内容根本不能构成一个技术方案，则显然不能将其用来评价权利要求的新颖性。

案例4-9　涉及药物用途的现有技术公开内容的认定

【相关法条】专利法第二十二条第五款

【IPC分类】A61K

【关 键 词】药物用途　技术效果　实质性技术知识　公开内容　现有技术

【案例要点】

对于对比文件记载了涉及药物用途的技术方案及其声称的技术效果，但未记载具体的实验证据证明该效果的情形，如果所属技术领域的技术人员基于申请日前的现有技术没有理由怀疑对比文件的技术方案不能实现所述技术效果，则一般应当认为该对比文件已经公开了实质性技术知识的内容，该对比文件可以用于评价新颖性或创造性。

【相关规定】

《专利审查指南》第二部分第二章第2.1节规定，"专利法第二十六条第三款规定，说明书应当对发明或者实用新型作出清楚、完整的说明，以所属技术领域的技术人员能够实现为准"。

《专利审查指南》第二部分第三章第2.1节规定，"根据专利法第二十二条第五款的规定，现有技术是指申请日以前在国内外为公众所知的技术……

现有技术应当是在申请日以前公众能够得知的技术内容。换句话说，现有技术应当在申请日以前处于能够为公众获得的状态，并包含有能够使公众从中得知实质性技术知识的内容"。

《专利审查指南》第二部分第十章第5.1节规定，"专利申请要求保护一种化合物的，如果在一份对比文件中记载了化合物的化学名称、分子式（或结构式）等结构信息，使所属技术领域的技术人员认为要求保护的化合物已经被公开，则该化合物不具备新颖性，但申请人能提供证据证明在申请日之前无法获得该化合物的除外"。

【案例简介】

申请号：201811589155.8

发明名称：美海屈林及其药学上可接受的盐在制备治疗糖尿病的药物中的应用

基本案情：

权利要求：美海屈林及其药学上可接受的盐在制备用于治疗2型糖尿病的药物中的应用。

说明书：实施例记载美海屈林增加2型糖尿病小鼠的糖原合成，抑制糖输出，降低血糖与糖化血红蛋白值的效果实验数据。

现有技术状况：

1. 对比文件 1 记载了美海屈林治疗或抑制氧化应激性疾病，例如线粒体病、糖尿病、癌症等。实施例中记载了美海屈林对氧化应激类疾病弗里德里希式共济失调、辅酶 Q10 缺乏症、帕金森氏症、Leber 遗传性视神经病变的治疗实验结果，但并未记载美海屈林治疗糖尿病的相关实验及结果。

2. 本技术领域公知，糖尿病是因胰岛素分泌缺陷或胰岛素抵抗导致的代谢性疾病。氧化应激可通过损伤胰岛 β 细胞和降低外周组织对胰岛素的敏感性，导致糖尿病的发生。

【焦点问题】

本案要求保护美海屈林及其药学上可接受的盐在制备用于治疗 2 型糖尿病的药物中的应用。2 型糖尿病是最常见的糖尿病类型。对比文件 1 已经记载了美海屈林可用于治疗糖尿病，但没有记载具体实验证据证实其技术效果，对比文件 1 能否作为现有技术用于评价本案的创造性？

观点一：虽然对比文件 1 提及了美海屈林治疗糖尿病，但其仅泛泛记载，说明书中没有实验证据证实美海屈林可以治疗糖尿病，对比文件 1 未"充分"公开美海屈林治疗糖尿病的技术方案。对比文件 1 记载了美海屈林对弗里德里希式共济失调等其他氧化应激类疾病的治疗效果数据，但不同病症的发病机制和治疗机理有着很大的差异，本领域技术人员通过阅读对比文件 1 不能明确得知美海屈林治疗糖尿病的技术方案。

观点二：对比文件 1 记载了美海屈林治疗糖尿病的文字信息，应当认为其公开了美海屈林治疗糖尿病的技术事实，可作为现有技术用于评价本案的创造性。

【审查观点和理由】

专利法第二十六条第三款对专利申请的"公开充分"作了规定，说明书应当对发明作出清楚、完整的说明，以所属技术领域的技术人员能够实现为准。专利法第二十二条第五款对"现有技术"作了规定，现有技术是指申请日以前在国内外为公众所知的技术。《专利审查指南》第二部分第三章第 2.1 节进一步解释，现有技术应当在申请日以前处于能够为公众获得的状态，并包含有能够使公众从中得知实质性技术知识的内容。对专利申请而言，申请人获得专利权需要充分公开发明，表明其对现有技术做出了技术贡献，以换取国家授予的排他性权利——专利权；但对对比文件而言，对比文件只要披露足够的关于技术方案等的信息，则该技术方案就已成为现有技术，可以用来评述专利申请的新颖性或创造性。现有技术应当满足"为公众所知""实质性技术知识的内容"的要求并不能与用于规范专利申请的"充分公开"的要求完全相同。

对于对比文件仅声称涉及药物用途的技术方案具备某种技术效果而未记载具体实验证据证实该效果的情形，如果所属技术领域的技术人员基于申请日前的现有技术没有理由怀疑对比文件的技术方案不能实现所述技术效果，则不能因对比文件未记载证实技术效果的具体实验证据而将其从现有技术中排除，这种情形下，一般应当认为该对比文件已经公开了实质性技术知识的内容，该药物用途的技术方案能够作为新颖性或创造性判断的事实基础。当然，申请人可以对此进行反驳并举证。

具体到本案，权利要求要求保护美海屈林及其药学上可接受的盐在制备用于治疗 2 型糖尿病的药物中的应用。对比文件 1 记载了"美海屈林治疗糖尿病"的技术方案。虽然对比文件 1 没有记载美海屈林用于治疗糖尿病的相关实验证据，但是对比文件 1 已经公开了美海屈林治疗线粒体病、糖尿病、癌症等氧化应激性疾病，实施例也具体公开了美海屈林治疗氧化应激类疾病如弗里德里希式共济失调、辅酶 Q10 缺乏症、帕金森氏症、Leber 遗传性视神经病变的效果数据。也就是说，对比文件 1 已经明确了美海屈林治疗糖尿病是基于抗氧化应激这一机理，而现有技术中公知氧化应激是糖尿病的发病机制之一，表明氧化应激与糖尿病之间存在关联。基于对比文件 1 公开的内容和现有技术的整体状况，所属技术领域的技术人员没有理由怀疑美海屈林不能用于治疗糖尿病。关于对比文件 1 记载的"美海屈林治疗糖尿病"这一技术方案，应当认为对比文件 1 已经公开了实质性技术知识的内容，可以用于评价新颖性或创造性。

案例 4 – 10　技术术语的理解及其是否被现有技术公开的事实认定

【相关法条】 专利法第二十二条第五款

【IPC 分类】 D21H

【关 键 词】 事实认定　技术术语　现有技术　创造性

【案例要点】

判断权利要求中包含有关技术术语的技术特征是否已经被现有技术公开，可以基于说明书记载的内容和现有技术公开的内容，借助教科书、工具书等记载本领域普通技术知识的文献，站位本领域技术人员，从该技术术语的处理对象、目的、方式和原理等方面进行分析，确保事实认定的客观性和准确性。

【相关规定】

《专利审查指南》第二部分第二章第 2.2.7 节规定，"说明书应当用词规范，语句清楚。即说明书的内容应当明确，无含糊不清或者前后矛盾之处，使所属技术领域的技术人员容易理解。

说明书应当使用发明或者实用新型所属技术领域的技术术语。对于自然科学名词，国家有规定的，应当采用统一的术语，国家没有规定的，可以采用所属技术领域约定俗成的术语，也可以采用鲜为人知或者最新出现的科技术语，或者直接使用外来语（中文音译或意译词），但是其含义对所属技术领域的技术人员来说必须是清楚的，不会造成理解错误；必要时可以采用自定义词，在这种情况下，应当给出明确的定义或者说明。一般来说，不应当使用在所属技术领域中具有基本含义的词汇来表示其本意之外的其他含义，以免造成误解和语义混乱。说明书中使用的技术术语与符号应当前后一致"。

【案例简介】

申请号：201580037667.1（复审案件编号：1F293512）

发明名称：非木材纤维的漂白及碎屑减少方法

基本案情：

权利要求：一种用于煮练和提高非木材纤维的亮度的方法，该方法包括：形成具有至少 7mm 的平均长度的非木材纤维的混合物；将所述混合物暴露于煮练液和包含氧气的煮练剂以形成煮练混合物；和在腔室中通过使煮练液径向循环经过整个混合物来煮练该煮练混合物，以提供经煮练的纤维。

说明书：

所使用的术语"煮练釜"是指用于加工、漂白和/或煮练非木材纤维的圆形锅炉或桶。所使用的术语"煮练"是指从纤维中除去杂质（例如天然杂质如蜡和果胶，和污染物如微生物）的清洁过程。通常，通过在密封的、温度和压力受到控制的腔室中将纤维暴露于化学品来进行煮练。随后，纤维可以被漂白以使杂质脱色并提高纤维亮度。

所使用的术语"煮练液"是指在精练过程中使用的水性组合物。煮练液可以是本领域技术人员已知的用于煮练非木材纤维的任何组合物，并且可以具有中性或碱性 pH。煮练液可包括碱，例如氢氧化钠、氢氧化镁或其组合。合适组分的其他非限制性实例包括碳酸钠、硫酸镁、表面活性剂或它们的任何组合。

现有技术状况：

1. 对比文件 1 公开了采用碱性制浆溶液蒸煮非木本纤维原料以降解和/或溶解非木本纤维原料中相当数量的非纤维素物质。

2. 本技术领域公知，煮练是将麻纤维置于碱液中进行高压或常压的蒸煮，利用纤维素和其他胶杂质在化学结构、性质上的不同，例如果胶、半纤维素、木质素等容易被碱液溶解，通过煮练将其除去（参见：《纺纱技术》，中国纺织出版社，2005 年 7 月出版，第 27 页；以及《大辞海：化工轻工纺织卷》，上海辞书出版社，2009 年 8 月出版，第 265 页）。

【焦点问题】

对于本案权利要求中的术语"煮练"应如何理解？其与对比文件 1 公开的"蒸煮"是否可以认定为相同方法？

观点一：对比文件 1 公开采用碱性制浆溶液蒸煮非木本纤维原料以降解和/或溶解非木本纤维原料中相当数量的非纤维素物质（例如木素），没有对纤维混合物进行煮练，而是进行制浆操作来形成纸浆，而本案权利要求 1 请求保护的是一种用于煮练和提高非木材纤维的亮度的方法，因此本领域技术人员不会将对比文件 1 中教导的纸浆蒸煮过程与该申请的煮练视为等同。

观点二：虽然对比文件 1 涉及的是蒸煮制浆方法，该申请权利要求 1 限定的是"煮练"方法，但是无论是蒸煮还是煮练工艺，二者都是利用碱液去除纤维原料中的果胶、半纤维素、木质素等杂质以获得纤维产品，因而从二者工序的具体处理步骤并未看出二者有任何实质性的区别。对比文件 1 实质上公开了该权利要求 1 所限定的将非木材纤维如槿麻、工业用大麻、剑麻、亚麻及其混合物暴露于煮练液的煮练工序，即公开了一种用于煮练韧皮纤维的方法。

【审查观点和理由】

准确认定发明和对比文件的事实，是正确适用法律，客观、公正得出审查结论的重要基础。具体到本案，即使结合说明书的记载内容，也并不能非常清楚界定"煮练"与对比文件中对应的"蒸煮"的区别。但是，结合本技术领域的公知常识证据（《纺纱技术》《大辞海：化工轻工纺织卷》等本领域教科书和工具书中）有关"煮练"的表述，站位本领域技术人员，可以认为"煮练"是将麻纤维置于碱液中进行高压或常压的蒸煮，利用纤维素和其他胶杂质在化学结构、性质上的不同，例如果胶、半纤维素、木质素等容易被碱液溶解，通过煮练将其除去，即，可以从本领域普遍认知的处理对象、目的、方式和原理等方面着手，结合本案说明书的记载，对本案所称的"煮练"的含义进行解释。

在此基础上，通过与对比文件 1 的对比，可以看到无论是蒸煮还是煮练，都是利用碱液去除纤维原料中的果胶、半纤维素、木质素等杂质以获得纤维产品，二者不存在实质性的区别，因此，可以认为对比文件 1 实质上公开了权利要求 1 请求保护的"暴露于煮练液"方法步骤。

三、新颖性宽限期

案例4-11 新颖性宽限期证据材料提交时间和效力

【相关法条】 专利法第二十四条

【IPC 分类】 B61D

【关 键 词】 他人未经申请人同意而泄露其内容　声明/证明材料期限　新颖性宽限期

【案例要点】

申请专利的发明创造在申请日以前六个月内发生专利法第二十四条规定情形的，该申请不丧失新颖性，这六个月期限被称为"新颖性宽限期"。《专利审查指南》（2010）对于新颖性宽限期的相关证明材料提交要求进行了规定，对于"他人未经申请人同意而泄露其内容的"，并且申请人在申请日以后得知的情形，申请人应当在得知情况后两个月内提出要求不丧失新颖性宽限期的声明，并附具证明材料。这里的"得知"应该为"实际得知"，一般应依据足够的证据和事实认定申请人已经"得知或应当得知"。修改后的《专利审查指南》（2023）区分了申请人自行得知和收到专利局通知书后才得知的不同情形，对于提交材料类型和时间等操作要求给予申请人更加明确的指引。

判断申请人提供的新颖性宽限期的证明材料是否有效，应整体考量全部证据，并可以通过相关事实予以佐证。如果证明材料的内容符合《专利审查指南》的相关要求，注明了泄露日期、方式及内容，并由证明人签字或者盖章，审查员没有合理理由对申请人所主张的他人未经申请人同意而泄露其发明内容的事实提出异议，则通常应当认可申请人要求不丧失新颖性宽限期的主张。

【相关规定】

《专利审查指南》第二部分第三章第 5 节规定，"专利法第二十四条规定，申请专利的发明创造在申请日以前六个月内，有下列情形之一的，不丧失新颖性：

…………

（三）他人未经申请人同意而泄露其内容的。

关于上述三种情况的审查适用本指南第一部分第一章第 6.3 节的规定"。

《专利审查指南》第一部分第一章第 6.3.3 节规定，"申请专利的发明创造在申请日以前六个月内他人未经申请人同意而泄露了其内容，若申请人在申请日前已获知，应当在提出专利申请时在请求书中声明，并在自申请日起两个月内提交证明材料。若申请人在申请日以后得知的，应当在得知情况后两个月内提出要求不丧失新颖性宽限期的声明，并附具证明材料。审查员认为必要时，可以要求申请人在指定期限内提交证明材料。

申请人提交的关于他人泄露申请内容的证明材料，应当注明泄露日期、泄露方式、泄露的内容，并由证明人签字或者盖章"。

【案例简介】

申请号：201510823912.3

发明名称：轨道列车、车体及其加工工艺、设备舱

审查员于 2017 年 4 月 27 日发出第一次审查意见通知书，引用对比文件 1（CN204726437U）评述权利要求 1 不具备专利法第二十二条第二款规定的新颖性。

申请人 A 公司于 2017 年 9 月 12 日答复第一次审查意见通知书，在意见陈述中认为：本发明为本案人独自完成的创造性劳动成果，对比文件 1 的专利权人（B 公司）为申请人的委托加工方，其在申请人不知情的情况下，将申请人委托其加工的发明创造（本案文件所要保护的发明）擅自申请了专利（对比文件 1），侵犯了申请人的权利。申请人在附件中提交了相关证明文件，用于证明申请人 A 公司与 B 公司的关系以及对方未经允许泄露本案技术方案的事实，并请求审查员依据专利法第二十四条有关新颖性宽限期的规定，对本案进行宽限期审查。

所述附件包括三份证明材料：

证据 1：本案申请人提出的《要求不丧失新颖性宽限期的声明》，盖有申请人公章（印戳日期 2017 年 8 月 28 日）；

证据 2：对比文件 1 专利权人提出的《关于泄露 A 公司专利申请内容的事实说明》，盖有对比文件 1 专利权人的公章（印戳日期 2017 年 8 月 15 日），承认泄密事实；

证据 3：本案申请人委托对比文件 1 专利权人生产的《采购订单合同》。

其中证据 2、证据 3 为复印扫描件，证据 3 缺少附图或设计图等体现发明技术方案的内容。

申请人在意见陈述中进一步强调，申请人实际于 2017 年 7 月 28 日收到代理公司转

达的审查意见时才得知 B 公司违约泄露其专利申请技术内容。

本案中，对比文件 1 的专利权人已经于 2017 年 10 月 17 日实现了变更，变更为本案的申请人（A 公司）和对比文件 1 的专利权人（B 公司）。

【焦点问题】

（1）对于"他人未经申请人同意而泄露其内容"的情形，如何确定申请人提交要求不丧失新颖性宽限期的声明是否满足"在得知情况后两个月内提出"的期限要求？

关于申请人"得知情况"的时间，观点一是依据申请人"实际得知"的时间确定，观点二是直接依据审查意见通知书推定收到日或推定送达日确定。

关于声明以及证明材料的提交时间，观点一是，申请人在答复第一次审查意见通知书时提交了相关声明及证明材料，因此应当以答复第一次审查意见通知书的时间为准，观点二是以相关证明材料中盖有公章的日期为准。

（2）申请人提交的证明材料能否支持要求不丧失新颖性宽限期的请求成立？

观点一：本案要求不丧失新颖性宽限期的请求不成立。证据 3 缺少附图或设计图等体现发明技术方案的内容，不能直接表明证据 3 的采购合同中的技术方案即为本案的技术方案，由此不能证明对比文件 1 的发明创造是对比文件 1 的专利权人从本案的申请人那里获知的，还是其独立作出的；证据 2 和证据 3 并非原件，其真实性存疑。

观点二：本案要求不丧失新颖性宽限期的请求成立。审查员没有合理理由对申请人所主张的他人未经申请人同意而泄露其发明内容的事实提出异议，并且基于对比文件 1 专利权转让的情况可以佐证相关证据的真实性。

【审查观点和理由】

（1）申请人提交要求不丧失新颖性宽限期的声明和证明材料是否满足"在得知情况后两个月内提出"的期限要求？

根据本案案情可知，申请人 A 公司在申请日以前并不知晓对比文件 1 的专利权人 B 公司就对比文件 1 的发明创造进行了专利申请及授权公告，属于本案的申请人在申请日以后得知"他人未经申请人同意而泄露其内容的"的情形。因此，根据《专利审查指南》的相关规定，其应当在得知情况后两个月内提出要求不丧失新颖性宽限期的声明，并附具证明材料。

关于申请人"得知情况"时间的确定，本案中，申请人委托了专利代理公司，申请人自认其于 2017 年 7 月 28 日收到代理公司转达的审查意见时才得知 B 公司违约泄露其专利申请技术内容。代理公司进行业务处理通常遵从一定时序，需要考虑待处理案件排队情况以及业务急迫程度。但在预先并不知晓该案件涉及需要在 2 个月内提出新颖性宽限期声明的情况下，存在代理公司和代理师没有立即处理案件并告知申请人的可能性。基于以上考虑，申请人陈述的实际得知时间具有一定合理性，在无明显反证或抵触的情况下，应当予以接受，而不应当直接将审查意见通知书的推定收到日视为或等同于申请人的实际获知日。

关于申请人要求不丧失新颖性宽限期声明以及证明材料的提交日期的确定，应当以申请人答复第一次审查意见通知书的时间即 2017 年 9 月 12 日作为申请人要求不丧失新颖性宽限期声明以及证明材料的提交日期，而不应当以证明文件中记载的日期作为提交日。

综上，本案申请人是在 2017 年 7 月 28 日得知情况后两个月内，即 2017 年 9 月 12 日提交的要求不丧失新颖性宽限期的声明和证明材料，符合《专利审查指南》规定的"在得知情况后两个月内提出要求不丧失新颖性宽限期的声明，并附具证明材料"的相关要求。

修改后的《专利审查指南》（2023）区分了申请人自行得知和收到专利局通知书后才得知的不同情形，对于提交材料的类型和时间等操作要求在第一部分第一章第 6.3.4 节和第二部分第三章第 5 节给予了申请人更加明确的指引。其中，对于申请人自行得知的情形，相关规定："申请专利的发明创造在申请日以前六个月内他人未经申请人同意而泄露了其内容，若申请人在申请日前已获知，应当在提出专利申请时在请求书中声明，并在自申请日起两个月内提交证明材料。若申请人在申请日以后自行得知的，应当在得知情况后两个月内提出要求不丧失新颖性宽限期的声明，并附具证明材料。审查员认为必要时，可以要求申请人在指定期限内提交证明材料。"对于申请人在收到专利局的通知书后才得知的情形，相关规定，"申请人在收到专利局的通知书后才得知的，应当在该通知书指定的答复期限内，提出不丧失新颖性宽限期的答复意见并附具证明文件"。

（2）申请人提交的证明材料能否支持要求不丧失新颖性宽限期的请求成立？

判定本案要求不丧失新颖性宽限期的请求是否成立的关键证据在于申请人提交的证据 2（B 公司《关于泄露 A 公司专利申请内容的事实说明》）和证据 3（申请人委托 B 公司生产的《采购订单合同》）。对其进行判断时，应整体考量全部证据，并可以通过相关事实予以佐证。

尽管证据 3 确实存在缺少附图或设计图等体现发明技术方案的内容，不能直接表明证据 3 的采购合同中的技术方案即为本案的技术方案，但是，通过证据 2 的说明内容已经可知，B 公司已经承认对比文件 1 泄露了申请人 A 公司专利申请内容，其已经可以说明，B 公司所公开的对比文件 1 的发明创造是直接从申请人那里获知，且其公开发明创造的行为违背了申请人的意愿以及其相互之间以合同形式约定的保密要求，符合专利法第二十四条规定的"他人未经申请人同意而泄露其内容的"的情形。因此，在申请人提供的证明材料符合《专利审查指南》的规定，且审查员没有合理理由对申请人所主张的他人未经申请人同意而泄露其发明内容的事实提出异议的情况下，应当认可申请人要求的不丧失新颖性的宽限期。

需要指出的是，申请人提交的证据 2、证据 3 并非原件，其真实性可能一定程度存疑。但整体考量，通过对比文件 1 的专利权在授权以后的著录变更情况可知，在本案的审查过程中，对比文件 1 的专利权人已经同步实现了变更，变更为 A 公司和 B 公司。可以推断双方经协商交涉以后，已经将对比文件 1 的专利权变为双方共有。由此也可佐证上述证据的真实性。

综上，在实质审查阶段，可以初步判断本案要求不丧失新颖性宽限期的请求成立。此外，虽然对比文件1不构成影响本案的现有技术，但如果本案拟授权时，还需注意避免与对比文件1的专利权重复授权的问题。

四、优先权

案例4-12　在先申请未记载化学产品确认数据时相同主题的判断

【相关法条】 专利法第二十九条第二款

【IPC分类】 C07H

【关 键 词】 参数数据　技术方案相同　相同主题　优先权

【案例要点】

对于参数限定的权利要求，如果在先申请未记载相关数据，且综合考虑说明书记载的其他内容，也无法确定在先申请与在后申请的技术方案相同，则优先权不能成立。

【相关规定】

《专利审查指南》第二部分第三章第4.1.2节规定，"专利法第二十九条所述的相同主题的发明或者实用新型，是指技术领域、所解决的技术问题、技术方案和预期的效果相同的发明或者实用新型。但应注意这里所谓的相同，并不意味在文字记载或者叙述方式上完全一致"。

【案例简介】

申请号：200810009146.7

优先权：200710119140.0

发明名称：奈拉滨的合成及精制

基本案情：

权利要求：1.一种奈拉滨的结晶，在X-射线粉末衍射分析中，在晶面距 d 值约为 8.9996、8.4665、5.4137、4.3838、4.1992、3.7667、3.4556、3.3682、3.2384、3.0702 处有峰，其差示扫描量热分析在升温速率 10℃/min 的条件下，峰值温度为 202℃。

说明书：实施例19给出了晶体的具体制备方法，即 50.0g 奈拉滨加入 1500mL 甲醇混合加热至回流，搅拌1小时后，物料基本溶解，趁热滤过，滤液浓缩至约 750mL，搅拌下加入 1500mL 无水乙醇和 500mL 乙醚，放置冷却，0℃析晶 12h，过滤，用无水乙醇洗涤，干燥。得到精制的奈拉滨结晶 45.3g。

在先申请状况：该申请还要求了优先权，其在先申请申请号为 200710119140.0。在先申请中记载了一种奈拉滨的制备方法，具体为产物加入甲醇混合加热至回流，搅拌使物料溶解，趁热过滤，滤液浓缩，搅拌下加入无水乙醇、乙醚，冷却放置析晶，抽滤，用无水乙醇洗涤，抽滤，干燥，得到奈拉滨 126.1g。在先申请未明确其获得的是结晶形式的奈拉滨，也未记载其晶型数据，例如 X－射线粉末衍射数据等。

【焦点问题】

本案权利要求 1 请求保护奈拉滨的结晶，在先申请未记载晶体确认数据等内容时，本案能否享有在先申请的优先权？

观点一：在先申请中没有明确所获得的奈拉滨为晶体，也没有记载具体的制备方法和相关的晶型数据，由此无法确认在先申请记载了与在后申请要求保护的奈拉滨的结晶的"相同主题的发明"，权利要求 1 不能享有在先申请的优先权。

观点二：在先申请记载了与在后申请类似的制备方法，由此有理由推测在先申请实质上制备得到了与在后申请相同的奈拉滨的结晶，权利要求 1 能够享有在先申请的优先权。

【审查观点和理由】

对于是否享有优先权的确定，核心在于判断本案与在先申请是否属于相同主题。对于相同主题的判断，首先应当判断本案与在先申请的技术方案是否相同，如果无法确定在先申请与在后申请的技术方案相同，则不能确定两者为相同主题。具体到本案，在后申请的技术方案为一种奈拉滨的结晶，权利要求采用了表征晶型的相关数据对晶型进行限定。然而在先申请未明确其获得的产品是否为晶体，也未记载有关晶型数据，例如 X－射线粉末衍射数据等；虽然在先申请记载了奈拉滨的精制方法，但在先申请的方法中并未明确结晶溶剂用量、析晶温度、时间等。对于本领域技术人员来说，晶体形成与其制备条件密切相关，条件的改变，例如结晶溶剂用量、析晶温度，可能导致所获得的晶体存在不同，而且，通常需要通过晶胞参数或者 X－射线粉末衍射数据等晶型数据进行表征才能确认晶体。由于在先申请技术方案未记载相关晶型数据，而且从两者制备方法的对比也无法确定在先申请与在后申请的技术方案相同，本领域技术人员不能确定两个技术方案是"相同主题的发明"，优先权不能成立。

案例 4－13　在后申请补充效果实施例时相同主题的判断

【相关法条】 专利法第二十九条第二款

【IPC 分类】 C07D

【关 键 词】 效果实施例　预期效果　相同主题　优先权

【案例要点】

对于所属技术领域的技术人员而言，在在后申请记载的实验数据所证明的具体技术效果不能从在先申请文件公开的内容中得到的情况下，在先申请和在后申请不属于相同主题的发明，在后申请不能享有在先申请的优先权。

【相关规定】

《专利审查指南》第二部分第三章第 4.1.2 节规定，"专利法第二十九条所述的相同主题的发明或者实用新型，是指技术领域、所解决的技术问题、技术方案和预期的效果相同的发明或者实用新型"。

【案例简介】

申请号：202110393729.X

发明名称：一种乙酰氧取代的吡咯并［2，3-d］嘧啶衍生物的制备方法

基本案情：

权利要求：一种吡咯并［2，3-d］嘧啶衍生物，其特征在于，如式（Ⅱ）或式（Ⅲ）所示；

（Ⅱ）   （Ⅲ）

式（Ⅱ）和式（Ⅲ）中，R 为 H 或所在苯环上的一个或多个取代基，所述取代基独立地选自 CH_3、OCH_3、F、Cl、CN、CF_3 或 t-Bu；

R^1 为 H 或所在氮原子上的一个取代基，所述取代基选自 C_1—C_6 烷基、苄基或 2-（三甲硅烷基）乙氧甲基。

说明书：说明书中记载了化合物体外抗肿瘤实验的实验数据，包括采用 MTT 法测试该化合物对 JEKO-1（人 T 细胞淋巴瘤）、SU-DHL-4（人 B 细胞淋巴瘤）、MCF-7（乳腺癌）等多种人癌细胞株的抑制活性，并计算出抑制率达到 50% 时的药物浓度，即 IC_{50}。

在先申请状况：本案（下称在后申请）要求享有申请 202010289088.9（下称在先申请）的优先权。在先申请文件中记载了乙酰氧取代的吡咯并［2，3-d］嘧啶衍生物及其制备、结构确认，并对其医药用途做断言性描述，声称所述化合物"具有重要的药理活性，可作为抗癌药的先导化合物"，并未记载该化合物的医药用途的具体测试方法以及测试结果。

【焦点问题】

在在先申请未记载所请求保护药物的具体医药用途效果数据的情况下，补充了具体医药用途效果数据的在后申请是否能够享有在先申请的优先权？

观点一：在先申请文件仅断言性描述了化合物的效果，根据现有技术、在先申请文件记载的情况等，难以预期在先申请和在后申请的产物具有相同的技术效果，因此两者不属于相同主题，在后申请不能享有优先权。

观点二：在先申请与在后申请记载相同的化合物，因此可以认为两者的技术领域、所解决的技术问题、技术方案和预期的效果均相同，属于相同主题，在后申请可以享有优先权。

【审查观点和理由】

本案中，在先申请文件仅断言性提及了所述化合物具有药理活性，可作为抗癌药的先导化合物，并未记载所述抗癌活性的具体测试方法（例如针对的具体癌症靶标、

机理及其测试方法等）。但所述的抗癌活性是宽泛的上位概念，其涉及多种不同类型的靶标或机理。本领域技术人员基于在先申请文件记载的内容难以选择适当的测试模型或方法以确认所述化合物具有何种具体抗癌效果。而在后申请记载的实验数据所证明的是针对特定肿瘤细胞株的抑制活性，对于所属技术领域的技术人员而言，该特定的具体技术效果并不能从在先申请文件公开的内容中得到，不能预期在先申请和在后申请的产物具有相同的技术效果导致两者不属于相同主题的发明。因此，在后申请不能享有在先申请的优先权。

需要指出的是，参照《专利审查指南》第二部分第十章第 3.5 节的规定，如果在后申请提交申请时增加的效果实施例所证明的效果是能够从在先申请文件公开的内容中得到的，则在后申请可以享受在先申请的优先权。

案例 4 - 14　在先申请未记载技术效果时相同主题的判断

【相关法条】专利法第二十九条第二款

【IPC 分类】C12N

【关 键 词】技术方案预期的效果　相同主题　优先权

【案例要点】

在判断优先权是否成立时，需要判断本案与在先申请是否属于"相同主题"，即判断技术领域、所解决的技术问题、技术方案和预期的效果是否相同。即使在先申请没有记载技术效果，但如果所属技术领域的技术人员根据现有技术和/或在先申请的内容能够预期在先申请具有在后申请所述的技术效果，则可以认为两者预期的效果相同。

【相关规定】

专利法第二十九条第二款规定，"申请人自发明或者实用新型在中国第一次提出专利申请之日起十二个月内，或者自外观设计在中国第一次提出专利申请之日起六个月内，又向国务院专利行政部门就相同主题提出专利申请的，可以享有优先权"。

《专利审查指南》第二部分第三章第 4.1.2 节规定，"专利法第二十九条所述的相同主题的发明或者实用新型，是指技术领域、所解决的技术问题、技术方案和预期的效果相同的发明或者实用新型。但应注意这里所谓的相同，并不意味在文字记载或者叙述方式上完全一致"。

【案例简介】

申请号：201710624795.7

优先权：201610667807.X

发明名称：一株新青霉菌及其代谢产物安他拟酸 A

基本案情：

权利要求：1. 一株新青霉菌（Penicilillium flavonim）Z08，其特征在于，其保藏号为：CGMCC NO. 12761。

说明书：青霉菌 Z08 菌株的分离与鉴定、相关保藏信息，青霉菌 Z08 的解磷效果以及相关效果试验数据。

在先申请状况：本案要求了中国专利申请201610667807.X的本国优先权，该在先申请于本案申请日前公开。在先申请说明书记载了青霉菌Z08菌株及其分离与鉴定，在先申请也提供了生物材料保藏及存活证明，并在说明书中记载了相关保藏信息；但未记载青霉菌Z08的具体用途以及相关的实验数据，仅宣称"本发明涉及一株来源于土壤并能产生新天然产物安他拟酸的青霉菌Z08及其在医药、林业及农业上的应用"，同时记载了现有技术中其他青霉菌具有解磷、促进作物生长等作用。

【焦点问题】

在先申请缺乏效果实验数据，在先申请与在后申请是否属于"相同主题"？权利要求1能否享有优先权？

观点一：权利要求1不能享有优先权。在先申请的说明书对技术效果泛泛描述为"本发明涉及一株来源于土壤并能产生新天然产物安他拟酸的青霉菌Z08及其在医药、林业及农业上的应用"，并且没有任何效果实施例，所属技术领域的技术人员无法根据在先申请预期青霉菌Z08有何效果，故不能认为在先申请与在后申请相应主题的预期效果相同，不满足《专利审查指南》中关于"相同主题"的规定。

观点二：权利要求1享有优先权。在先申请说明书记载了青霉菌Z08菌株及其分离与鉴定，并按照相关要求对该菌株进行了保藏，即在优先权日时青霉菌Z08已经能够获得。可以确定本案与在先申请的技术方案相同，所属技术领域的技术人员可以据此必然确定两者能够适用于相同的技术领域，解决相同的技术问题，并具有相同的预期效果，从而认定两者为"相同主题"。

【审查观点和理由】

本案权利要求1请求保护一种青霉菌Z08菌株，作为优先权基础的在先申请记载了该青霉菌Z08菌株及其分离与鉴定，按照相关要求进行了保藏并在说明书中记载了相关保藏信息，两者是相同的菌株；虽然在先申请说明书中未记载青霉菌Z08菌株的具体用途，但记载了现有技术中其他青霉菌具有解磷等作用，如果所属技术领域的技术人员根据青霉菌Z08菌株分类可以预期该菌株也具有解磷作用等青霉属所共有的特性，而本案中记载的正是青霉菌Z08菌株具有解磷作用的效果实验数据，则可以认为两者预期的效果相同。因此，在先申请与在后申请均记载了青霉菌Z08菌株这一相同的技术方案，并且其技术领域、所解决的技术问题、预期的效果相同，两者属于"相同主题"，权利要求1能够享有优先权。

第五章 创 造 性

创造性是可专利性需要满足的最重要条件，是相对于新颖性更高的授权条件，要求发明或实用新型不仅要前所未有，还应当是对于本领域的技术人员来说不容易想到的。创造性条件防止将所有新的技术都批准为专利，避免专利太多太滥，对公众正常的生产经营活动产生不应有的限制和干扰。创造性条件鼓励技术人员从事于那些不能确定能够成功的工作，因为他们需要不断扩展现有技术的水平并取得实质性的不同，由此促进技术不断创新。

根据专利法第二十二条第三款的规定，发明是否满足创造性条件需要确认其与现有技术相比是否具有突出的实质性特点和显著的进步。如果要求保护的发明相对于现有技术是显而易见的，则不具有突出的实质性特点，反之，则具有突出的实质性特点。"三步法"是判断要求保护的发明相对于现有技术是否显而易见的方法，包括：第一步，确定最接近的现有技术；第二步，通过比较确定发明与最接近的现有技术之间的区别特征，由区别特征在发明中所达到的技术效果确定发明实际解决的技术问题；第三步，判断要求保护的发明对本领域的技术人员来说是否显而易见。

不同于新颖性审查，一方面，抵触申请不属于现有技术，因此，抵触申请在评价发明创造性时不予考虑。另一方面，审查创造性时，将一份或者多份现有技术中的不同技术内容组合在一起对要求保护的发明进行评价，而审查新颖性遵循的是单独对比原则。最大的不同还在于，新颖性标准通常较为客观，而判断发明是否具备创造性往往取决于对"突出""显著"程度高低的把握，不可避免会受主观因素的影响，为了尽可能地统一审查标准，创造性的判断中更加强调应当基于所属技术领域的技术人员的知识和能力进行评价。并且，在运用"三步法"的过程中，要能够得出客观、正确的创造性结论，避免事后"诸葛亮"，需要特别注意正确理解发明、客观认定事实。在确定最接近的现有技术时，需在把握发明构思的基础上，综合考虑技术领域、技术问题和关键技术手段等。在确定发明的区别特征和发明实际解决的技术问题时，需从背景技术出发了解申请人认为发明所要解决的技术问题、解决该问题的技术方案和该技术方案所能带来的技术效果，准确确定区别特征及其在整个发明中能够达到的技术效果。在判断是否显而易见时，需从最接近的现有技术和发明实际解决的技术问题出发寻找技术启示，不能仅因为现有技术存在与区别特征相同或相似的技术手段就得出不具有创造性的结论。

此外，对于化学领域申请日后补交的实验数据，需要考虑其与原始申请公开内容的联系，其所证明的技术效果能否从专利申请公开的内容中得到，还需要考虑补交实验数据作为证据是否能够证明其声称的技术效果。

一、确定最接近的现有技术

案例5-1 最接近的现有技术的选择

【相关法条】专利法第二十二条第三款

【IPC分类】A61F

【关　键　词】最接近的现有技术　改进动机　创造性

【案例要点】

正确理解发明、把握发明构思是客观评判创造性的前提。在选择最接近的现有技术时，应综合考虑对比文件和本案所属技术领域、所要解决的技术问题是否相同或相近，以及解决该技术问题的关键技术手段是否相同或接近等，在此基础上从申请日时发明人的视角进行确定，避免事后"诸葛亮"。

【相关规定】

《专利审查指南》第二部分第四章第3.2.1.1节规定，"最接近的现有技术，是指现有技术中与要求保护的发明最密切相关的一个技术方案，它是判断发明是否具有突出的实质性特点的基础。最接近的现有技术，例如可以是，与要求保护的发明技术领域相同，所要解决的技术问题、技术效果或者用途最接近和/或公开了发明的技术特征最多的现有技术，或者虽然与要求保护的发明技术领域不同，但能够实现发明的功能，并且公开发明的技术特征最多的现有技术"。

【案例简介】

申请号：201680027261.X（复审案件编号：1F355881）

发明名称：滴眼液的分配装置

基本案情：

权利要求：1. 用于分配滴眼液的装置（1），其包括：

－第一容器（2），所述第一容器（2）包含第一液体物质，

－第二容器（3），所述第二容器（3）包含具有治疗剂的第二冻干物质，以及

－间隔件（4），所述间隔件（4）设置在第一容器（2）和第二容器（3）之间，

第一容器（2）包括管状元件（9），所述管状元件（9）的端部（10）开口以允许第一物质流过开口端部（10），

第二容器（3）包括：可刺穿隔膜（17），所述可刺穿隔膜（17）用于避免第一物质与第二物质混合；壁部（16），所述壁部（16）被构造成以流体密封方式围绕管状元件（9）接合，

其中间隔件（4）具有基本上平行的相对的基底（20），所述基底（20）用于设置

在第一容器（2）和第二容器（3）之间并且与第一容器（2）和第二容器（3）接触，并且

其中所述间隔件（4）能够在组装位置与除去位置之间移动，在组装位置，所述间隔件（4）能够避免管状元件（9）与可刺穿隔膜（17）接触，在除去位置，允许第一容器（2）和第二容器（3）的相对移动，并且管状元件（9）与可刺穿隔膜（17）接触，从而将可刺穿隔膜（17）刺穿。

说明书：本案涉及一种滴眼液的分配装置。现有的液滴分配装置通常具有主体和与主体结合的滴管，且容器内包含两种不同物质的装置。但是，已知装置中，将包含在各自容器中的两种物质保持分离是复杂的操作，不能保证两种物质的最佳分离。本案的目的是使得分配装置结构紧凑，操作简单可靠，并且能够实现眼药水的迅速配置。

本案的代表性附图如图11所示。

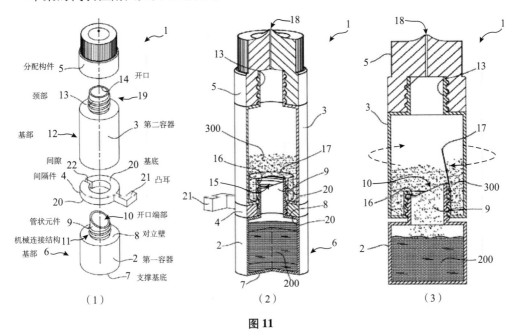

图11

（1）本案滴眼液分配装置分解图；（2）本案滴眼液分配装置组装条件下截面图；
（3）本案滴眼液分配装置在不同组装条件下截面图

现有技术状况：

1. 对比文件1公开了一种用于混合两种成分的容器系统。其包括上部容器1、下部容器2、上封闭罩3、下封闭罩4和中间封闭罩5。该容器系统还包括间隔套筒6，该间隔套筒6与下部容器2的外壁9成直线，并且紧靠中间封闭罩5，以保持上部容器1和下部容器2之间所要求的距离，只要它们以闭合形式互相连接即可。中间封闭罩5和上封闭罩3之间的螺纹联接形成上部容器1的封闭罩，而中间封闭罩5和下封闭罩4形成下部容器2的封闭罩。

当两个容器1和2都装满时，它们最初是用联接在容器之间和容器上的三个封闭

罩（上封闭罩、中间封闭罩和下封闭罩）来封闭的。为了启动容器系统，首先除去间隔套筒6，从而使下部容器2移动到更靠近上部容器1。更具体地说，如果相对于上部容器1顺时针转动下部容器2，则下封闭罩4和下部容器2一起转动以接合上封闭罩3，上封闭罩3也向上转动以与中间封闭罩5分离。进一步顺时针转动下部容器2，下封闭罩4以及上封闭罩3（下封闭罩4与上封闭罩3牢固地接合在一起）与下部容器2和上部容器1分开，并进入上部容器1的内部。然后可以将容纳在容器1、2中的物质混合和溶合，并且作为一种混合物被放出。

对比文件1的代表性附图如图12所示。

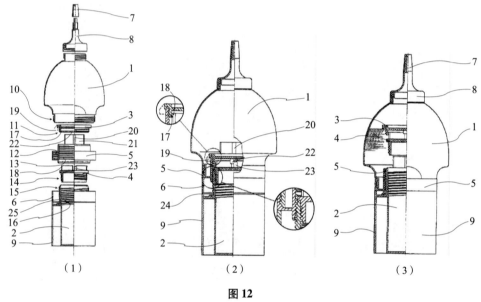

图 12

（1）对比文件1容器系统分解剖面侧视图；（2）对比文件1容器系统封闭剖面侧视图；
（3）对比文件1容器系统反应状态剖面图

2. 对比文件2公开了一种双管形瓶连接装置。该装置用于临时连接两个容器，包括装有固体物质2的瓶子1、设置有渐缩管口并装有溶剂23的瓶子3和密封连接的套管4。密封连接的套管4包括带内螺纹的下部5和带内螺纹的上部6，带内螺纹的下部5和带内螺纹的上部6通过密封连接至套管4的可刺穿塑料膜7彼此分开。带内螺纹的下部5的螺纹24与通过紧固装置30形成在瓶子1的颈部上的螺纹25相匹配，紧固装置30包括轻微倾斜的齿9，该齿9构造成与在瓶子1的颈部中形成的齿11配合。在使密封连接的套管4拧到瓶子1上之后，由于齿9和11的配合，不可能将密封连接的套管4从瓶子1拧下来。密封连接的套管4的上部6的内径可以容纳瓶子3。所述上部6设有螺纹15，以配合形成在所述瓶子3上的螺纹14。

当将瓶子3拧入到密封连接的套管4的带内螺纹的上部6中时，渐缩管口22首先穿过弹性塞子18的预切区域21，然后穿过可刺穿膜7，使容器1和2连接起来。通过多次挤压并释放塑料瓶3，溶剂23进入装有冻干物质2的瓶子1。随后，该装置倒置，通过多次挤压并释放瓶子 3 使溶液再次进入瓶子 3。然后使瓶子 3 与密封连接的套管 4 分开,溶液可以通过瓶子 3 的渐缩管口 22 分配。

对比文件 2 的代表性附图如图 13 所示。

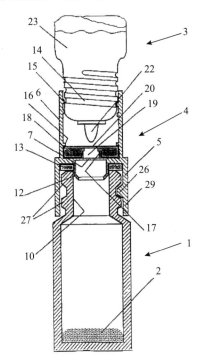

图 13 对比文件 2 双管形瓶连接装置

【焦点问题】

关于选择上述对比文件 1 或对比文件 2 作为最接近的现有技术来判断权利要求的创造性,存在不同的观点:

观点一:选择对比文件 1 或对比文件 2 作为最接近的现有技术都可以,因为这两篇对比文件与本案的发明构思都比较类似,都是用于混合液相和固相物质,而且权利要求 1 的结构特征基本上被这两篇对比文件覆盖,无论采用哪一篇作为最接近的现有技术,都可以结合另一篇以及公知常识容易地得到权利要求 1 所限定的技术方案。

观点二:选择对比文件 2 作为最接近的现有技术是更合理的做法。尽管对比文件 1、对比文件 2 与本案都是用于混合液相和固相物质的,但是对比文件 1 所采用的主体结构与本案并不完全相同,从特征对比上来看,其与本案的主要差别在于本案采用了可刺穿隔膜。正是由于对比文件 1 和本案所采用的液相和固相隔离结构不同,从而与之相配合的结构也都有了很大差别,如果从对比文件 1 出发来得到本案权利要求 1 所限定的结构,相当于将对比文件 1 的主体结构进行重新设计。因此,从还原发明的角度来看,本领域技术人员从对比文件 1 出发得到本案的权利要求 1 并不容易。相反,对比文件 2 的主体结构与本案是类似的,都采用了可刺穿隔膜来隔离液相和固相,通过刺穿隔膜实现两相混合,本领域技术人员以对比文件 2 作为发明的起点,结合对比文件 1 中公开的隔离件，更容易获得本案权利要求 1 所限定的技术方案。

【审查观点和理由】

正确理解发明、把握发明构思是客观评判创造性的前提。在选择最接近的现有技术时，应综合考虑对比文件和本案所属技术领域、所要解决的技术问题是否相同或相近，以及解决该技术问题的关键技术手段是否相同或接近等。

就本案而言，首先，尽管本案和对比文件 1、对比文件 2 都是用于混合液相和固相物质的，即两者能够解决的技术问题是基本类似的，但从整体上分析其各自的技术方案可知，对比文件 1 是利用三个封闭罩以及它们之间的连接卡合关系和它们与上下容器之间的螺纹连接关系来实现初始的液相/固相分离和后续的液相/固相混合的，而对比文件 2 则是利用可穿孔的薄膜来实现初始的液相/固相分离，通过对薄膜进行穿孔实现后续的液相/固相混合，因此，从发明构思来看，对比文件 2 中解决该技术问题的关键技术手段与本案更接近，更适合作为最接近的现有技术。

其次，对比文件 2 与权利要求 1 的主要区别在于间隔件的设置，设置间隔件的作用主要是避免误操作，在对比文件 1 公开了功能相同的间隔件的情况下，本领域技术人员出于避免固液混合误操作的考虑，应有动机将对比文件 1 的间隔件应用于对比文件 2 从而得到本案权利要求 1 的技术方案。也就是说，从还原发明，或者说从申请日时发明人的视角来看，以对比文件 2 作为最接近的现有技术提出有关审查意见更合乎逻辑，也更具说服力。

进一步地，对比文件 1 的三个封闭罩和上下容器的结构彼此配合，无论缺少或者改动哪一个环节，都有可能不能实现其功能。虽然对比文件 2 公开了采用可穿孔薄膜的方案，但是本领域技术人员很难有动机将对比文件 2 的可穿孔薄膜应用于对比文件 1 的方案中，因为这需要将对比文件 1 的三个封闭罩连同与之配套的结构全部替换掉，相当于完全改变了对比文件 1 的构思。因此，相比对比文件 1，对比文件 2 更适宜作为最接近的现有技术。

二、确定发明的区别特征和发明实际解决的技术问题

案例 5−2 在理解发明的基础上确定发明实际解决的技术问题

【相关法条】 专利法第二十二条第三款

【IPC 分类】 C09J

【关 键 词】 发明实际解决的技术问题 发明所要解决的技术问题 理解发明 创造性

【案例要点】

在判断创造性时，审查员应确定发明与最接近的现有技术之间的区别特征，由区别特征在要求保护的发明中所能达到的技术效果确定发明实际解决的技术问题。如果

根据申请文件记载的内容，本领域技术人员认为发明解决了申请人声称的、发明所要解决的技术问题，在评价创造性确定发明实际解决的技术问题时，该技术问题通常应首先予以考虑。

【相关规定】

《专利审查指南》第二部分第四章第 3.2.1.1 节规定，"在审查中应当客观分析并确定发明实际解决的技术问题。为此，首先应当分析要求保护的发明与最接近的现有技术相比有哪些区别特征，然后根据该区别特征在要求保护的发明中所能达到的技术效果确定发明实际解决的技术问题。从这个意义上说，发明实际解决的技术问题，是指为获得更好的技术效果而需对最接近的现有技术进行改进的技术任务"。

《专利审查指南》第二部分第八章第 4.2 节规定，"审查员在开始实质审查后，首先要仔细阅读申请文件，并充分了解背景技术整体状况，力求准确地理解发明。重点在于了解发明所要解决的技术问题，理解解决所述技术问题的技术方案和该技术方案所能带来的技术效果，并且明确该技术方案的全部必要技术特征，特别是其中区别于背景技术的特征，进而明确发明相对于背景技术所作出的改进"。

【案例简介】

申请号：201510202528.1（其母案为 200880111995.1）

发明名称：粘接剂组合物和使用其的电路连接材料、以及电路部件的连接方法和电路连接体

基本案情：

权利要求：一种组合物作为 COG 封装用粘接剂膜的应用，其中，

所述 COG 封装用粘接剂膜用于将电路部件彼此粘接并将各个电路部件所具有的电路电极彼此电连接，

所述组合物含有环氧树脂（组分 A）、咪唑类的环氧树脂固化剂（组分 B）、核壳型有机硅微粒（组分 C），所述核壳型有机硅微粒具有由平均粒径在 300nm 以下的有机硅微粒构成的核粒子（组分 C1）和由丙烯酸树脂或其共聚物（组分 C2）形成且按照包覆所述核粒子的方式设置的包覆层，以所述核壳型有机硅微粒的总质量为基准计，该核壳型有机硅微粒的有机硅的含量为 40～90 质量%。

说明书：本案涉及一种组合物作为 COG 封装❶用粘接剂膜的应用。伴随液晶基板的大型化和薄型化，采用含有环氧树脂和咪唑类固化剂的传统粘接剂组合物在进行 COG 封装时，加热产生内部应力会导致电路连接体中的 IC 芯片或玻璃基板发生翘曲，如果对发生翘曲的电路连接体进行温度循环实验，则内部应力增大，可能在电路连接体的连接部发生剥离。本发明提供了一种即使采用咪唑类固化剂也能充分降低电路连接体中产生的内部应力的粘接剂组合物。该组合物通过加入有机硅微粒可以有效缓解内部应力，抑制电路连接体的翘曲或界面剥离，并优选使用核壳型有机硅微粒，丙烯酸树脂包覆层（壳）与环氧树脂的亲和性高，能充分维持有机硅微粒在粘接剂成分中

---

❶ COG 封装是将液晶驱动用 IC 芯片直接接合到玻璃基板上的方法。

的高度分散状态，稳定发挥对电路连接体的应力缓和效果。

说明书还记载了实验效果数据证明以含有核壳型有机硅微粒的粘接剂组合物制备得到电路连接材料，将其用于连接 IC 芯片和 ITO 玻璃基板，与不含有机硅微粒的电路连接材料相比，可以有效降低 ITO 玻璃基板的翘曲量，避免界面剥离的发生。

现有技术状况：

对比文件 1 公开了一种各向异性导电粘接剂，用于连接形成在一个基板上的电路布线和形成在另一个基板上的电路布线。所述各向异性导电粘接剂包含环氧树脂（组分 A）、胺系固化剂和聚硅氧烷，其中胺系固化剂可以使用咪唑化合物的衍生物及其改性产物（对应于组分 B），聚硅氧烷优选为硅氧烷改性的弹性体（对应于组分 C1），粒径为 0.05 ~ 5μm。对比文件 1 没有提及 COG 封装及其翘曲和界面剥离的问题。

【焦点问题】

本案权利要求 1 与对比文件 1 的区别特征在于：（1）权利要求 1 限定了所述组合物用作 COG 封装用粘接剂膜，而对比文件 1 是用于连接不同基板上的电路布线的粘接剂；（2）权利要求 1 为具有丙烯酸树脂或其共聚物包覆层（组分 C2）的核壳型有机硅微粒（组分 C），并对有机硅在有机硅微粒中的含量进行了限定，而对比文件 1 为硅氧烷改性的弹性体（组分 C1）。在创造性判断过程中，基于权利要求 1 与对比文件 1 的区别技术特征，如何根据区别特征在要求保护的发明中所能达到的技术效果确定发明实际解决的技术问题？

观点一：说明书记载了核壳型有机硅微粒结构所起的作用是利用丙烯酸树脂或其共聚物包覆层（组分 C2）与环氧树脂的亲和性来提高有机硅微粒（组分 C1）的分散度。本发明实际解决的技术问题应确定为：如何提高有机硅微粒在环氧树脂中的分散度。

观点二：根据说明书的记载，本案所要解决的技术问题是 COG 封装中如何减少电路连接体的翘曲及界面剥离，该问题的解决是采用核壳型有机硅微粒，利用了丙烯酸树脂或其共聚物包覆层（组分 C2）提高有机硅微粒（组分 C1）在环氧树脂中的分散度，使其稳定发挥对电路连接体的应力缓和效果，减少电路连接体的翘曲量及界面剥离，说明书记载的实验数据也证明了发明能够解决上述问题。本发明实际解决的技术问题应确定为：如何减少电路连接体的翘曲量及界面剥离。

【审查观点和理由】

正确理解发明是客观评价创造性的前提。理解发明应当首先从说明书记载的背景技术出发，了解申请人认为其发明所要解决的技术问题是什么、解决该问题的技术方案和该技术方案所能带来的技术效果是什么。在判断创造性时，审查员应确定发明与最接近的现有技术之间的区别特征，由区别特征在要求保护的发明中所能达到的技术效果确定发明实际解决的技术问题，进而判断要求保护的发明对本领域的技术人员来说是否显而易见。如果根据申请文件记载的内容，本领域技术人员认为发明解决了申请人声称的、发明所要解决的技术问题，在评价创造性确定发明实际解决的技术问题时，该技术问题通常应首先予以考虑。

本案中，根据说明书的记载，发明所要解决的技术问题是降低 COG 封装时电路连接体中产生的内部应力，抑制电路连接体的翘曲以及界面剥离。根据说明书公开的内容可知，权利要求的技术方案中具有丙烯酸树脂或其共聚物包覆层（组分 C2）的核壳型结构能够提高有机硅微粒（组分 C1）在环氧树脂中的分散度，使其稳定发挥应力缓和效果，从而抑制电路连接体的翘曲以及界面剥离；并且，说明书记载了电路连接材料储存弹性模量、基板翘曲量、基板侧界面剥离评价等的效果实验数据，使得本领域技术人员相信权利要求要求保护的粘接剂组合物应能够解决"电路连接体的翘曲以及界面剥离"的技术问题。在评价创造性时，根据区别特征在要求保护的发明中所能达到的技术效果确定发明实际解决的技术问题时，应当将其确定为"如何减少 COG 封装中电路连接体的翘曲及界面剥离"。然后，基于上述发明实际解决的技术问题，判断要求保护的发明对本领域的技术人员来说是否显而易见。

案例 5 - 3　尚不能认识到产生技术问题内在原因的情形中发明实际解决技术问题的确定

【**相关法条**】专利法第二十二条第三款

【**IPC 分类**】C07C

【**关 键 词**】发明实际解决的技术问题　发明中所能达到的技术效果　技术问题的内在原因　创造性

【**案例要点**】

在确定发明实际解决的技术问题时，不应仅仅基于区别特征本身固有的功能或作用，而应当根据区别特征在整个方案中所能达到的技术效果，来确定发明实际解决的技术问题。如果所属领域的技术人员基于现有技术不能认识到发明实际解决的技术问题的内在原因，致使不能针对该技术问题提出解决方案，即使该技术问题产生的原因被认识到后找到解决该技术问题的手段是容易的，也不应据此否认申请的创造性，否则，就犯了事后"诸葛亮"的错误。

【**相关规定**】

《专利审查指南》第二部分第四章第 3.2.1.1 节规定，"在审查中应当客观分析并确定发明实际解决的技术问题。为此，首先应当分析要求保护的发明与最接近的现有技术相比有哪些区别特征，然后根据该区别特征在要求保护的发明中所能达到的技术效果确定发明实际解决的技术问题。从这个意义上说，发明实际解决的技术问题，是指为获得更好的技术效果而需对最接近的现有技术进行改进的技术任务"。

【**案例简介**】

申请号：200610153844.5

发明名称：制备二苯基砜化合物的方法

基本案情：

<u>权利要求</u>：1. 一种制备 4 - 异丙氧基 - 4′ - 羟基二苯基砜的方法，其中在内壁上具

有耐腐蚀层的容器用于生产 4 - 异丙氧基 - 4′ - 羟基二苯基砜的反应步骤中。

说明书：本发明涉及用作热记录剂的显影剂 4,4′ - 二羟基二苯基砜单醚的制备方法。当在工业规模上生产 4,4′ - 二羟基二苯基砜单醚时，反应溶液有时会着色，在这种情况下，产物 4,4′ - 二羟基二苯基砜单醚也会着色，即使使用活性炭等脱色和提纯方法，也很难除去着色物质，使产物完全脱色。本发明发现反应容器溶出的杂质金属离子是导致反应溶液着色的原因，通过在反应或提纯过程中使用"内壁上具有耐腐蚀层的容器"可以防止金属离子溶出从而避免产品被着色。

根据本案说明书记载的内容，可以看出权利要求 1 要求保护的技术方案能够产生积极的效果：例如，本案说明书实施例 5 记载的方法采用 GL（内壁衬涂了玻璃）容器代替现有技术常用的 SUS（不锈钢）容器作为反应和提纯容器，最终得到纯度 98% 或以上的 4 - 异丙氧基 - 4′ - 羟基二苯基砜，通过色差仪测量 b 值 2.5 或 2.5 以下，也没有观察到着色；对比实施例 6 中指出，如果用 SUS 容器代替 GL 容器和使用工业用水代替蒸馏水，所得到 4 - 异丙氧基 - 4′ - 羟基二苯基砜通过色差仪测量 b 值 4.1，而且呈现亮粉色。

现有技术状况：

对比文件 1 公开了 4 - 取代羟基 - 4′ - 羟基二苯基砜的制备方法，其中，实施例 1 具体公开了含 4,4′ - 二羟基二苯基砜与溴代正丙烷在氢氧化钠存在下反应得到的 4 - 正丙氧基 - 4′ - 羟基二苯基砜，并对含 4,4′ - 二羟基二苯基砜和 4 - 正丙氧基 - 4′ - 羟基二苯基砜的反应液，通过萃取、分离和重结晶等步骤除去未反应的原料 4,4′ - 二羟基二苯基砜，得到纯度为 99.9% 或以上的 4 - 正丙氧基 - 4′ - 羟基二苯基砜。

【焦点问题】

本案权利要求 1 与对比文件 1 所公开的技术内容相比，目标产物结构类似，制备方法的区别主要在于本案权利要求 1 对反应过程所使用的容器进行了限定，即"其中在内壁上具有耐腐蚀层的容器用于生产 4 - 异丙氧基 - 4′ - 羟基二苯基砜的反应步骤中"。如何确定本发明实际解决的技术问题以及发明是否具有创造性？

观点一：权利要求 1 要求保护的技术方案是在制备 4 - 异丙氧基 - 4′ - 羟基二苯基砜的全过程中使用在内壁上具有耐腐蚀层的容器，耐腐蚀层具有防止容器腐蚀的技术效果是所属技术领域的技术人员可以预期的，因此，发明实际解决的技术问题是提供一种防止反应容器发生腐蚀的 4 - 异丙氧基 - 4′ - 羟基二苯基砜化合物的制备方法。使用耐腐蚀层防止容器发生腐蚀是本技术领域的公知常识，权利要求 1 不具有创造性。

观点二：根据说明书的记载，在制备 4 - 异丙氧基 - 4′ - 羟基二苯基砜的全过程中使用在内壁上具有耐腐蚀层的容器是为了避免金属离子溶出从而保证产品不被着色，因此，发明实际解决的技术问题是提供一种未着色的 4 - 异丙氧基 - 4′ - 羟基二苯基砜化合物的制备方法。现有技术没有披露该化合物着色的原因，不存在解决该技术问题的技术启示，权利要求 1 具有创造性。

【审查观点和理由】

本案权利要求 1 要求保护制备 4 - 异丙氧基 - 4′ - 羟基二苯基砜化合物的方法，特征在于所述反应在内壁上具有耐腐蚀层的容器中进行，对比文件 1 公开了一种 4 - 正丙氧基 - 4′ - 羟基二苯基砜化合物的纯化方法，但是对比文件 1 未对反应容器提出任何要求，也未提出 4,4′ - 二羟基二苯基砜单醚化合物产品着色的问题。

如果仅仅依据玻璃或含氟树脂等耐腐蚀涂层固有的耐腐蚀效果，将本发明实际解决的技术问题认定为"提供一种防止反应容器发生腐蚀的 4 - 异丙氧基 - 4′ - 羟基二苯基砜化合物的制备方法"，就会轻易地得出为了避免反应容器腐蚀，"采用在内壁上具有耐腐蚀层的容器"进行反应的方案是显而易见的结论。但是，对比文件 1 仅仅涉及 4,4′ - 二羟基二苯基砜单醚化合物的常规后处理步骤，并未具体针对杂质金属离子，也未提出金属离子会导致 4,4′ - 二羟基二苯基砜单醚化合物产品着色的问题，在现有技术特别是对比文件 1 的基础上并不能认识到导致产品着色的原因，进而也不能认识到上述"防止反应容器发生腐蚀"的技术问题的存在，本领域技术人员在申请日时很难有动机去改进现有技术进而提出本案要求保护的技术方案。

根据申请文件的记载，本发明所要解决的技术问题是防止 4,4′ - 二羟基二苯基砜单醚化合物产品着色，申请人正是由于发现了导致 4,4′ - 二羟基二苯基砜单醚化合物产品着色这一现象的原因是反应物中杂质金属离子的存在，并通过在内壁上具有耐腐蚀层的容器中进行反应解决了该技术问题。因此，根据该区别特征在要求保护的发明中能够达到的技术效果确定本发明实际解决的技术问题应为"提供一种未着色的 4 - 异丙氧基 - 4′ - 羟基二苯基砜化合物的制备方法"，这也是申请人在说明书中声称的本发明所要解决的技术问题。实际上，如果对导致产品着色这一缺陷产生原因的认识已经超出了所属技术领域的技术人员在申请日前的认识水平和能力，该申请的贡献在于发现了该原因并提出相应的解决方案，本案权利要求具有创造性。

案例 5 - 4　权利要求保护范围的理解和对现有技术作出贡献的技术特征的确定

【相关法条】专利法第二十二条第三款
【IPC 分类】H04M
【关　键　词】权利要求保护范围　区别特征　对现有技术作出贡献的技术特征
【案例要点】
如果体现发明对现有技术作出贡献的技术特征未清晰记载在权利要求中，将导致对权利要求保护范围的理解以及其相对于现有技术的区别特征的确定都存在歧义。如果专利申请存在授权前景，则可以引导申请人将上述技术特征写入权利要求或作出澄清。
【相关规定】
专利法第六十四条第一款规定，"发明或者实用新型专利权的保护范围以其权利要求的内容为准，说明书及附图可以用于解释权利要求的内容"。
《专利审查指南》第二部分第二章第 3.2.2 节规定，"每项权利要求所确定的保护范围应当清楚"。

《专利审查指南》第二部分第四章第 6.4 节规定，"对发明创造性的评价应当针对权利要求限定的技术方案进行。发明对现有技术作出贡献的技术特征，例如，使发明产生预料不到的技术效果的技术特征，或者体现发明克服技术偏见的技术特征，应当写入权利要求中；否则，即使说明书中有记载，评价发明的创造性时也不予考虑"。

【案例简介】

申请号：201610862049.7

发明名称：一种调节音量的方法及移动终端

基本案情：

权利要求：

一种调节音量的方法，其特征在于，应用于移动终端，所述方法包括：

检测第一音量调节信号，所述第一音量调节信号由所述移动终端的音量调节物理按键触发；

在检测到所述第一音量调节信号的情况下，检测第二音量调节信号，所述第二音量调节信号由移动终端显示界面上显示的音量触摸按键触发；

依据所述第二音量调节信号调节音量；

所述检测第二音量调节信号之前，所述方法还包括：

检测所述移动终端处于使用状态，并在移动终端显示界面上显示所述音量触摸按键；

其中，所述音量触摸按键以显示方式显示在移动终端显示界面上，所述显示方式显示为所述音量触摸按键始终显示在所述移动终端显示界面上。

说明书：本案涉及一种调节音量的方法及移动终端，根据说明书记载，其要解决的技术问题是避免因误触物理按键导致音量误调。采用的技术方案是在检测到音量调节物理按键触发第一音量调节信号的情况下，检测在移动终端显示界面上显示的由音量触摸按键触发的第二音量调节信号，根据第二音量调节信号进行音量调节。

【焦点问题】

对比文件 1 公开了利用物理按键触发音量触摸按键，继而可利用音量触摸按键调节音量的相关内容。但对于权利要求的技术方案中"在移动终端显示界面上显示所述音量触摸按键"的阶段，即在音量触摸按键被成功触发并显示后，并未明确记载物理按键是否失效，造成对权利要求的保护范围存在不同的理解，此时应如何进行创造性判断？

观点一：权利要求中没有明确限定在显示音量触摸按键之后物理按键是否失效，因此，权利要求的技术方案应理解为在显示音量触摸按键之后，仍可使用物理按键进行音量调节，因此权利要求无法与现有技术区分开，权利要求不具备创造性。

观点二：权利要求的技术方案是通过物理按键触发音量触摸按键，在音量触摸按键被触发并显示后，由音量触摸按键触发的音量调节信号，因此，权利要求的技术方案应理解为此时物理按键对音量调节不再有效，与现有技术具有明确的区别，权利要求具备创造性。

【审查观点和理由】

就本案的权利要求而言，其限定了在检测到物理按键信号的情况下，检测触摸按键信号，依据触摸按键信号调节音量，但权利要求并未明文记载"在移动终端显示界面上显示所述音量触摸按键"后，不能通过物理按键调节音量；根据权利要求书记载的内容，本领域技术人员也无法直接地、毫无疑义地确定此时物理按键是否失效。因此，权利要求限定的范围包括"在移动终端显示界面上显示所述音量触摸按键"后物理音量调节按键失效和不失效的两种情形。这与对比文件 1 所公开的"检测到物理按键信号时，检测物理按键信号和/或触摸按键信号，依据检测结果调节音量"并无明显区别。在这种情况下，引用对比文件 1 质疑权利要求的新颖性或创造性是合理的。

如果专利申请具备授权前景，但由于撰写的原因权利要求中没有清楚记载体现发明对现有技术作出贡献的技术特征，导致本领域技术人员对权利要求保护范围的理解出现歧义，此时审查员可以引导申请人将上述技术特征写入权利要求或作出澄清，保证授权的权利要求保护范围清晰适当。

三、技术启示的判断

案例 5 -5　公知常识认定中对技术问题的把握

【相关法条】 专利法第二十二条第三款
【IPC 分类】 C07C
【关 键 词】 公知常识　技术问题　技术启示　创造性
【案例要点】

创造性审查中，在判断要求保护的发明对本领域的技术人员来说是否显而易见时，技术启示总是与技术问题密不可分。如果认为某技术手段属于本技术领域的公知常识而构成技术启示时，应当能够说明"为什么该技术手段在该技术领域解决该具体技术问题是公知的"。

【相关规定】

《专利审查指南》第二部分第四章第 3.2.1.1 节规定，"要从最接近的现有技术和发明实际解决的技术问题出发，判断要求保护的发明对本领域的技术人员来说是否显而易见。判断过程中，要确定的是现有技术整体上是否存在某种技术启示，即现有技术中是否给出将上述区别特征应用到该最接近的现有技术以解决其存在的技术问题（即发明实际解决的技术问题）的启示，这种启示会使本领域的技术人员在面对所述技术问题时，有动机改进该最接近的现有技术并获得要求保护的发明。如果现有技术存在这种技术启示，则发明是显而易见的，不具有突出的实质性特点。

下述情况，通常认为现有技术中存在上述技术启示：

（i）所述区别特征为公知常识，例如，本领域中解决该重新确定的技术问题的惯用手段，或教科书或者工具书等中披露的解决该重新确定的技术问题的技术手段"。

【案例简介】

申请号：200610153845.X

发明名称：制备二苯基砜化合物的方法

基本案情：

权利要求：1. 一种制备4-异丙氧基-4'-羟基二苯基砜的方法，其中在从含有4-异丙氧基-4'-羟基二苯基砜的混合物中除去4-异丙氧基-4'-羟基二苯基砜以外的化合物的提纯步骤中添加水溶性螯合剂。

说明书：本发明涉及用作热记录剂的显影剂4,4'-二羟基二苯基砜单醚的制备方法。当在工业规模上生产4,4'-二羟基二苯基砜单醚时，反应溶液有时会着色，在这种情况下，产物4,4'-二羟基二苯基砜单醚也会着色，即使使用活性炭等脱色和提纯方法，也很难除去着色物质，使产物完全脱色。本发明发现来自反应容器或溶剂的杂质金属离子与具有酚羟基的化合物形成螯合物是导致反应溶液着色的原因，通过在提纯过程中添加螯合剂可以除去金属离子从而避免产品被着色。

根据本案说明书记载的内容，可以看出权利要求1要求保护的技术方案能够产生积极的效果：例如，实施例6记载的方法包括向反应混合物中加入5%EDTA二钠盐水溶液的步骤，最终得到纯度98%或以上的4-异丙氧基-4'-羟基二苯基砜，通过色差仪测量b值为2.5或2.5以下，也没有观察到着色；对比实施例6记载的方法中，省略在提纯步骤中向反应溶液中添加5%EDTA二钠盐水溶液的操作，所得到的4-异丙氧基-4'-羟基二苯基砜通过色差仪测量b值为4.1，而且呈现亮黄色。

现有技术状况：

对比文件1公开了4-取代羟基-4'-羟基二苯基砜的制备方法，其中实施例1具体公开了含4,4'-二羟基二苯基砜与溴代正丙烷在氢氧化钠存在下反应得到的4-正丙氧基-4'-羟基二苯基砜，并对含4,4'-二羟基二苯基砜和4-正丙氧基-4'-羟基二苯基砜的反应液，通过萃取、分离和重结晶等步骤除去未反应的原料4,4'-二羟基二苯基砜，得到纯度为99.9%或以上的4-正丙氧基-4'-羟基二苯基砜。

【焦点问题】

本案权利要求1与对比文件1所公开的技术内容相比，目标产物结构类似，制备方法的区别主要在于本案权利要求1还涉及在提纯步骤中添加水溶性螯合剂的步骤。本案相对于对比文件1实际解决的技术问题是提供一种未着色的4-异丙氧基-4'-羟基二苯基砜化合物的制备方法。该技术问题在本案中是通过在提纯过程中加入水溶性螯合剂除去金属离子解决的。本案相对于现有技术是否显而易见？

观点一：螯合剂可以与金属离子形成络合物是本技术领域的公知常识，现有技术存在使用螯合剂除去金属离子的技术启示，权利要求1要求保护的技术方案相对于对比文件1和本领域的公知常识是显而易见的。

观点二：根据说明书的记载，在4-异丙氧基-4'-羟基二苯基砜的提纯过程中添加螯合剂是为了除去金属离子从而避免产品被着色，现有技术中不存在使用螯合剂以解决 4－异丙氧基－4′－羟基二苯基砜化合物着色这一技术问题的技术启示，权利要求 1 要求保护的技术方案对本领域的技术人员来说不是显而易见的。

【审查观点和理由】

创造性审查中，在判断要求保护的发明对本领域的技术人员来说是否显而易见时，技术启示总是与技术问题密不可分，即使技术信息记载于教科书或者工具书等公知常识最常见的载体也并不必然意味着存在技术启示。如果认为某技术手段属于本技术领域的公知常识而构成技术启示时，应当能够说明"为什么该技术手段在该技术领域解决该具体技术问题是公知的"，本领域技术人员对该技术手段在要求保护的发明中能够解决的问题或者产生的效果应当有明确的预期，或者说，本领域技术人员能够确信将该技术手段应用到要求保护的发明的技术方案中也能解决具体技术问题，产生预期技术效果。简单断言某些特征是公知常识进而认为存在创造性意义上的技术启示的做法是不恰当的。

本案权利要求 1 要求保护一种制备 4－异丙氧基－4′－羟基二苯基砜的方法，其中在从含有 4－异丙氧基－4′－羟基二苯基砜的混合物中除去 4－异丙氧基－4′－羟基二苯基砜以外的化合物的提纯步骤中添加水溶性螯合剂，即，权利要求 1 实质上是提供一种未着色的 4－异丙氧基－4′－羟基二苯基砜化合物的制备方法，通过添加水溶性螯合剂去除 4－异丙氧基－4′－羟基二苯基砜制备方法中产生的金属离子，从而解决着色的问题。

对比文件 1 公开了 4－正丙氧基－4′－羟基二苯基砜化合物的纯化方法，其中的纯化步骤属于常规后处理步骤，目的在于除去未反应的原料，但是对比文件 1 中没有任何有关 4－取代羟基－4′－羟基二苯基砜产物中存在杂质金属离子或者杂质金属离子的存在可能影响产品色度的记载或者暗示。

所属技术领域的技术人员普遍知晓金属离子如铁离子、镁离子、铜离子等可以与螯合剂如 EDTA 等结合形成稳定络合物，这些技术信息在作为"公知常识载体"的教科书或者工具书中也确有记载，但对于螯合剂在本发明中的作用并无任何教导。不同于一般纯化过程中需要除去的常规杂质，例如未反应的原料、多余的溶剂或反应的副产物本身等（对比文件 1 公开的方法即除去未反应的原料），本案方法欲除去的金属离子是源自反应容器或溶剂溶出的微量物质。如果现有技术没有任何启示或者说如果申请人没有认识到 4,4′－二羟基二苯基砜单醚化合物着色的内在原因，本领域技术人员在申请日时很难在理论上可能存在的任何杂质物质中意识到杂质金属离子的存在，或者认识到有除去杂质金属离子的实际需要，也就是说，本领域技术人员基于申请日时的知识和能力水平很难认识到使用螯合剂与金属离子络合这一技术手段与本发明实际解决技术问题之间的关联，很难有动机去改进最接近现有技术以获得要求保护的发明。因此，并不能仅仅因为区别特征记载在教科书上就认为能够构成技术启示，针对"提供一种未着色的 4－异丙氧基－4′－羟基二苯基砜化合物的制备方法"这个技术问题而言，使用螯合剂与金属离子络合这一技术手段并不"公知"，不能认为存在技术启示。

案例5-6 技术手段相似时技术启示的判断

【相关法条】专利法第二十二条第三款

【IPC分类】G09G

【关 键 词】类似技术手段 技术启示 改进动机 创造性

【案例要点】

正确理解发明，把握发明构思是客观评判创造性的前提。对于现有技术中存在的问题，可能存在不同的技术解决方案。如果基于问题产生的不同原因，利用不同的机理和路径提出构思完全不同的解决方案，不能仅仅因发明与现有技术的技术手段类似就否定发明的创造性。

【相关规定】

《专利审查指南》第二部分第四章第3.2.1.1节规定，"要从最接近的现有技术和发明实际解决的技术问题出发，判断要求保护的发明对本领域的技术人员来说是否显而易见。判断过程中，要确定的是现有技术整体上是否存在某种技术启示，即现有技术中是否给出将上述区别特征应用到该最接近的现有技术以解决其存在的技术问题（即发明实际解决的技术问题）的启示，这种启示会使本领域的技术人员在面对所述技术问题时，有动机改进该最接近的现有技术并获得要求保护的发明"。

【案例简介】

申请号：201811598594.5

发明名称：一种有机发光显示面板及有机发光显示装置

基本案情：

权利要求：1. 一种有机发光显示面板，其特征在于，包括显示区和围绕所述显示区的非显示区，所述显示区包括第一显示区和第二显示区，所述第一显示区中任意一行的子像素数小于所述第二显示区中任意一行的子像素数；所述非显示区设置有扫描驱动电路，所述扫描驱动电路包括级联的扫描驱动电路单元，所述扫描驱动电路单元包括第一扫描驱动电路单元和第二扫描驱动电路单元；所述第一扫描驱动电路单元连接所述第一显示区的子像素行并输出第一扫描驱动信号；所述第二扫描驱动电路单元连接第二显示区的子像素行并输出第二扫描驱动信号；第一扫描驱动信号的延迟时间大于第二扫描信号的延迟时间；所述第一扫描驱动信号由第一信号输出第一高电平信号，由第二信号输出第一低电平信号；所述第二扫描驱动信号由第三信号输出第二高电平信号，由第四信号输出第二低电平信号；第一高电平信号高于第二高电平信号和/或第一低电平信号低于第二低电平信号。

说明书：本案涉及一种有机发光显示面板，现有的全面屏具有正常显示区和异形区，异形区中设置非显示区，由于非显示区中没有显示像素，非显示区域像素行的子像素数目变少，使得正常显示区和异形区的负载不同，从而导致显示屏亮度在正常显示区和异形区存在不均匀的问题，本案旨在解决这一技术问题。有机发光二极管发光

电流 $I = k(PV_{DD} - V_{data})^2$，为使亮度增加，就要减小 V_{data}；V_{data} 与像素充电时间 T 成正比，减小 V_{data} 就要减小像素充电时间；像素充电时间 T 与扫描驱动信号的高低电压差（$V_{GH} - V_{GL}$）成反比。因此，为了减小 V_{data} 就需要增加扫描驱动信号的高低电压差（$V_{GH} - V_{GL}$）。本案基于有机发光二极管发光电流与扫描驱动信号高低电压差（$V_{GH} - V_{GL}$）成正比的原理，使异形区高低电平电压差大于正常显示区高低电平电压差，以增大异形区发光电流，从而提高亮度，解决了异形区和正常显示区由于负载不同而导致的显示不均的问题。

由上可知，权利要求 1 中限定了异形区扫描电路高电位电源电压和低电位电源电压的电压差值不等于正常显示区，说明书实施例具体限定了异形区高电平信号 V_{GH1} 大于正常显示区高电平信号 V_{GH2}，或者异形区低电平信号 V_{GL1} 小于正常显示区低电平信号 V_{GL2}。

现有技术状况：对比文件 1 涉及一种有机发光显示面板，现有的全面屏具有正常显示区和异形区，异形区中设置非显示区，由于非显示区中没有显示像素，非显示区域像素行的子像素数目变少，使得正常显示区和异形区的负载不同，从而导致显示屏亮度在正常显示区和异形区存在不均匀的问题。由于像素电路中扫描线与驱动晶体管栅极寄生电容 c_1 的分压 $\Delta V = [C_1/(C_{st} + C_1)](V_{GH} - V_{GL})$ 影响发光电流，则发光电流公式 $I = k(PV_{DD} - V_{data} - \Delta V)^2$，即考虑寄生电容影响后的发光电流与扫描驱动信号高低电压差（$V_{GH} - V_{GL}$）成反比关系。对比文件 1 基于考虑寄生电容影响后的发光电流与扫描驱动信号高低电压差（$V_{GH} - V_{GL}$）成反比关系的原理，使异形区高低电平电压差小于正常显示区高低电平电压差，以增大异形区发光电流，从而提高亮度，解决了异形区和正常显示区由于负载不同而导致的显示不均的问题。

权利要求 1 的技术方案相对于对比文件 1 中技术方案的区别在于：权利要求 1 限定了设置第一扫描驱动信号的延迟时间大于第二扫描信号的延迟时间，第一高电平信号高于第二高电平信号和/或第一低电平信号低于第二低电平信号，而对比文件 1 中仅公开通过调整 V_{GH1}、V_{GH2}、V_{GL1}、V_{GL2} 来补偿负载不均导致的亮度差异，而没有具体限定出权利要求 1 中上述参量大小的比较关系。

【焦点问题】

对比文件 1 采用了与本案相似的技术手段并取得了相同技术效果，对比文件 1 能否用于评述本案创造性？

观点一：基于本案和对比文件 1 的区别特征，权利要求 1 实际解决的技术问题是如何针对特定的情况进行电压设置。对比文件 1 通过调整 V_{GH1}、V_{GH2}、V_{GL1}、V_{GL2} 可以获得合适的 V_{GH} 和 V_{GL} 电压大小，进而获得相同的光电流和均匀显示亮度。为了获得均匀的显示亮度，本领域技术人员根据对比文件 1 的启示进行扫描电压的高低调整，显然可以得到本案权利要求 1 中的上述参量大小的比较关系。

观点二：本案对比文件 1 调节驱动电流的原理与本案不同，并且其对扫描驱动信号高低电平信号差值的调节手段与本案也是完全相反的，本案中本领域技术人员没有动机对其进一步改进得到该权利要求所要求保护的技术方案，因此，对比文件 1 不能评述本案的创造性。

【审查观点和理由】

根据《专利审查指南》第二部分第四章第3.2.1.1节的规定，创造性判断"三步法"的第三步是判断要求保护的发明对本领域的技术人员来说是否显而易见。要从最接近的现有技术和发明实际解决的技术问题出发，判断要求保护的发明对本领域的技术人员来说是否显而易见；判断过程中要确定的是现有技术整体上是否存在某种技术启示，即现有技术中是否给出将上述区别特征应用到该最接近的现有技术以解决其存在的技术问题，即发明实际解决的技术问题的启示，这种启示会使本领域的技术人员在面对所述技术问题时，有动机改进该最接近的现有技术并获得要求保护的发明。

具体到本案，对比文件1与本申请的方案均提到增加异形区发光电流，从而提高亮度，解决显示屏亮度不均匀的问题，但本申请是基于有机发光二极管发光电流与扫描驱动信号的高低电压差（$V_{GH} - V_{GL}$）成正比的原理，使异形区高低电平电压差大于正常显示区高低电平电压差；而对比文件1则是基于考虑寄生电容影响后的发光电流与扫描驱动信号高低电压差（$V_{GH} - V_{GL}$）成反比的原理，使异形区扫描驱动信号高低电平电压差小于正常显示区扫描驱动信号高低电平电压差。即对比文件1调节驱动电流的原理与本申请不同，其对扫描驱动信号高低电平信号差值的调节手段与本申请也是完全相反的，而此差异的根源在于二者的调节对象不同。具体而言，二者虽然都是着眼于增加相关像素的亮度，但本申请的技术路径是缩短像素充电时间，而对比文件1中的技术路径则是降低扫描线与驱动晶体管栅极寄生电容上的分压。可见，虽然两者声称要解决的技术问题相同，但所考虑的机理和切入点完全不同，这也导致二者所采用的技术手段和实际解决的技术问题均不同。因此，本领域技术人员在对比文件1公开内容的基础上，没有动机对其进一步改进得到权利要求1所要求保护的技术方案，权利要求1的技术方案相对于对比文件1具备创造性。

案例5-7 涉及执行主体不同的方法的创造性判断

【相关法条】 专利法第二十二条第三款
【IPC分类】 H04W
【关 键 词】 执行主体　方法步骤　创造性
【案例要点】

方法权利要求相对于现有技术的创造性判断中，如果两个技术方案的技术构思相似，区别仅在于方法步骤的执行主体不同，此时在判断现有技术是否存在技术启示时，需要从现有技术是否存在相应的变更执行主体的启示或教导，不同执行主体在功能上的相似性、差异性及可替代性，执行主体变更的难易程度，是否需要克服技术上的困难，技术效果是否可预期等多个因素加以判断，整体上考量变更执行主体对整个方案所带来的影响。

【相关规定】

《专利审查指南》第二部分第四章第 3.2.1.1 节规定，"（2）确定发明的区别特征和发明实际解决的技术问题

　…………

　在审查中应当客观分析并确定发明实际解决的技术问题……

（3）判断要求保护的发明对本领域的技术人员来说是否显而易见

　在该步骤中，要从最接近的现有技术和发明实际解决的技术问题出发，判断要求保护的发明对本领域的技术人员来说是否显而易见。判断过程中，要确定的是现有技术整体上是否存在某种技术启示，即现有技术中是否给出将上述区别特征应用到该最接近的现有技术以解决其存在的技术问题（即发明实际解决的技术问题）的启示，这种启示会使本领域的技术人员在面对所述技术问题时，有动机改进该最接近的现有技术并获得要求保护的发明"。

【案例简介】

申请号：201410419123.9（复审案件编号：1F295412）

发明名称：一种中继终端重选的方法及设备

基本案情：

权利要求：1. 一种中继终端重选的方法，其特征在于，包括：

控制节点根据中继终端重选触发条件为源终端进行中继终端重选判决，所述控制节点包括源中继终端；

若所述控制节点判定进行中继终端重选，则为所述源终端确定候选中继终端列表；

所述控制节点根据获取到的辅助信息从所述候选中继终端列表中为所述源终端确定目标中继终端；

其中，所述辅助信息至少包括以下信息之一：

第一辅助信息：源终端和候选中继终端之间的信道质量或者信号接收强度；

第二辅助信息：候选中继终端和目标节点之间的信道质量或者信号接收强度；其中，所述目标节点为目标终端或目标网络节点；

若所述辅助信息中包括所述第一辅助信息，则所述第一辅助信息是由所述源终端测量并反馈给所述源中继终端的，或者是由所述候选中继终端测量并通过所述源终端反馈给所述源中继终端的；

若所述辅助信息中包括所述第二辅助信息，则所述第二辅助信息是由所述目标节点测量并反馈给所述源中继终端的，或者是由所述候选中继终端测量并通过所述目标节点反馈给所述源中继终端的。

说明书：在通信过程中，源 UE 和目标 UE 通过中继 UE 通信这种模式中，由于上述 UE 都是可以移动的，因此，会遇到重选中继 Relay UE 的问题，但目前尚未针对该问题给出相应的解决方案。

本案提出了一种中继重选的方法，通过中继终端重选触发条件来为 D2D UE 选择中继 UE，即要从候选中继终端中选择一个目标中继终端来替换源中继终端，继续为源终

端和目标终端提供中继服务，如图 14 所示。

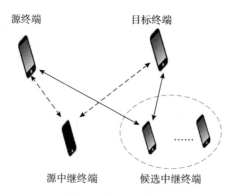

图 14　发明示意图

现有技术状况：对比文件 1 公开了源终端和目标终端可以作为中继终端重选的控制节点，源终端可以根据中继终端接收信号强度从多个可用的近距离 UE－UE 中继中选择一个。即公开了控制节点为源终端和目标终端，辅助信息为中继终端接收信号强度。

【焦点问题】

本案控制节点是源中继终端，通过源中继终端确定目标中继终端，而对比文件 1 中控制节点是源终端和目标终端，由源终端或目标终端来确定目标中继终端，本案权利要求 1 是否具备创造性？

观点一：对比文件 1 仅公开了由源终端来确定目标中继终端，而本案由源中继终端确定目标中继终端，由于确定目标中继终端的主体不同，从而确定目标中继终端的辅助信息的手段也相应发生变化。如果从对比文件 1 的技术方案得到本案权利要求 1 的技术方案，需要做两步改进，第一步将源终端功能转移到源中继终端，第二步将辅助信息由源终端或目标终端转发给源中继终端，因此对比文件 1 中并未给出改进的动机。权利要求具备创造性。

观点二：源终端、源中继终端都是 D2D 通信中对等实体，其实现功能类似，对比文件 1 已经公开了源终端来确定目标中继终端，并且辅助条件是中继不可用。而在中继不可用场景下，不论是源终端，还是中继终端均能感测到，并且都有进行重选中继终端的需求，本领域技术人员有动机将由源中继终端作为控制节点来确定中继终端，进而进行适应性修改，将辅助信息发送给源中继终端。权利要求不具备创造性。

【审查观点和理由】

方法权利要求中，如果各个步骤的实质内容相同，但步骤的执行主体与现有技术存在差别，此时在判断是否具备创造性时，需要从整体上考量变更执行主体对整个技术方案所带来的影响，具体需要参考的因素包括：现有技术是否存在相应的变更执行主体的启示或教导，不同执行主体在功能上的相似性、差异性及可替代性，主体变更的难易程度，是否需要克服技术上的困难，技术效果是否可预期等。

具体到本案，分析本案和对比文件 1 的应用场景可知，首先，源终端、源中继终端、目标终端在通信中实现功能是类似的，都是作为 D2D 通信的节点，实现近距离通信，而且都可以由手机等移动终端来实现；其次，在中继不可用场景下，不论是源终端，还是中继终端、目标终端均能感测到，并且都有发起重选中继终端的可能，即对比文件 1 存在相应的改进动机或启示；再次，上述变更执行主体不需要克服技术上的困难，其相应的技术效果也是可预期的。因此，本领域技术人员有动机将对比文件 1 的执行主体进行变更，即由源中继终端作为控制节点来确定中继终端，同时对其他相应特征进行适应性修改，故权利要求 1 要求保护的技术方案不具备创造性。

四、包含参数特征的产品权利要求的创造性判断

案例 5-8 **限缩后参数特征表征的产品权利要求的创造性判断**

【相关法条】专利法第二十二条第三款
【IPC 分类】B29C
【关 键 词】数值范围　参数特征表征　产品权利要求　技术效果　创造性
【案例要点】

对于采用参数特征表征的产品权利要求，申请人为克服新颖性缺陷对参数特征进一步限定，需要考察限缩后的参数数值范围表征的产品能否进一步解决发明的技术问题，如果修改前后的技术方案所解决的技术问题实质相同，该参数特征的进一步限定不能给产品在效果、性能或功能等方面带来贡献，则要求保护的技术方案不具备创造性。

【相关规定】

《专利审查指南》第二部分第二章第 3.1.1 节规定，"通常情况下，在确定权利要求的保护范围时，权利要求中的所有特征均应当予以考虑，而每一个特征的实际限定作用应当最终体现在该权利要求所要求保护的主题上"。

【案例简介】

申请号：201580056552.7

发明名称：聚丙烯预制件

基本案情：

权利要求：1. 一种聚丙烯预制件，用于将液体作为加压介质进行双轴拉伸吹塑成型，其中，当由差示扫描量热仪（DSC）进行测量时，熔融开始温度（T_s）、熔融峰值温度（T_m）与熔融焓（ΔH_m）之间的关系为（$T_m - T_s$）/ΔH_m = 0.60 至 1.00。

说明书：与使用聚丙烯预制件的液体吹塑成型相关联的问题在于，该预制件在成型期间可能会破裂。

对于（$T_m - T_s$）/ΔH_m 这一参数，说明书记载熔融开始温度（T_s）、熔融峰值温度（T_m）与熔融焓（ΔH_m）对稳定成型的贡献极大。具体而言，当熔融峰值比较尖锐

（熔融开始温度与熔融峰值温度之间的差异较小）时，树脂的结晶部分一旦开始熔融便到达熔融峰值温度，并且尽管熔融的量过度地增加，使得难以维持预制件的形状，但如果熔融峰值较宽（熔融开始温度与熔融峰值之间的差异较大），那么树脂中所包括的结晶部分的熔融变得易于控制。此外，已获知当熔融焓太小时，结晶部分过度地熔融并且难以维持预制件的形状，相反，当其太大时，没有熔融的结晶部分变得太多并且因为预制件没有充分拉伸而容易断裂。也就是说，对于稳定成型而言，熔融峰值与熔融焓之间的平衡很关键。当聚丙烯预制件满足 $(T_m - T_s)/\Delta H_m = 0.60$ 至 1.00 时，在使用该聚丙烯预制件进行液体吹塑成型期间，没有出现预制件破裂的问题，并且能够执行稳定成型。

说明书共提供了 12 个实施例和 2 个比较例，并在表 5 中列出了采用不同 T_m、T_s 和 ΔH_m 的聚丙烯的液体吹塑成型实验结果，其中比较例 1 和 2 测试的 $(T_m - T_s)/\Delta H_m$ 分别为 0.57 和 0.53，结果表明该预制件因液体吹塑成型而断裂。实施例 1 和 2 的 $(T_m - T_s)/\Delta H_m$ 分别为 0.76 和 0.86，结果表明该预制件没有断裂，但成型条件的范围较窄。实施例 3—12 的 $(T_m - T_s)/\Delta H_m$ 分别为 0.76、0.85、0.93、0.92、0.79、0.84、0.65、0.88、0.86 和 0.95，结果表明其液体吹塑成型没有问题，成型条件的范围也较宽。

表 5　实施例与比较例

	比较例 1	比较例 2	实施例 1	实施例 2	实施例 3	实施例 4	实施例 5	实施例 6	实施例 7	实施例 8	实施例 9	实施例 10	实施例 11	实施例 12
聚丙烯类型	均聚	均聚	无规	无规	无规	无规	无规	无规	无规	嵌段	嵌段	嵌段	无规＋嵌段	无规＋嵌段
熔融开始温度 (T_s) [℃]	104.9	109.7	87.8	68.4	91.8	84.1	85.8	72.6	88.2	89.9	111.8	58.9	90.0	82.1
熔融峰值温度 (T_m) [℃]	164.9	165.1	144.9	139.5	148.3	140.1	141.3	141.1	143.6	150.1	166.7	123.3	142.7	150.0
熔融焓 (ΔH_m) [mJ/mg]	106.0	104.0	74.8	82.3	74.5	65.9	59.4	74.7	70.3	71.4	84.1	73.2	61.3	71.4
$T_m - T_s$ [℃]	60.0	55.4	57.1	71.1	56.5	56.0	55.5	68.5	55.4	60.2	54.9	64.4	52.7	67.9
$(T_m - T_s)/\Delta H_m$	0.57	0.53	0.76	0.86	0.76	0.85	0.93	0.92	0.79	0.84	0.65	0.88	0.86	0.95
液体吹塑可塑性 y	x	x	△	△	○	○	○	○	○	○	○	○	○	○

○：液体吹塑成型没有问题，成型条件的范围也较宽。

△：预制件没有断裂，但成型条件的范围较窄。

x：预制件可因液体吹塑成型而断裂。

现有技术状况：对比文件 1 和对比文件 2 均公开了用于吹塑成型的聚丙烯预制件，根据对比文件 1 和对比文件 2 说明书中给出的聚丙烯的 T_m、T_s 和 ΔH_m 的具体参数值，可以计算出 $(T_m - T_s)/\Delta H_m$ 的值分别为 0.86 和 0.72 至 0.84，落入了权利要求 1 限定的 0.60 至 1.00 的范围，即权利要求 1 相对于对比文件 1 或 2 不具备新颖性。

在审查过程中，为克服新颖性缺陷，申请人将 $(T_m - T_s)/\Delta H_m$ = 0.60 至 1.00 限缩为 $(T_m - T_s)/\Delta H_m$ = 0.88 至 0.95。认为满足 $(T_m - T_s)/\Delta H_m$ = 0.88 至 0.95 的预制件能在执行稳定成型的前提下具有较宽的成型条件范围。

【焦点问题】

为克服新颖性缺陷，对权利要求中的相应参数数值范围进行限缩性修改，该修改能否使权利要求具备创造性？

观点一：本案为克服新颖性缺陷对权利要求进行了进一步限定，虽然修改后的权利要求限定的 $(T_m - T_s)/\Delta H_m$ 值与对比文件存在区别，但本案的实验数据并不能说明 $(T_m - T_s)/\Delta H_m$ 由 0.60 至 1.00 限缩到 0.88 至 0.95 进一步解决了技术问题，给产品在效果、性能或功能等方面带来贡献。本领域技术人员能够在对比文件基础上进行调整，得到合适的 $(T_m - T_s)/\Delta H_m$ 值。因此，权利要求 1 不具备创造性。

观点二：本案研究了聚丙烯预制件的 $(T_m - T_s)/\Delta H_m$ 与该预制件吹塑成型的成型性之间的关系，对比文件 1 和对比文件 2 均未明确教导通过调整聚丙烯预制件的 $(T_m - T_s)/\Delta H_m$，以使预制件具有更宽的成型条件，本领域技术人员没有动机针对 $(T_m - T_s)/\Delta H_m$ 进行调整并具体调整为 0.88 至 0.95。因此，本案权利要求 1 的技术方案相对于现有技术而言是非显而易见的，具备创造性。

【审查观点和理由】

对于包含参数特征的产品权利要求，申请人为克服新颖性缺陷而对参数数值范围进一步限定，此时，需要具体考察限缩的参数数值范围能否进一步解决发明的技术问题，给产品在效果、性能或功能等方面带来贡献。如果能够证明采用限缩后的参数数值范围所表征的产品进一步解决了发明的技术问题，相对于现有技术具有更好的技术效果，而现有技术并没有给出相应的教导，则即使现有技术与本案权利要求的参数数值范围接近，也不能据此否认本案的创造性。反之，如果采用限缩后的参数数值范围所表征的产品不能进一步解决技术问题，即限缩前后的技术方案所解决的技术问题实质相同，则参数数值范围限缩后的权利要求不具备创造性。

具体到本案，本案要解决的技术问题是：提供一种成型期间不出现预制件破裂，能够稳定成型的聚丙烯预制件，说明书记载了当 $(T_m - T_s)/\Delta H_m$ = 0.60 至 1.00 时均能达到上述技术效果。

首先，对于 $(T_m - T_s)/\Delta H_m$ 这一参数，说明书记载"熔融开始温度（T_s）、熔融峰值温度（T_m）与熔融焓（ΔH_m）对稳定成型的贡献极大。具体而言，当熔融峰值比较尖锐（熔融开始温度与熔融峰值温度之间的差异较小）时，树脂的结晶部分一旦开始熔融便到达熔融峰值温度，并且尽管熔融的量过度地增加，使得难以维持预制件的形状，但如果熔融峰值较宽（熔融开始温度与熔融峰值之间的差异较大），那么树脂中所包括的结晶部分的熔融变得易于控制。此外，已获知当熔融焓太小时，结晶部分过度地熔融并且难以维持预制件的形状，相反，当其太大时，没有熔融的结晶部分变得太多并且因为预制件没有充分拉伸而容易断裂。也就是说，对于稳定成型而言，熔融峰值与熔融焓之间的平衡很关键"。即成型性效果会受到熔融峰值与熔融焓的影响，而采用 $(T_m - T_s)/\Delta H_m$ 仅是考虑两者影响的一种具体表征方式选择。

其次，对于 $(T_m - T_s)/\Delta H_m = 0.88$ 至 0.95 的技术方案，$(T_m - T_s)/\Delta H_m$ 是一个多变量共同影响的参数，T_m、T_s、ΔH_m 又属于材料固有属性，本领域技术人员可以预期，上述变量在合理程度的变化都可能造成 $(T_m - T_s)/\Delta H_m$ 取值落入修改后的权利要求数值范围。在此情况下，需要进一步考虑对参数数值范围限缩后的技术方案是否能够进一步解决技术问题，对现有技术作出了贡献。

虽然本案说明书中记载了"在满足 $(T_m - T_s)/\Delta H_m = 0.88$ 至 0.95 的预制件中，成型条件的范围较宽"。但事实上，聚丙烯的结构、分子量、共聚形式以及改性均会影响聚丙烯树脂的熔融温度和熔融焓，进而影响预制件成型范围宽窄。且本案的实验数据并不能证明 $(T_m - T_s)/\Delta H_m$ 限缩到 0.88 至 0.95 相对于限缩前的 0.6 至 1.0 的技术方案能够进一步解决技术问题。具体地，实施例 1、3 中 $(T_m - T_s)/\Delta H_m$ 的值均为 0.76，但成型条件的范围却宽窄不同，而实施例 8—10 中 $(T_m - T_s)/\Delta H_m$ 的值分别为 0.84、0.65、0.88，但同样成型条件的范围较宽。也就是说，根据说明书的记载，无论 $(T_m - T_s)/\Delta H_m$ 的数值范围取限缩后的范围 0.88 至 0.95，还是限缩前的范围 0.60 至 1.00，发明所解决的技术问题相同，均能够解决预制件断裂的问题，但成型条件的范围宽窄与 $(T_m - T_s)/\Delta H_m$ 的数值并不相关。因此，不能得出将上述参数取值范围限缩到 0.88 至 0.95，相对于限缩前的 0.6 至 1.0 的技术方案，能够进一步解决技术问题。

可见，进一步限缩后的参数范围并不会导致本案与对比文件的聚丙烯预制件在成型性上的效果差异，发明不具有突出的实质性特点和显著的进步，发明请求保护的技术方案不具备创造性。

需要注意的是，如果说明书中声称某具体参数数值范围具有更好的技术效果，需要根据实验数据等信息作进一步的判断。

五、组合发明的创造性判断

案例5-9　农业化学领域复配组合物增效效果的认定

【相关法条】专利法第二十二条第三款
【IPC 分类】A01N
【关 键 词】农药组合物　增效作用　三元复配　对比实验　创造性
【案例要点】
对于农业化学领域的三元复配组合物，在判断是否产生了协同增效作用时，应当整体考虑现有技术公开情况。一般来说，如果现有技术中存在三元复配组合物之中任选其二的两两组合，且两两组合的二元增效体系与本案的相关性一致，需要证明三元复配组合物的效果均显著优于各两两复配的组合物；如果现有技术中不存在其中的某个、某两个二元组合物或只存在单剂，需要证明三元复配组合物的效果显著优于现有技术中已存在的二元组合物或各单剂相应的理论效果之和。

【相关规定】

《专利审查指南》第二部分第四章第 5.3 节规定，"发明取得了预料不到的技术效果，是指发明同现有技术相比，其技术效果产生'质'的变化，具有新的性能；或者产生'量'的变化，超出人们预期的想象。这种'质'的或者'量'的变化，对所属技术领域的技术人员来说，事先无法预测或者推理出来。当发明产生了预料不到的技术效果时，一方面说明发明具有显著的进步，同时也反映出发明的技术方案是非显而易见的，具有突出的实质性特点，该发明具备创造性"。

【案例简介】

申请号：201910907238.5

发明名称：一种含二氯喹啉草酮的除草组合物及其应用

基本案情：

权利要求：一种含二氯喹啉草酮的除草组合物，其特征在于，活性成分包含有二氯喹啉草酮、五氟磺草胺和噁嗪草酮；二氯喹啉草酮、五氟磺草胺和噁嗪草酮的质量配比为 5～20∶0.3～0.9∶0.4～1.5。

说明书：二氯喹啉草酮、五氟磺草胺和噁嗪草酮相互混配不会产生抵触，增效作用明显，防效高于单剂，持效期长。本发明所述的除草组合物可大幅度减少农药使用量，降低成本，降低农药在农作物上的残留量，减轻环境污染；本发明的除草组合物扩大了除草谱，对多种杂草均有较高的活性。

具体实施方式中记载：

1. 对稗草进行毒力测定的室内盆栽试验表明，与单剂相比，二氯喹啉草酮、五氟磺草胺、噁嗪草酮的三元复配组合物在 5～20∶0.3～0.9∶0.4～1.5 的配比范围内对稗草具有明显的增效作用。

2. 田间防效试验表明，本发明 22.8% 二氯喹啉草酮·五氟磺草胺·噁嗪草酮可分散油悬浮剂（16g. ai/亩，10∶0.6∶0.8）、26% 二氯喹啉草酮·五氟磺草胺·噁嗪草酮可分散油悬浮剂（12g. ai/亩，10∶1∶2），对于水稻田一年生杂草的田间防效，均高于 20% 二氯喹啉草酮可分散油悬浮剂（10g. ai/亩）、10% 五氟磺草胺可分散油悬浮剂（0.8g. ai/亩）、10% 噁嗪草酮乳油（1.6g. ai/亩），以及 15% 五氟磺草胺·噁嗪草酮可分散油悬浮剂（2.4g. ai/亩，0.8g＋1.6g）。

现有技术状况：

1. 对比文件 1 公开了二氯喹啉草酮＋五氟磺草胺在施药剂量为 75＋60g/ha 时对稗草具有协同活性，并给出了二氯喹啉草酮可与五氟磺草胺、噁嗪草酮等中的一种或多种组合使用。

2. 对比文件 2 公开了噁嗪草酮与五氟磺草胺在混配比例 1∶20～20∶1 的范围内对鸭舌草和稗草均具有增效作用。

【焦点问题】

如何考量农业化学领域三元复配组合物的增效效果？

观点一：说明书的室内毒力数据仅证明了与单剂相比，二氯喹啉草酮、五氟磺草胺和噁嗪草酮的三元复配组合物在一定配比范围内对稗草具有增效作用，并未证明所述三元复配组合物对于稗草取得了何种显著优于各活性成分两两组合的增效作用，而对比文件 1 和 2 分别公开了二氯喹啉草酮 + 五氟磺草胺、噁嗪草酮 + 五氟磺草胺的二元增效组合物，因此可以采用对比文件 1 结合对比文件 2 评述本案的三元复配组合物不具备创造性。

申请人需要提供各两两组合的效果作为对比数据，证明三元组合物的效果均显著优于两两组合，才能认可三元复配组合物的增效效果。

观点二：若现有技术不存在其中的某个或某两个二元组合物，例如本案不存在第三个二元组合物的情况，此时仅需证明三元组合物的效果显著优于现有技术中存在的二元组合物，即可认可三元复配组合物的增效效果。

【审查观点和理由】

对于农业化学领域三元复配组合物增效效果的考量，应当整体考虑现有技术公开情况。一般来说：

（1）若现有技术中存在三元复配组合物之中任选其二的两两组合的二元增效体系与本案的相关性一致，需要证明三元复配组合物的效果均显著优于各两两复配的组合物。

（2）若现有技术中不存在其中的某个、某两个二元组合物或只存在单剂，需要证明三元复配组合物的效果显著优于现有技术中存在的二元组合物或各单剂相应的理论效果之和。

（3）此外，对（1）、（2）情形进行判断时，还需要综合考虑本案以及现有技术的防治对象、活性成分用量配比、试验方法等因素。

具体而言，本案的田间防效数据根据判定增效的 Gowing 公式进行计算，活性成分配比为 10∶1∶2 的 26% 二氯喹啉草酮·五氟磺草胺·噁嗪草酮可分散油悬浮剂实际防效（99.5%），显著高于活性成分配比为 0.8∶1.6 的五氟磺草胺 + 噁嗪草酮的二元组合物制剂与 10g 有效成分用量下二氯喹啉草酮单剂制剂的理论防效之和（88.10%），达到了增效的效果水平，因此可以证明本发明三元复配组合物相较于对比文件 2 的二元组合物具有更显著的增效效果。

申请人进一步补充了本发明所述三元复配组合物、二氯喹啉草酮 + 五氟磺草胺的二元组合物、噁嗪草酮单剂对于稗草的室内毒力测定数据，表明相较于二氯喹啉草酮 + 五氟磺草胺的二元组合物和噁嗪草酮单剂，本发明的三元复配组合物在 10∶0.6∶0.8 的配比下对稗草具有增效的防治效果，也即补充证明了本发明三元复配组合物相较于对比文件 1 的二元组合物具有更显著的增效效果。

现有技术中并不存在第三个二氯喹啉草酮＋噁嗪草酮的二元组合物，因此，可以认可本发明三元复配组合物的增效效果，无需申请人进一步补充该三元复配组合物与现有技术中并不存在的第三个二元组合物的对比数据。

案例 5 – 10 涉及不同化学组分的组合发明创造性的判断

【相关法条】专利法第二十二条第三款

【IPC 分类】H01M

【关 键 词】组分 组合发明 技术效果 创造性

【案例要点】

在涉及不同化学组分的组合发明创造性的判断时，通常重点考虑组合后的各组分在功能上是否彼此相互支持，现有技术中是否存在组合的启示以及组合后的技术效果。如果仅仅是将现有技术中两种不同组分组合在一起，并且组合后各组分在功能上无相互作用，产生的技术效果仍然是由各自组分所起作用的简单叠加，则该组合发明不具备创造性。

【相关规定】

《专利审查指南》第二部分第四章第 4.2 节规定，"组合发明，是指将某些技术方案进行组合，构成一项新的技术方案，以解决现有技术客观存在的技术问题。

在进行组合发明创造性的判断时通常需要考虑：组合后的各技术特征在功能上是否彼此相互支持、组合的难易程度、现有技术中是否存在组合的启示以及组合后的技术效果等。

（1）显而易见的组合

如果要求保护的发明仅仅是将某些已知产品或方法组合或连接在一起，各自以其常规的方式工作，而且总的技术效果是各组合部分效果之总和，组合后的各技术特征之间在功能上无相互作用关系，仅仅是一种简单的叠加，则这种组合发明不具备创造性"。

【案例简介】

申请号：202010329476.5

发明名称：一种安全电解液及制得的金属－硫电池

基本案情：

权利要求：1. 一种安全的电解液，其特征在于，包括锂盐和非水有机溶剂；所述有机溶剂包括如结构式Ⅰ所示的脲类化合物和如结构式Ⅱ所示的硫醚类化合物；

结构式Ⅰ　　　结构式Ⅱ

其中，R_1、R_2、R_3 及 R_4 为氢原子、烃基或卤代烃基；R_1'、R_2' 表示烃基或卤代烃基；n 的取值范围为 $2 \sim 10$。

<u>说明书</u>：本案说明书的背景技术提到，锂硫电池在发展过程中遇到了很多问题，其中最主要的问题是安全问题和多硫化锂的穿梭效应。安全问题源于锂硫电池负极侧的高活性锂金属负极。而硫正极一侧的单质硫在放电过程中首先被还原为长链多硫化物，穿梭到锂金属负极一侧与锂金属发生副反应。副反应会导致锂金属和硫活性物质的不可逆损失，也会产生大量可燃性气体，使电池性能下降，同时也带来很大安全隐患。因此，安全问题和多硫化锂的穿梭效应极大地阻碍着锂硫电池的发展。

为了解决上述技术问题，本案采用的技术手段为：其电解液的有机溶剂包括结构式Ⅰ所示的脲类化合物和结构式Ⅱ所示的硫醚类化合物，由此可以提高电池的安全性能，并且能够提高电池的容量，使电解液具有较高的离子电导率等。

根据本案说明书的记载，加入了结构式Ⅰ所示的脲类化合物以及结构式Ⅱ所示的硫醚类化合物作为非水有机共溶剂，两者具有较好的协同作用。具体而言：（1）结构式Ⅰ所示的脲类化合物具有较高的沸点、闪点以及较低的蒸汽压，能够降低电解液体系的可燃性，使电解液体系的安全性能提高；同时，加入的结构式Ⅰ所示的脲类化合物具有较高的介电常数，使短链多硫化锂在电解液中的溶解度增加，提高了硫活性物质的反应活性，从而提高金属－硫电池的容量。（2）结构式Ⅱ所示的硫醚类化合物能在循环过程中与硫活性物质发生自由基交换反应，生成比较稳定的二烃基多硫化物中间体；这与传统的硫还原为多硫化物的反应路径不同，能提高硫的利用率，对多硫化锂的穿梭效应也能起到一定的抑制作用，并能保护锂金属负极。结构式Ⅱ所示的硫醚类化合物的介电常数较低，而结构式Ⅰ所示的脲类化合物具有较高的介电常数，两者的共溶剂可以弥补结构式Ⅱ所示的硫醚类化合物介电常数低的缺陷，使电解液具有较高的离子电导率。

<u>现有技术状况：</u>

1. 对比文件 1 公开了一种锂硫电池电解液，该电解液包括锂盐和非水有机溶剂，所述有机溶剂包括四甲基脲（TMU），该电解液因 TMU 具有较高的介电常数，能够提高锂硫电池容量，即公开了权利要求 1 中结构式Ⅰ所示的脲类化合物及其性能。

2. 对比文件 2 公开了一种锂硫电池电解液，该电解液包括锂盐和式 1 的烃基多硫化合物，该硫醚类化合物能够充当活性物质以及抑制多硫化物的穿梭效应，可以明显改善锂硫电池的循环性能，其中，式 1：$R_1 - S_x - R_2$，R_1 和 R_2 可以独自选自烷烃基，x 的值为 $2 \sim 500$，即公开了权利要求 1 中结构式Ⅱ所示的硫醚类化合物及其性能。

【焦点问题】

本案的发明构思在于将现有技术中分别单独用于锂硫电池的电解液中的脲类化合物和硫醚类化合物同时用于锂硫电池的电解液中，属于两种组分的组合发明。说明书认为这两种组分的组合可以达到预料不到的技术效果，即硫醚类化合物的介电常数较低，而脲类化合物具有较高的介电常数，本案将两者混合使用可以弥补硫醚类化合物介电常数较低的缺陷，使电解液具有较高的离子电导率，放电容量高。因此，本案的焦点问题在于：将上述两种不同的组分组合在一起的技术方案是否具备创造性？

观点一：对比文件 1 和对比文件 2 的电解液分别含有两种化合物中的一种，具有局限性，而本案提供的电解液同时含有上述两种化合物，两者混合使用可以弥补硫醚类化合物介电常数较低的缺陷，使电解液具有较高的离子电导率，使电池的循环性能好，放电容量高。因此本案中含有上述两种化合物的电解液具有创造性。

观点二：对比文件 1 中脲类化合物的电解液具有较高的介电常数，能够提高锂硫电池容量，且本领域技术人员基于对脲类化合物的常规认知，脲类化合物具有介电常数高的固有特性，可提高离子电导率。对比文件 2 公开了硫醚类化合物能够充当活性物质以及抑制多硫化物的穿梭效应，可以明显改善锂硫电池的循环性能。上述两种化合物二者之间并没有产生新的技术效果，因此本案中含有上述两种化合物的电解液不具备创造性。

【审查观点和理由】

如果仅仅是将现有技术中两种不同组分组合在一起，并且组合后各组分在功能上无相互作用，产生的技术效果仍然是由各自组分所起作用的简单叠加，则该组合发明不具备创造性。

就本案而言，首先，对比文件 1 和对比文件 2 中的两种化合物都应用于锂硫电池的电解液中，二者具有相同的技术领域，因此现有技术给出了将两者进行组合的启示。其次，权利要求 1 要求保护的技术方案是将两种化合物组合用于锂硫电池电解液的有机溶剂中，其中脲类化合物的介电常数高，硫醚类化合物的介电常数低，两者互补使电解液离子电导率提高，其本质是利用脲类化合物介电常数高的特性来提高离子导电率，从而提高电解液的容量；另一方面，硫醚类化合物具有抑制穿梭效应的特性从而能够提高电池的循环性能，而说明书提到具有较高的离子电导率、循环性能好以及放电容量高的技术效果实质上就是两种化合物各自具有的特性所产生的作用，其产生的技术效果仍然是由各自组分所起的作用的简单叠加，并未产生预料不到的技术效果。综上所述，本领域的技术人员能够想到将二者进行简单组合从而获得既具备脲类化合物特性又具备硫醚类化合物特性的电解液，因此将对比文件 1 和对比文件 2 的技术方案进行简单的叠加属于显而易见的组合，权利要求 1 的技术方案不具备创造性。

六、超长权利要求的创造性判断

案例 5 - 11 **超长权利要求的创造性判断**

【相关法条】 专利法第二十二条第三款
【IPC 分类】 E01C
【关 键 词】 超长权利要求　区别技术特征　归类　公知常识证据　创造性

【案例要点】

判断一项权利要求是否具备创造性，应当从其技术方案的实质出发，客观衡量其对现有技术是否作出贡献，而与权利要求撰写的长短、技术特征的多少无关。对于超长权利要求的创造性评述，应在正确理解发明的基础上，根据要解决的技术问题，确定关键技术手段，并进行有针对性的检索，对于区别技术特征，可以按照关键技术特征和非关键技术特征进行归类，并结合现有技术和公知常识性证据进行分类评述。

【相关规定】

《专利审查指南》第二部分第八章第4.10.2.2节规定，"审查员在审查意见通知书中引用的本领域的公知常识应当是确凿的，如果申请人对审查员引用的公知常识提出异议，审查员应当能够提供相应的证据予以证明或说明理由。在审查意见通知书中，审查员将权利要求中对技术问题的解决作出贡献的技术特征认定为公知常识时，通常应当提供证据予以证明"。

【案例简介】

申请号：201911309446.1

发明名称：一种炭质页岩路基填筑施工工艺

基本案情：

权利要求：1. 一种炭质页岩路基填筑施工工艺，其特征在于，所述施工工艺包括以下步骤：测量放样、原地面基底处理、路基填筑、整平、压实、路面整形和边坡修整；

进行测量放样步骤时，包括以下工序：……；

进行原地面基底处理步骤时，按照以下要求进行：……；

进行路基填筑步骤时，按照以下要求进行：

……；

还采用防渗水填筑工艺，即在填筑路基本体时，先在路基本体的底部铺设一层厚度为200cm的隔水层，再每填筑五层炭质页岩就夹填筑一层粘性土；每层炭质页岩的松铺厚度为25~30cm，每层粘性土的厚度为30cm，依次填筑至下路堤，同时在上路堤的顶面铺设一层复合防渗土工膜；并且在路基左右各2m的位置采用包边土进行包边铺设；所述隔水层和包边土均为粘性土，粘性土的各项指标为：天然含水率14%，液限37%，塑限26%，塑性指数11，最大干密度1.71g/cm³，最佳含水率16.6%，CBR：93%时为9.8%，94%时为12.2%，96%时为16.9%；

进行整平步骤时，……；

进行压实步骤时，……。

说明书：现有技术中炭质页岩具有遇水软化、崩解的不良特性，使用炭质页岩做路基填料时，如果有水浸入路基内容易造成上部路堤整体失稳或不均匀沉降形成病害，失水后又不宜碾压，造成路基扬尘等。为克服以上缺陷，本案提出了一种炭质页岩路基填筑施工工艺。

现有技术状况：

1. 对比文件1公开了防水土工布1、边坡2、红砂岩土路床3和红砂岩土路堤4，所述红砂岩土路堤 4 的底部通过基底铺设有一层防水土工布 1，所述红砂岩土路堤 4 和红砂岩土路床 3 的接触面处铺设有一层防水土工布 1，所述红砂岩土路床 3 的顶部铺设有一层防水土工布 1，所述红砂岩土路堤 4 和红砂岩土路床 3 的两侧设有边坡 2。其施工方法包括以下步骤：步骤一，采用全站仪或 GPS 放样定出中边桩，水准仪测量高程；步骤二，填土前碾压基底，基底铺设第一层防水土工布；步骤三，按实验室标准击实，选择合适红砂岩土源分层填筑、压实；步骤四，在路床底部铺设第二层防水土工布，并做向内折 2m 压边处理；步骤五，选取适宜红砂岩土方，实验室掺灰实验，确定掺灰量满足路床土 CBR 值、液塑限、含水量等指标，现场填筑掺灰改良的红砂岩土方，分层填筑、压实；步骤六，路床验收、检测合格后，铺设第三层防水土工布，并做向内折 2m 压边处理；步骤七，施工过程，按照填土高度及时填筑路基边坡两边包边黏性土，起到包裹红砂岩路基、防水隔离效果；步骤八，后续开始施工路面结构层。本领域技术人员知晓，红砂岩与炭质页岩均存在遇水崩解问题，因此，该红砂岩的路基填筑施工方法也可以用于炭质页岩路基填筑。

2. 对比文件 2 公开了路堤采用"5+1"方式进行填筑，即 5 层炭质页岩（每层松铺厚度为 30~40cm）+1 层砂砾石或硬质岩石渣（厚度大于等于 30cm）；在软岩填料顶面铺设一层复合防渗土工膜，阻隔路面水对软岩路堤的软化影响。

3. 公知常识性证据：

（1）证据 1（《高速公路路基路面施工工艺》，人民交通出版社，2004 年 2 月出版，第 74~75 页）公开了测量放样步骤，施工时全段每 100m 设置一个中心桩，曲线段加密至 20m 一个中心桩，每 200m 设一临时水准点，各流水作业段每 20m 设一组边桩。路基填筑采用自卸车上土，卸料时应采用梅花点型布置方式，根据单车运量和摊铺厚度合理布置土堆的密度，碾压速度宜先慢后快，先弱振后强振，最后静压 1~2 遍以消除轮迹。

（2）证据 2（《公路工程与造价》，武汉大学出版社，2017 年 3 月出版，第 43~49 页）和证据 3（《市政工程施工技术》，厦门大学出版社，2013 年 1 月出版，第 9 页）公开了基底处理的一些一般性规定。

（3）证据 4（《公路工程施工》，山东大学出版社，2015 年 8 月出版，第 46~54 页）公开了地面纵坡大于 12%，可依路线纵坡方向分层，逐层向上填筑，也可采用路基下层用横向填筑和上层用水平分层填筑，水平分层填筑时按照横断面全宽分层水平层次，逐层向上填筑，施工要点包括①路基填筑时……⑤填方路基必须按路面平行面分层控制填土高程，为利于排水，填筑时路基顶面应形成不小于 2% 的横坡，设计纵横坡必须在下路基范围内形成。

（4）证据 5（《市政施工员专业与实操》，中国建材工业出版社，2015 年 1 月出版，第 147 页）公开了路基填土宽度每侧应比设计规定宽 50cm，填土中大于 10cm 的土块应打碎或剔除，砂土地段可不做台阶，但应翻松表层土。

（5）证据 6（《公路工程资料填写与组卷范例》，中国建材工业出版社，2008 年 1 月出版，第 30 页）公开了路基填方施工前，先对原地表进行清理及挖除，当路堤填土高度小于 80cm 时，对原地表清理与挖除后，将表层翻松 30cm，然后平整压实（压实度≥93%）后填筑。

（6）证据 7（《道路施工技术研究》，天津科学技术出版社，2018 年 12 月出版，第 31～32 页）公开了天然土石混合填料中，中硬、硬质石料的最大粒径不得大于压实层厚的 2/3；土石混填压实必须使用 18t 以上的羊足碾和重型振动压路机、大功率推土机及平地机分层组合压实。

【焦点问题】

本案属于建筑领域施工方法，独立权利要求 1 字数近 2000，属于超长权利要求，由于包括大量的具体施工细节描述的技术特征，致使与对比文件 1 相比存在众多区别技术特征。如何评述涉及繁杂工序细节步骤的技术方案的创造性？

观点一：区别技术特征包括大量的具体施工细节描述，在不具备授权前景的前提下，并无必要逐一寻找证据，进行综合评述。

观点二：超长权利要求创造性判断时，可对区别技术特征进行分类，厘清区别技术特征中的关键技术特征和非关键技术特征，站位本领域技术人员，对于关键技术特征进行重点检索，以判断发明对现有技术是否作出实质贡献，对于非关键技术特征，在保障审查效率的前提下可进行针对性的检索，提供有效的证据。

【审查观点和理由】

判断一项权利要求是否具备创造性，应当从其技术方案的实质出发，客观衡量其对现有技术是否作出贡献，而与一项权利要求的长短、包含技术特征的多少无关，或者说，发明是否具备创造性与权利要求保护范围的大小并无必然联系。

在评价创造性时，应当确定权利要求相对于最接近的现有技术的所有区别技术特征，并基于其在要求保护的发明中的所能达到的技术效果确定发明实际解决的技术问题。对于整体内容较长、特征众多的权利要求，可以基于技术理解和对案件走向的预期，对区别技术特征进行分类，明确关键技术特征和非关键技术特征，结合施工步骤类技术特征的特点确定检索策略，可针对性地进行检索和提供有效的证据，进行分类分组评述。

具体到本案，对于本案与对比文件 1 的区别技术特征，可对其进行分类，确定关键技术特征和非关键技术特征。考虑到本案克服炭质页岩作为路基填料遇水软化、崩解的问题，在路基填筑时采用每填筑五层炭质页岩就夹填筑一层粘性土（即"5+1"）路基填筑防渗水工艺，因此涉及"防渗水路基填筑工艺"部分的技术特征可认定为本案的关键技术特征。

对于关键技术特征，审查员依据本领域技术知识和经验，在存在大量的施工方法类文献的非专利期刊数据库进行有针对性的检索，得到公开了该关键技术特征的对比文件 2，认为对比文件 2 给出了将该技术手段结合到对比文件 1 中以解决相关技术问题的启示。

对于区别特征中其他非关键、过细的技术特征，可以将其进行进一步归类评述。这些特征均属于本领域的常规技术手段，在保证审查效率的同时，也可以在通知书中引用公知常识性证据 1—7 进行有针对性的评述，有助于增强审查意见的说服力。

七、作为新颖性和创造性证据的审查

案例5-12 **补交对比实验数据的审查**

【相关法条】专利法第二十二条第三款
【IPC分类】A61K
【关 键 词】技术效果 补交实验数据 对比试验 创造性
【案例要点】

化学领域专利申请的审查中，补交实验数据所证明的技术效果应当是所属技术领域的技术人员能够从专利申请公开的内容中得到的，这是先申请制的本质要求。并且，补交实验数据作为证据应当是客观、真实和准确的，能够证明其所要证明的技术效果。

【相关规定】

《专利审查指南》第二部分第十章第3.5.1节规定，"判断说明书是否充分公开，以原说明书和权利要求书记载的内容为准。

对于申请日之后申请人为满足专利法第二十二条第三款、第二十六条第三款等要求补交的实验数据，审查员应当予以审查。补交实验数据所证明的技术效果应当是所属技术领域的技术人员能够从专利申请公开的内容中得到的"。

【案例简介】

申请号：201910198121.4

发明名称：一种增敏肿瘤放疗的复合纳米颗粒及其制备方法和应用

基本案情：

权利要求：1. 一种增敏肿瘤放疗的复合纳米颗粒，其特征在于，所述复合纳米颗粒包括蛋白以及生长在所述蛋白上的硒化铋和二氧化锰。

说明书：复合纳米颗粒稳定性良好，其中，硒化铋能够增强肿瘤局部辐射剂量，二氧化锰能催化肿瘤微环境中的过氧化氢分解释放氧气，从而改善肿瘤乏氧，协同增敏放疗。

说明书实施例4测定了复合纳米颗粒催化过氧化氢分解释放氧气的能力：向过氧化氢溶液（0.1mM）中，分别加入由实施例1制备得到的不同浓度的牛血清白蛋白（BSA）-硒化铋-二氧化锰复合纳米颗粒（即 $Bi_2Se_3 - MnO_2@BSA$），使混合溶液中锰浓度分别为0、0.05mM、0.1mM，利用溶解氧测定仪测定溶液中溶解氧浓度变化，测定结果如本案说明书附图4（见图15）所示。结果表明，增敏肿瘤放疗的复合纳米颗粒能够催化过氧化氢分解产生氧气。

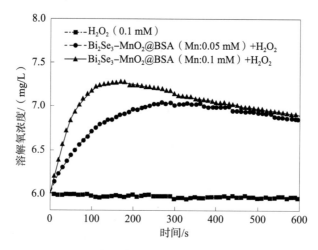

图15　本案纳米颗粒氧气释放曲线

现有技术状况：

对比文件1公开了一种用于增敏肿瘤放疗的牛血清白蛋白-硫化铋-二氧化锰复合纳米颗粒，其中图2C（见图16）给出了包含硫化铋与二氧化锰的复合纳米颗粒（$BSA - Bi_2S_3 - MnO_2$）与单独使用二氧化锰（$BSA - MnO_2$）催化过氧化氢分解释放氧气的曲线，对比文件1中并未给出相关的具体实验方法和条件。

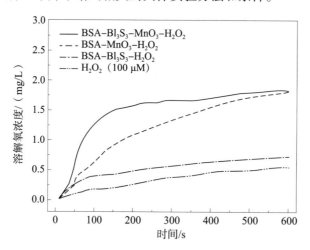

图16　对比文件1纳米颗粒氧气释放曲线

补交实验数据状况：

在答复第一次审查意见通知书时，申请人对权利要求进行了修改，修改后权利要求1与对比文件1的区别仍主要在于本案复合纳米颗粒中使用了硒化铋（$Bi_2Se_3 - MnO_2@BSA$），而对比文件1为硫化铋（$BSA - Bi_2S_3 - MnO_2$）。为了证明本案具备创造性，申请人补交了本案硒化铋与二氧化锰的复合纳米颗粒（$Bi_2Se_3 - MnO_2@BSA$）、单独使用二氧化锰（$MnO_2@BSA$）催化过氧化氢分解释放氧气的曲线图（补交图1，见

图 17），但是并未说明相关的具体实验方法和条件。

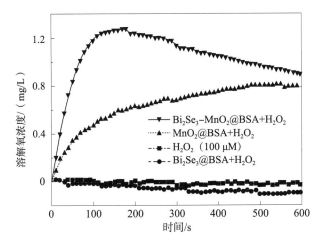

图 17 补交本案纳米颗粒氧气释放曲线

申请人分别对补交图 1 中的氧气释放曲线（Bi$_2$Se$_3$ – MnO$_2$@ BSA、MnO$_2$@ BSA）以及对比文件 1 图 2C 中的氧气释放曲线（BSA – Bi$_2$S$_3$ – MnO$_2$、BSA – MnO$_2$）进行线性拟合（补交图 3、4，见图 18、19），拟合出的直线斜率即为各体系中氧气产生速率。

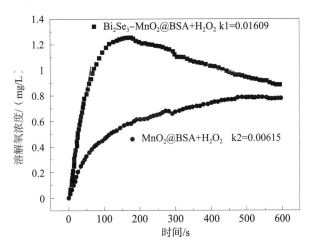

图 18 补交本案纳米颗粒氧气释放速率

通过对比氧气产生速率，申请人认为结果显示本案复合纳米颗粒中硒化铋提升二氧化锰催化活性的倍数为 2.6 倍，对比文件 1 复合纳米颗粒中硫化铋提升二氧化锰催化活性的倍数为 1.9 倍，补交实验数据证明了本案的硒化铋相对于对比文件 1 中的硫化铋，能够显著增强二氧化锰的催化活性。

【焦点问题】

补交实验数据能否用于证明发明相对于现有技术取得了更好的技术效果？

观点一：申请人补交的实验数据是为了证明复合纳米颗粒中的硒化铋能够显著增

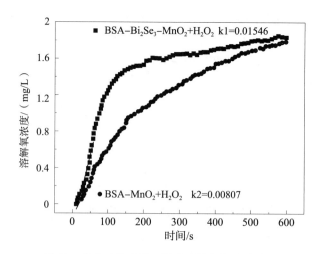

图19 补交对比文件1纳米颗粒氧气释放速率

强二氧化锰的催化活性，上述技术效果在原申请中没有记载，补交实验数据所证明的技术效果无法从专利申请公开的内容中得到。

观点二：补交实验数据针对的仍然是说明书已经公开的复合纳米颗粒催化过氧化氢释放氧气的技术效果，该技术效果能够从专利申请公开的内容中得到。但补交的对比实验数据没有描述实验条件、没有可比性，其结果不能证明本案的复合纳米颗粒相对于对比文件1的复合纳米颗粒具有更好的催化释放氧气的效果。

【审查观点和理由】

化学领域专利申请的审查中，申请人补交实验数据通常是为了证明发明的技术效果。首先，在后补交的实验数据，不是原始申请公开的内容，其需与原始申请公开的内容存在联系，补交实验数据所证明的技术效果应当是所属技术领域的技术人员能够从专利申请公开的内容中得到的，这体现了先申请制的本质要求。其次，补交实验数据作为证据应当是客观、真实和准确的，能够证明其所要证明的技术效果。对于申请人为了证明发明相对于现有技术具有更好的技术效果而补交的对比实验数据而言，通常应当是可重复、可验证和具有可比性的，例如，清楚记载实验结果相关的实验方法和实验条件等，否则，影响实验数据作为证据的效力。

本案的补交实验数据，其对比实验结果不是通过直接比较本案复合纳米颗粒（$Bi_2Se_3 - MnO_2@BSA$）与对比文件1中的复合纳米颗粒（$BSA - Bi_2S_3 - MnO_2$）的效果得到的，而是将两者分别与二氧化锰颗粒（$BSA - MnO_2$）进行比较，再将比较的结果进行对比得出结论，本质上针对的仍然是说明书已经公开的复合纳米颗粒催化过氧化氢释放氧气的技术效果，补交实验数据所要证明的技术效果能够从专利申请公开的内容中得到。

关于该补交实验数据是否能够证明本发明相对于现有技术取得了更好的技术效果，如果实验是在完全平行的条件下进行，所得结果可以进行平行比较，则这样的实验数据通常是可以接受的。但是，该案申请人并没有说明获得补交实验数据结果的条件，例如二氧化锰的浓度〔从本案说明书附图 4（见图 15）中可以看出二氧化锰浓度会影响催化氧气释放效果〕，从补交图 1（见图 17）也不能认定其采用了本案中记载的实验条件，并且对比文件 1 又没有描述具体实验方法条件。基于此，如果审查员无法将实验结果进行平行比较，那么仅依据申请人陈述的对比实验结果本身并不能证明本发明相对于现有技术取得了更好的技术效果。通常，对于存在瑕疵的补交实验数据，申请人可以进一步说明或补充相应内容。

📚 案例 5-13　相互矛盾的效果实验数据的审查

【相关法条】专利法第二十二条第三款　专利法第二十二条第二款
【IPC 分类】C07K C07D
【关 键 词】实验数据　平行实验　证明力　意见答复　公众意见
【案例要点】

对于申请日之后补交的实验数据，审查员应当作为证据予以审查。对于相互矛盾的证据，应当在申请文件公开内容的基础上，综合考虑这些证据的真实性、证明力以及是否可验证等各种因素作出审查结论。

【相关规定】

《专利审查指南》第二部分第十章第 3.5.1 节规定，"对于申请日之后申请人为满足专利法第二十二条第三款、第二十六条第三款等要求补交的实验数据，审查员应当予以审查。补交实验数据所证明的技术效果应当是所属技术领域的技术人员能够从专利申请公开的内容中得到的"。

《专利审查指南》第二部分第八章第 4.9 节规定，"任何人对不符合专利法规定的发明专利申请向专利局提出的意见，应当存入该申请文档中供审查员在实质审查时考虑"。

【案例简介】
案例一

申请号：201911340057.5

发明名称：禽法氏囊病毒基因工程疫苗及其制备方法与应用

基本案情：本案涉及一种使用来自禽法氏囊病毒 VP2 蛋白制备获得的禽法氏囊病毒基因工程疫苗、其制备方法以及应用。

权利要求：一种分离的多肽，所述多肽来自禽法氏囊病毒 VP2 蛋白，其氨基酸序列为 SEQ ID NO：1。

说明书：说明书记载了用上述 VP2 蛋白制备疫苗的方法和效果验证实验，鸡攻毒实验显示本案疫苗保护有效率为 100%。

现有技术状况：对比文件 1 公开了一种从洛阳地区送检的临床诊断为鸡传染性法氏囊病的法氏囊病料中提取筛选获得的毒株 VP2 蛋白，及其制备获得的基因工程亚单位疫苗，其与本案所述多肽存在 6 个氨基酸的差别。对比文件 1 实施例显示该疫苗的鸡攻毒实验的保护有效率为 100%。

审查员在审查意见通知书中采用对比文件1评述了本案的创造性。申请人答复通知书时陈述，"与对比文件1 VP2抗原蛋白相比，本案的多肽具有更好的免疫原性和免疫反应性，申请人补充以下实验证据"；补充实验数据中对本案的疫苗与"别人的"疫苗进行了平行实验对比，结果显示，本案的疫苗攻毒实验保护有效率为100%，而"别人的"疫苗攻毒实验保护有效率为60%。此外，本案原始记载的实验条件与对比文件1有所不同：本案用Sf9细胞制备VP2蛋白，攻毒实验为28天；而对比文件1用家蚕幼虫扩增VP2蛋白，攻毒实验为21天。在补交的实验证据中，申请人统一采用与本案原始记载相同的条件，制备本案的和"别人的"VP2蛋白并验证效果。

申请人补交的实验数据未明确"别人的"疫苗即为对比文件1公开的疫苗；如果根据补交对比试验的一般情形推测所谓"别人的"疫苗即为对比文件1公开的疫苗，则存在申请人证明的效果与现有技术对比文件1记载的效果不一致的情况。

案例二

申请号：201610921631.6

发明名称：一种三氟乙基取代吲哚的苯胺嘧啶化合物

基本案情：本案涉及保护一种化合物的结晶晶型F。

权利要求：式Ⅰ化合物的二甲磺酸盐结晶F，其特征在于，在X-射线衍射图谱中，具有 $2\theta = 6.53°$、$7.52°$、$11.84°$、$14.29°$、$19.02°$、$19.41°$、$20.16°$、$21.96°$、$23.50°$、$24.90°$、$27.26°\pm0.2°$的衍射峰。

说明书：说明书中记载了该晶型制备方法及其XRPD、DSC表征谱图。说明书实施例7记载了：向玻璃反应瓶中加入丙酮（1.5mL），氮气保护，室温下搅拌，然后加入实施例1所得产物（0.25g），约2min后溶清，溶清后立即滴加0.5mL甲烷磺酸（85.0mg）丙酮溶液，反应液为橙黄色澄清状，室温下搅拌15h，有大量黄色固体析出，过滤，将所得固体于45℃±5℃真空干燥，得黄色固体。

现有技术状况：对比文件1的实施例105公开了相同的化合物及其制备方法，但该实施例中对于化合物的制备方法及后处理步骤的具体工艺记载较为简略。实施例105记载了将化合物105溶于2mL乙腈中，加入甲磺酸（2.0eq），将混合物冷冻干燥后得73.8mg化合物105的甲磺酸盐，为黄色固体。

审查员在审查意见通知书中基于对比文件1实施例105推定权利要求不具有新颖性。申请人提交了补充实验数据，证明对比文件1的化合物为无定形物，并非特定晶型F。另有公众意见中提交了由对比文件1专利权人出具并加盖公章的补充实验数据材料，陈述按照对比文件 1 的实施例制备方法及后处理步骤进行了重复，制备得到的化合物晶型与本案权利要求 1 的化合物晶型 F 是同一晶型，并提交 XRPD 表征谱图加以证明。

本案中公众意见与申请人提交的补充实验数据，证明同一事实（对比文件 1 化合物的晶型）的证据相互矛盾。

【焦点问题】

申请人或公众意见补充实验数据，对比或验证对比文件的技术方案，但该补充的实验数据与对比文件原始记载的数据不同，或者申请人与公众意见验证同一事实提交了相互矛盾的证据。此种情形应当如何认定事实？

观点一：应当充分考虑补充实验数据的真实性、证明力（例如是否是平行实验）以及现有技术记载是否足够清楚完整等具体情况，可以进一步沟通以查明相关事实，了解数据出现差异的原因，在此基础上综合判断作出审查结论。

观点二：无法对申请人或公众意见补充实验数据的真实性进行验证，因此可以结合补充实验数据材料提交方的可信程度综合考虑作出审查决定。

【审查观点和理由】

在审查过程中，申请人可能提交实验数据对相关事实进行验证或对比，如果其所提交的证据与现有技术或公众意见的实验证据存在不一致或矛盾，则需要结合说明书公开内容，综合考虑补交实验数据作为证据的真实性、关联性以及证明力等因素进行判断，从而在程序可行的范围内认定相关事实并作出审查结论。

对于案例一，需要确定申请人所提交的实验数据是否真实，以及所提交的数据是否是针对最接近的现有技术作出的，并是否能够证明本案创造性。首先，申请人是否能在 3 个月的答复时间内完成包括 28 天攻毒实验在内的全部实验，以及是否是因为实验条件不同（例如，VP2 蛋白制备方法、攻毒实验天数等）导致实验结果与对比文件记载结果有所不同。其次，申请人仅仅说明用于对比的疫苗是"别人的"，因此，需要确认申请人补交的"别人的"疫苗是否是对比文件 1 公开的疫苗（补交实验的 VP2 蛋白制备方法与对比文件不同），如果不能确定所谓"别人的"疫苗为对比文件 1 的疫苗，则补交的实验数据不属于针对最接近现有技术的对比，补交实验数据不能用于证明本案权利要求的创造性。如果是，还需要考虑实验条件的不同是否会导致实验结果不同。因此，可与申请人进一步沟通，就上述问题进行合理质疑。如果申请人不能对上述问题予以充分证明和做出合理解释，则认为补充的实验数据不足以证实本案相对于现有技术具有预料不到的技术效果。

对于案例二，针对同一技术事实，申请人与公众提交的实验结果相矛盾，一般应重点考虑申请人与公众是否在相同条件下进行实验，实验结果是否有可比性。

对比文件 1 记载所述化合物及其制备方法，但对比文件 1（包括该化合物名称）未明确该化合物为晶体，实施例也没有表征产物的形态。实施例对于制备方法以及后处理的具体工艺记载较为简略，仅记载了"冷冻干燥得到黄色固体"，通常来说，化合物是否能够形成晶体与技术细节密切相关，即对比文件缺少足以指引本领域技术人员重复实验进行验证的基础。对比双方实验证据的制备方法，均包括了对比文件制备方法，同时也各自补充了对比文件实施例未记载的技术细节，但双方的技术细节并不一致，双方所提交的实验都未能完全忠实于对比文件的实验。

由于对比文件未记载足够详细的制备方法，而根据申请人与公众提交对比试验仅因技术细节不同导致产品形态不同可知，对于本案是否可以获得某种特定晶型，制备方法的详细程度至关重要。在对比文件未明确或者暗示其获得产品为晶体，同时其说明书也未公开详细的制备方法可以重复并验证的情况下，可以认为对比文件未能获得所述晶体。

对于该案中，可以将公众意见的相关内容随通知书一并发出，告知申请人两者之间的实验结果存在矛盾的问题，请申请人提供相关证据或理由以便进一步对相关事实进行确认。

第六章 实 用 性

具备实用性是授予专利权的必要条件之一。根据专利法第二十二条第四款的规定，实用性，是指发明或者实用新型申请的主题必须能够在产业上制造或者使用，并且能够产生积极效果。能够在产业上制造或者使用的技术方案，是指符合自然规律、具有技术特征的任何可实施的技术方案。能够产生积极效果，是指在提出申请之日，其产生的经济、技术和社会的效果是所属技术领域的技术人员可以预料到的，这些效果应当是积极的和有益的。

案例6-1 实用性审查中违背自然规律的判断

【相关法条】专利法第二十二条第四款
【IPC 分类】F03B
【关 键 词】循环发电 能量守恒 自然规律 实用性
【案例要点】
违背能量守恒定律的专利申请，是不能实施的，必然不具备实用性。
【相关规定】
《专利审查指南》第二部分第五章第3.2.2节规定，"具有实用性的发明或者实用新型专利申请应当符合自然规律。违背自然规律的发明或者实用新型专利申请是不能实施的，因此，不具备实用性。

审查员应当特别注意，那些违背能量守恒定律的发明或者实用新型专利申请的主题，例如永动机，必然是不具备实用性的"。
【案例简介】
申请号：201010148664.4
发明名称：一种管道式水力循环发电站
基本案情：
权利要求：

1. 一种管道式水力循环发电站，它由管道（含提水管道和发电管道）、管道流水式水轮发电机、抽水泵机、抽水池、高位水塔、进水口开关阀门、出水口开关阀门、可关闭的充灌水口及电能管理等部分组成，其特征是，抽水管道下接抽水池中的抽水泵机的扬程管口，上接高位水塔，水塔再连接发电管道的进水管口，进水管口在接牢高位水塔后，在发电管道进水管口外若干米的距离处（要高于进水水源面）设置真空灌水装置，并将发电管道灌满水，然后关闭充灌水口，使整个发电管道密封、真空，N台管道流水式水轮发电机安装在发电管道内，发电管道的进水管口与出水管口保持设计的海拔距离固定不变，发电管道或高或低或长或短的放置不拘，但发电管道的出水管口必须安装在抽水池中，或与抽水泵机的吸程管口密封连接；抽水池中的抽水泵机首先在外电能的作用下将水抽提至相应设计高度的高位水塔中，并让水平稳地自流进经真空技术处理过的真空管道中，使安装在里面的 N 台管道流水式水轮发电机同时发电；自发电能经合并、稳压、分流后，一部分输出待用或上网，一部分送往抽水泵机供电管理系统合并后适时切断外来电能，使发电系统实现自我循环发电运行。

【焦点问题】

如何认定专利申请的主题是否违背能量守恒定律？是否具备实用性？

观点一：本案违背能量守恒定律，而违背能量守恒定律必然不具备实用性。

观点二：本案并没有违背能量守恒定律，并且能量守恒定律是相对的。

【审查观点和理由】

能量守恒定律是公知并且认可的自然界定律，其是指能量既不会凭空产生，也不会凭空消失，它只会从一种形式转化为另一种形式，或者从一个物体转移到其他物体，而能量的总量保持不变。对于一个封闭（孤立）系统而言，无论能量在传递或转变过程中，能量的形式是否相同，是否发生质的变化，其总能量都是守恒的。

本案权利要求 1 请求保护一种管道式水力循环发电站，根据说明书和权利要求 1 的记载可知，循环发电站在抽水泵使用外界电源将水抽到高位水塔后，水进入发电管道通过重力作用带动发电机发电，自发电能一部分输出电网，另一部分送往抽水泵后切断外来电能。此过程包含外界电能转化为抽水泵的机械能、机械能转化为水的动能、水的动能转化为势能、势能转化为发电机的机械能、发电机的机械能转化为电能等环节。由于在这些环节必然存在着能量损耗，因此最终输出的电能要小于初始输入的电能，抽水泵在初始电能启动后，不可能不再消耗外来的能量而维持水流的循环从而维持发电过程。权利要求 1 请求保护的发电站实质上是一种要求输出能量大于输入能量的能够永久自动运转的系统，其违背能量守恒定律而不能实施。因此，权利要求 1 不具备专利法第二十二条第四款规定的实用性。

📚 **案例 6-2　非治疗目的的介入性处置步骤是否为外科手术方法的判断**

【相关法条】 专利法第二十二条第四款

【IPC 分类】 A01K

【关　键　词】 动物模型　介入　外科手术专业技能　外科手术方法　实用性

【案例要点】

对于含有对动物实施"介入"性步骤的方法权利要求，在判断其是否属于非治疗目的的外科手术方法时，应综合考虑该步骤本身的难易程度、其所处置的对象，实施该处置步骤所需的能力水平等因素。如果该步骤所处置的对象个体差异小，步骤比较简单，不必依靠外科手术专业技能和知识就可以实施，最终实施效果也不会受到所处置的对象和相关操作人员的专业技能水平影响，则该方法不应被认定为非治疗目的的外科手术方法。

【相关规定】

《专利审查指南》第二部分第一章第4.3.2.3节规定，"外科手术方法，是指使用器械对有生命的人体或者动物体实施的剖开、切除、缝合、纹刺等创伤性或者介入性治疗或处置的方法，这种外科手术方法不能被授予专利权"。

《专利审查指南》第二部分第五章第3.2.4节规定，"非治疗目的的外科手术方法，由于是以有生命的人或者动物为实施对象，无法在产业上使用，因此不具备实用性"。

【案例简介】

申请号：201810996259.4（复审案件编号：1F302031）

发明名称：一种基于睡眠剥夺的阴虚火旺型口腔溃疡动物模型的构建方法

基本案情：

<u>权利要求</u>：1. 一种基于睡眠剥夺的阴虚火旺型口腔溃疡动物模型的构建方法，其特征在于，包括以下步骤：（1）制备口腔溃疡的动物模型：采用苯酚在大鼠侧颊粘膜处灼烧，造成白色损伤……；（2）建立睡眠剥夺型阴虚火旺证模型……。

<u>说明书</u>：本发明要解决的技术问题是克服现有技术中模型评价指标单一，模型持续时间短，病因与临床不符的缺陷，提供一种因睡眠不足而致的阴虚火旺型口腔溃疡动物模型的制作方法。采用的技术方案是选取SD大鼠，暴露左右两侧颊黏膜，将苯酚浸透的棉球放在大鼠两侧颊黏膜上灼烧，造成白色损伤。48小时后，对大鼠进行睡眠剥夺后可得目标动物模型。

【焦点问题】

权利要求中包括"采用苯酚在大鼠侧颊粘膜处灼烧，造成白色损伤"步骤，是否属于非治疗目的的外科手术方法，而导致其不具备实用性？

观点一：权利要求1的方法包含了介入性处理步骤，属于外科手术方法，当其为非治疗目的时，由于该方法以有生命的动物体为实施对象，无法在产业上使用，不具备实用性。

观点二：权利要求1的方法虽包含简单的介入性处置，但其请求保护的主题不属于治疗目的的外科手术方法，且该介入性处置步骤的实施不依赖于个体差异，整体技术方案能够重复再现，权利要求1能够在产业上使用，具有实用性。

【审查观点和理由】

非治疗目的的外科手术方法，是以有生命的人或者动物为实施对象，无法在产业上使用，因此不具备实用性。

对于含有对动物实施"介入"性处置步骤的方法权利要求而言，如果该步骤所处置的对象个体差异小，相关步骤简单，不必依靠外科手术专业技能和知识就可以实施，最终实施效果也不会受到所处置的对象和相关操作人员的专业技能水平影响，则该介入性处置步骤不应被认定为非治疗目的的外科手术方法。

尽管本案所要求保护的动物模型构建方法包含了"采用苯酚在大鼠侧颊粘膜处灼烧，造成白色损伤"的介入性处置步骤，但是针对该操作而言，处置对象为大鼠的侧颊粘膜，个体差异小，烧灼步骤较为简单，不必要求操作人员具备外科手术专业技能和知识就可以实施，模型构建的技术效果也不会受到大鼠的侧颊粘膜的个体差异和操作人员的技能水平影响，该介入性处置步骤不属于非治疗目的的外科手术方法。此类介入性处置步骤通常可以在产业中应用，并且能够产生经济、技术和社会效益，因而权利要求具备专利法第二十二条第四款规定的实用性。

案例 6 – 3　涉及介入性处置步骤的方法的实用性判断

【相关法条】专利法第二十二条第四款

【IPC 分类】A61F

【关　键　词】动物模型　介入　外科手术专业技能　外科手术方法　实用性

【案例要点】

对于含有对动物实施"介入"性步骤的方法权利要求，在判断其是否属于非治疗目的的外科手术方法时，应综合考虑该步骤本身的难易程度、其所处置的对象，实施该处置步骤所需的能力水平等因素。如果该步骤所处置的对象个体差异较大，相关步骤较为复杂，需要依靠外科手术专业技能和知识来实施，最终实施效果也会受到所处置的对象和相关操作人员的专业技能水平影响，则该方法属于非治疗目的的外科手术方法，该技术方案不具备实用性。

【相关规定】

《专利审查指南》第二部分第一章第 4.3.2.3 节规定，"外科手术方法，是指使用器械对有生命的人体或者动物体实施的剖开、切除、缝合、纹刺等创伤性或者介入性治疗或处置的方法，这种外科手术方法不能被授予专利权……

外科手术方法分为治疗目的和非治疗目的的外科手术方法"。

《专利审查指南》第二部分第五章第 3.2.4 节规定，"非治疗目的的外科手术方法，由于是以有生命的人或者动物为实施对象，无法在产业上使用，因此不具备实用性"。

【案例简介】

申请号：202010677610.0

发明名称：口腔种植体高咬合动物模型的构建方法

基本案情：

权利要求：一种口腔种植体高咬合动物模型的构建方法，包括如下步骤：

1）取啮齿动物，拔除双侧上颌第一磨牙；

2）牙槽窝愈合 21 天后，愈合位点植入口腔种植体，种植体顶部高于牙龈，低于咬合平面；

3）骨结合 21 天后，种植体顶部置人工牙冠，使得人工牙冠与对颌牙达到咬合接触；

4）拔除上颌第二、三磨牙；

步骤3）所述人工牙冠为复合树脂材质。

说明书：口腔种植体又称为牙种植体，还称为人工牙根。是通过外科手术的方式将其植入人体缺牙部位的上下颌骨内，待其手术伤口愈合后，在其上部安装修复假牙的装置。

现有的口腔种植体高咬合模型的制备思路通常为：使种植体的高度高于周围牙齿，即刻负载，咬合力更多地集中在种植体上；所用到的动物都是大型动物，例如：猴、犬等。现有的口腔种植体咬合相关研究所构建的动物模型，具有价格昂贵、样本量不足、重复性差等缺点，不能模拟临床实际咬合受力情况，无法满足客观研究的需求。本发明要解决的问题是：提供一种口腔种植体高咬合动物模型的构建方法。

【焦点问题】

该权利要求所要保护的涉及介入性处置的建模方法是否属于非治疗目的的外科手术方法？是否具备实用性？

观点一：本发明方法不需要利用和考虑动物个体的特异性，个体差异对技术效果无影响，可以重复再现，能够在产业上应用，具备实用性。本案的拔牙和植入口腔种植体是本领域普通技术人员公知的技术手段，属于对动物伤害小、实施简单、易于重复的操作，在产业上能够重复实施。由于大量的文献已经报道了拔牙和牙窝植入的相关研究，这足够说明现阶段的拔牙和牙窝植入方法已经足够简单，使其不影响动物建模中的重现性，因此应当认为这两种操作已经是本领域技术人员所具备的技术知识。此外，拔牙和牙窝植入的操作方法已经是本领域研究者常用的建模方法，其有标准的实验工具和步骤。本发明采用的种植机、直切口设计、翻瓣方法、逐级备洞法，甚至备洞转速、旋转植入方式都与临床口腔种植体植入方法一致。此方法在口腔种植治疗的金标准——《国际口腔种植学会（ITI）口腔种植临床指南》中有详细介绍，使得操作者在了解这些实验工具和步骤后能够对不同的动物个体进行同样的操作，并取得高重现性的结果。在这个过程中，并不需要本领域技术人员针对小鼠的牙齿大小、硬度、神经血管的差异而差异化地改变实验的工具或步骤。这些因素与拔牙结果及种植结果并无相关性。因此，拔牙和牙窝植入对于本领域技术人员而言确实是能够重复实施的操作。

观点二：（1）对动物拔牙以及种牙，属于对有生命的动物体的介入性有创操作，由于动物个体差异，该操作需要有经验的特殊人员根据个体差异进行判断从而进行相关操作和实施。（2）而且本案涉及的是一种口腔种植体高咬合动物模型的构建方法，上述介入性有创外科操作属于本案的主要步骤，并且其属于必然对有生命的动物进行有创的外科操作才能够执行，该方法属于非治疗目的的外科手术方法，不具备实用性。（3）即使动物种类、年龄等相同，由于实施对象是有生命的动物体，其仍然存在生命的个体差异，仍然要根据每个生命个体的生理、病理特征来实施符合个体特点的差异化的具体操作，在种牙过程中，面对不同的生命个体，其需要将牙龈组织切开，在牙槽骨上钻一个窝洞，把种植体埋进去，再将牙骨床内严密缝合，后续再在种植体顶部置人工牙冠，该过程中牙龈组织、牙槽骨、神经血管的走形等千差万别，仍然要以每个生命个体的特点为依据执行特定的操作。也就是说该权利要求属于以有生命的动物体为实施对象的非治疗目的的外科手术方法，无法在产业上使用，不具备实用性。

【审查观点和理由】

对于含有对动物实施"介入"性步骤的方法权利要求，在判断其是否属于非治疗目的的外科手术方法时，应综合考虑该步骤本身的难易程度、其所处置的对象，实施该处置步骤所需的能力水平等因素。如果该步骤所处置的对象个体差异较大，相关步骤较为复杂，需要依靠外科手术专业技能和知识来实施，最终实施效果也会受到所处置的对象和相关操作人员的专业技能水平影响，则该方法属于非治疗目的的外科手术方法，该技术方案不具备实用性。

对于本案而言，权利要求 1 包括步骤"牙槽窝愈合 21 天后，愈合位点植入口腔种植体，种植体顶部高于牙龈，低于咬合平面"，结合说明书具体实施方式部分记载的手术及模型构建过程"2.1 拔牙：5 周龄小鼠腹腔麻醉后，使用精细有齿镊拔除双侧上颌第一磨牙（mxM1）。整个操作需在 3～5min 内完成，局部压迫止血，避免牙根折断。2.2 种植体植入：在 21 天的牙槽窝愈合后，动物再次麻醉，在愈合的 mxM1 部位进行了种植备洞。操作如下：常规近远中直切口，翻瓣，用直径 0.38mm 的钻头在愈合部位扩孔，转速为 1000r/min，盐水冲洗。此后，用 0.48mm 直径钻，手动扩孔至 0.45mm。然后手动旋入直径为 0.62mm 的螺纹钛合金种植体。种植体位于牙槽嵴上方约 0.6mm 处，穿出牙龈，但低于咬合平面，剪断。种植体植入后，进入第二个 21 天的愈合期，在此阶段，种植体进行充分骨整合。2.3 牙冠戴入：21 天的骨整合期结束后，在种植体的顶部制作复合树脂'冠'。使用直径 1mm 的圆形打孔器沿种植体周围切除部分覆盖种植体的软组织，暴露种植体的顶部"，本案请求保护的方法是以有生命的动物为直接实施对象，而且采用器械对有生命的动物实施了拔牙、种植（切、翻瓣、钻孔、切除软组织）等外科手术操作，在种牙的过程中，面对不同的生命个体，其需要将牙龈组织切开，在牙槽骨上钻一个窝洞，把种植体埋进去，再将牙骨床内严密缝合，后续再在种植体顶部置人工牙冠，该过程中所处置的对象涉及动物的牙龈组织、牙槽骨、神经血管等，它们千差万别，仍然要以每个生命个体的特点为依据执行特定的操作，存在较大的个体差异，虽然该操作可以借助于标准的实验工具和步骤，但是该操作过程比较复杂，仍需要操作人员依靠外科手术专业技能和知识根据个体差异进行判断来进行相关操作和实施，而且该咬合模型构建的技术效果会受到所处置的对象个体差异和相关操作人员的专业技能水平影响，因此该技术方案属于非治疗目的的外科手术方法，不具备实用性。

案例 6-4 无积极效果的申请的审查

【相关法条】专利法第二十二条第四款

【IPC 分类】C22C21/00

【关 键 词】积极效果　实用性　脱离社会需要

【案例要点】

明显无益、脱离社会需求的专利申请，没有积极效果，不具备实用性。

【相关规定】

《专利审查指南》第二部分第五章第3.2.6节规定，"具备实用性的发明或者实用新型专利申请的技术方案应当能够产生预期的积极效果。明显无益、脱离社会需要的发明或者实用新型专利申请的技术方案不具备实用性"。

【案例简介】

申请号：20151007266.1

发明名称：基于铸造的汽车铝合金缸体

基本案情：

权利要求：

1. 一种基于铸造的汽车铝合金缸体，其特征在于，由以下重量份数的组分制成：铝粉70~80份、煅烧粘土1.5~2.5份、碳化钛4~6份、碳化钨4~6份、陶瓷粉4~6份、二硼化钛4~6份、硒粉0.4~0.6份、石墨烯微片1.5~2.5份、不锈钢粉2~4份、白炭黑1.5~2.5份、硫化铁1~2份、铼粉0.8~1.2份、锆粉0.4~0.6份、铁粉0.4~0.6份、铜1.5~2.5份、重稀土1.5~2.5份、石墨1~2份、镍粉1~2份、氧化硼0.4~0.6份、煅烧硅灰石0.4~0.6份、碳酸锂0.4~0.6份。

说明书中没有记载除杂处理步骤的说明。

【焦点问题】

该类申请明显无积极效果，是不具备创造性，还是不具备实用性？

观点一：在现有技术的基础上，通过论述该申请的技术方案不具备突出的实质性特点及显著的进步，否定其创造性。

观点二：该技术方案明显不具备实用性，无需对其进行创造性审查。

【审查观点和理由】

权利要求1请求保护一种铝合金缸体，其中加入了一些生僻组分，如煅烧粘土、陶瓷粉等。这些组分的加入不仅无法提高铝合金的性能，反而会引入大量杂质元素。铝合金对杂质元素有1%的上限要求，按说明书实施例中的具体配方计算，各实施例中的杂质含量远超该上限。这些杂质的引入，必然导致铝合金性能的严重劣化，无法满足工业应用的基本要求。因此，该技术方案是明显无益、脱离社会需要的，权利要求1不具备专利法第二十二条第四款规定的实用性。

第七章　人工智能和大数据等领域

随着人工智能、互联网＋等技术的高速发展，新领域、新业态的创新活跃度也进一步得到释放和提升，业界对于加强相关产业创新成果专利保护的诉求日益强烈。本部分围绕新领域、新业态相关前沿科技及其应用，针对业界普遍关注的专利保护客体、公开充分及创造性等焦点问题，通过指导案例的形式对相关审查标准予以解释和澄清，为相关领域的专利实务提供参考和指引。

一、专利保护客体

（一）专利法第二条第二款的审查

为贯彻落实党中央、国务院指示，回应创新主体对进一步明确涉及新领域、新业态专利申请审查规则的需要，2020 年 2 月实施的《专利审查指南》第二部分第九章增加了第 6 节"包含算法特征或商业规则和方法特征的发明专利申请审查相关规定"。其中，第 6.1.2 节具体涉及专利法第二条第二款的审查，即判断一项权利要求是不是技术方案，应当对其中涉及的技术手段、解决的技术问题和获得的技术效果进行分析（技术三要素）。指南中通过列举方式规定："如果权利要求中涉及算法的各个步骤体现出与所要解决的技术问题密切相关，如算法处理的数据是技术领域中具有确切技术含义的数据，算法的执行能直接体现出利用自然规律解决某一技术问题的过程，并且获得了技术效果"，则满足专利法第二条第二款的规定。《专利审查指南》（2023）在涉及客体审查标准的第 6.1.2 节后又新增了两段，分别对"与计算机系统内部性能相关的人工智能、大数据算法改进方案"和"涉及具体应用领域的大数据的解决方案"的客体审查标准予以明确。

针对与计算机系统内部性能相关的人工智能、大数据算法改进方案，《专利审查指南》（2023）规定，如果权利要求的解决方案涉及深度学习、分类、聚类等人工智能、大数据算法的改进，该算法与计算机系统的内部结构存在特定技术关联，能够解决如何提升硬件运算效率或执行效果的技术问题，包括减少数据存储量、减少数据传输量、提高硬件处理速度等，从而获得符合自然规律的计算机系统内部性能改进的技术效果，则该权利要求限定的解决方案属于专利法第二条第二款所述的技术方案。

　　针对涉及具体应用领域的大数据的解决方案，《专利审查指南》（2023）规定，如果权利要求的解决方案处理的是具体应用领域的大数据，利用分类、聚类、回归分析、神经网络等挖掘数据中符合自然规律的内在关联关系，据此解决如何提升具体应用领域大数据分析可靠性或精确性的技术问题，并获得相应的技术效果，则该权利要求限定的解决方案属于专利法第二条第二款所述的技术方案。

　　专利实务中，对于上述审查标准的理解和把握仍然存在一定困惑，例如，针对涉及算法改进的解决方案，判断"涉及算法的各个步骤与所要解决的技术问题"达到何种相关程度可以判断为"密切相关"；针对与计算机系统内部性能相关的人工智能、大数据算法改进方案，算法特征与计算机系统的内部结构结合到何种程度可以判断为"存在特定技术关联"，如何把握计算机系统内部性能提升的判断标准等；针对处理的数据是来源于具体应用领域的大数据的解决方案，如何把握判断数据之间的关联关系是否符合自然规律的判断标准等。本节将针对上述困惑，结合具体案例对专利保护客体标准做出进一步阐释。

1. 算法是否改善计算机系统内部性能的判断

> 📚**案例 7-1** 神经网络模型指令调度方法优化计算机系统资源配置

　　【**相关法条**】专利法第二条第二款
　　【**IPC 分类**】G06N
　　【**关 键 词**】神经网络　计算机系统内部性能　指令调度　资源配置　技术方案
　　【**案例要点**】

　　对于神经网络模型执行过程涉及计算机系统中各种软硬件资源调度的解决方案，即使计算机系统的硬件结构本身未发生改变，但是该方案通过优化系统资源配置使得其整体上能够获得计算机系统内部性能改进的技术效果，这类情形下，认为算法特征与计算机系统的内部结构存在特定技术关联，能够提升硬件运算效率或执行效果，改进计算机系统内部性能，该方案构成技术方案。

　　【**相关规定**】

　　专利法第二条第二款规定，"发明，是指对产品、方法或者其改进所提出的新的技术方案"。

　　《专利审查指南》第二部分第一章第 2 节规定，"技术方案是对要解决的技术问题所采取的利用了自然规律的技术手段的集合。技术手段通常是由技术特征来体现的。

　　未采用技术手段解决技术问题，以获得符合自然规律的技术效果的方案，不属于专利法第二条第二款规定的客体"。

　　《专利审查指南》第二部分第九章第 2 节规定，"如果涉及计算机程序的发明专利申请的解决方案执行计算机程序的目的是为了改善计算机系统内部性能，通过计算机执行一种系统内部性能改进程序，按照自然规律完成对该计算机系统组成部分实施的一系列设置或调整，从而获得符合自然规律的计算机系统内部性能改进效果，则这种解决方案属于专利法第二条第二款所说的技术方案，属于专利保护的客体"。

【案例简介】

申请号：201811276880.X

发明名称：神经网络模型的指令调度方法及装置

基本案情：

权利要求：一种神经网络模型的指令调度方法，包括：

在需要运行对应第一神经网络模型的第一指令序列时，确定要运行的对应第二神经网络模型的第二指令序列，所述第一神经网络模型先于所述第二神经网络模型运行；

选择所述第二指令序列中的至少一条指令；

对所述至少一条指令进行校验以确定所述至少一条指令于所述第一指令序列中的合法位置；

将校验后的所述至少一条指令插入到所述第一指令序列中；以及

运行包含所述至少一条指令的所述第一指令序列。

说明书：本案要解决的问题是，对于需要运行多个神经网络模型来获得所需结果的情况，如何在多个神经网络模型的指令序列之间建立流水线，进而减少硬件资源的闲置和浪费，在不增加硬件资源的前提下提高多个神经网络的整体执行效率。

为解决上述问题，本案通过将对应第二神经网络模型的第二指令序列中的至少一条指令调度到对应第一神经网络模型的第一指令序列中，使得第二神经网络模型的至少一条指令能够与第一神经网络模型中的指令并行，也就在第一指令序列与第二指令序列之间建立了流水线，能够在确保运算结果正确的前提下更多地发挥硬件资源的流水执行能力，进而减少硬件资源的闲置和浪费，在不增加硬件资源的前提下提高多个神经网络模型的整体执行效率。尤其是对于需要频繁调用众多结构比较简单的神经网络模型的情况，通过本案可在不增加硬件资源的前提下大幅提高这些神经网络模型的整体执行效率。

【焦点问题】

对于涉及神经网络模型的解决方案，如何判断其解决的是不是技术问题，采用的是不是利用自然规律的技术手段，是否获得符合自然规律的技术效果？

观点一：权利要求未具体化该神经网络所应用的技术领域，其实质是一种数学模型，所要解决的现有神经网络执行效率的问题，不属于技术问题，所获得的效果是由该神经网络数学算法模型本身带来的，不属于技术效果，因此不构成技术方案。

观点二：权利要求的方案解决了在不增加硬件资源的前提下提高多个神经网络的整体执行效率的问题；为解决该问题，在多个神经网络模型的指令序列之间建立流水线，发挥硬件资源的流水执行能力，也就是说，神经网络模型的执行与计算机系统硬、软件资源的调度直接相关，上述手段是符合自然规律的技术手段；该方案能够减少硬件资源的闲置和浪费，提升了计算机系统的内部性能，属于技术效果，因此构成技术方案。

【审查观点和理由】

权利要求涉及一种神经网络模型的指令调度方法，每个神经网络模型有对应的指令序列，该方法解决了如何在多个指令序列之间建立流水线，进而在不增加硬件资源的前提下提高多个指令序列的整体执行效率，减少硬件资源的闲置和浪费的问题，该问题属于技术问题。

为解决该问题，该方法在需要运行对应第一神经网络模型的第一指令序列时，确定要运行的对应第二神经网络模型的第二指令序列，选择所述第二指令序列中的至少一条指令，将所述至少一条指令插入到所述第一指令序列中，运行包含所述至少一条指令的所述第一指令序列。该方法中的指令是在处理器上执行的用于运行神经网络模型的指令，该方法包括对指令的校验、确定指令的合法位置、插入并运行指令操作、在多个神经网络模型的指令序列之间建立流水线，处理器不仅作为程序运行载体执行相应的数据处理任务，算法的执行过程还改进了计算机系统内部硬件资源的调度方式，提升了硬件资源的流水执行能力。上述各步骤的执行主体是处理器，操作对象是指令序列，处理器不仅作为程序运行的载体执行数据处理的功能，也就是说，方法的执行与计算机系统硬、软件资源的调度直接相关，上述手段是符合自然规律的技术手段。该方案通过指令调度优化计算机系统资源配置，算法特征与计算机系统的内部结构存在特定技术关联，能够在确保运算结果正确的前提下更多地发挥硬件资源的流水执行能力，进而减少硬件资源的闲置和浪费，使得硬件资源得到充分利用，在不增加硬件资源的前提下提高多个神经网络模型的整体执行效率，提升了计算机系统的内部性能，属于技术效果。

因此，权利要求的解决方案属于专利法第二条第二款规定的技术方案。

📚 案例 7 - 2 ｜ 抽象算法自身优化并未改进计算机系统内部性能

【相关法条】 专利法第二条第二款

【IPC 分类】 G06N

【关 键 词】 神经网络　定点量化　计算机系统内部性能　技术方案

【案例要点】

在判断算法的改进能否提升计算机系统内部性能时，需要关注算法特征与计算机系统的内部结构是否存在特定的技术关联。如果权利要求请求保护的方案仅涉及抽象算法的改进，未体现出算法特征与计算机系统的内部结构存在何种技术关联，方案解决的是算法本身优化的问题，不属于技术问题，未采用符合自然规律的技术手段，获得的相应效果也是算法优化带来的效果，不属于技术效果，该方案不属于专利法第二条第二款所述的技术方案。

【相关规定】

参见案例 7 - 1 相关规定。

【案例简介】

申请号：201810550168.8

发明名称：人工神经网络调整方法和装置

基本案情：

权利要求：1. 一种调整人工神经网络（ANN）的方法，其中所述ANN至少包括多个层，所述方法包括：

获取待训练的神经网络模型；

使用高比特定点量化来对所述神经网络模型进行训练，以获得经训练的高比特定点量化神经网络模型；

使用低比特对所述高比特定点量化神经网络模型进行微调，以获得经训练的带低比特定点量化的神经网络模型；

以及输出所述经训练的带低比特定点量化的神经网络模型。

说明书：基于卷积神经网络（CNN）的方法具有先进的性能，但与传统方法相比需要更多的计算和内存资源。尽管大多数基于CNN的方法需要依赖于大型服务器，但近年来，智能移动设备的普及也为神经网络压缩带来了机遇与挑战，例如许多嵌入式系统也希望具有由CNN方法实现的高精度实时目标识别功能。然而，将多层级和大数据量的CNN用于小型系统必须克服资源有限的问题。鉴于现有CNN参数具备大量冗余的事实，可以通过神经网络定点化来大幅降低资源使用量。但现有的量化方法通常只考虑部署阶段而忽视训练阶段，或者是追求精度而不能很好地克服硬件的限制。

本案提供一种调整人工神经网络（ANN）的方法，通过神经网络定点化来降低资源使用量，使带低比特定点量化的神经网络模型能够在低比特位宽的FPGA、GPU、ASIC平台上运行，能够在极低位宽的情况下实现可以媲美浮点网络的计算精度。

【焦点问题】

如何判断算法特征是否与计算机系统的内部结构存在特定技术关联？本案权利要求记载的解决方案是否提升计算机系统内部性能，是否构成技术方案？

观点一：本案请求保护一种调整人工神经网络（ANN）的方法，经过训练得到的结果也是优化后的神经网络模型，其并没有限定具体的应用领域，实质上并未解决某一具体领域存在的技术问题，也未采用利用自然规律的技术手段，得到的效果也并非技术效果，因此不构成技术方案。

观点二：本案请求保护的方案，对神经网络的调整是因为计算和内存资源受限，其依据待运行的低比特位宽计算平台的低比特特性，使带低比特定点量化的神经网络模型能够在低比特位宽的FPGA、GPU、ASIC平台上运行，体现了对硬件运行效果的限定，采用了利用自然规律的技术手段，能够解决相应的技术问题，并获得符合自然规律的计算机系统内部性能改进的技术效果，因此其构成技术方案。

【审查观点和理由】

本案请求保护一种调整人工神经网络的方法，其记载的方案所采用的手段是通过高比特定点量化，低比特微调，得到量化后的神经网络模型，以降低神经网络训练方案的资源使用量。上述手段中对神经网络模型的定点量化、微调、输出等，并未体现出与低比特位宽的 FPGA、GPU、ASIC 平台等硬件有何特定的技术关联，因此其仅仅是对模型训练方法本身的优化，并非遵循自然规律的技术手段，其所达到的效果也是通过神经网络算法本身的优化获得的，并非符合自然规律的技术效果。因此，本案请求保护的解决方案不属于专利法第二条第二款规定的技术方案。

尽管本案说明书中声称要解决的问题是如何得到带低比特定点量化的神经网络模型，使其能够在低比特位宽的 FPGA、GPU、ASIC 平台上运行，但当前权利要求记载的解决方案中并未记载任何因 FPGA、GPU、ASIC 平台作为硬件实现环境存在哪些约束或限制进而导致对算法作出相应改进的技术内容。由此权利要求限定的解决方案并未反映出算法特征与计算机系统的内部结构存在特定技术关联，无法解决提升硬件运算效率或执行效果的技术问题，也无法获得符合自然规律的计算机系统内部性能改进的技术效果。

📚 案例 7 - 3 算法与硬件配合调整改进计算机系统内部性能的方案

【相关法条】专利法第二条第二款

【IPC 分类】G06F G06N

【关 键 词】图搜索算法 选节点数 内存空间神经网络 剪枝 量化 技术方案

【案例要点】

在判断算法的改进能否提升计算机系统内部性能时，需要关注算法特征与计算机系统的内部结构是否存在特定的技术关联。如果算法特征与硬件结构相关特征在技术实现层面相互适应、彼此配合，例如，算法针对特定硬件结构或参数做出了适应性改进、为支持特定算法的运行而调整硬件系统的体系构架或相关参数等，整体上提升了硬件的运算效率或执行效果，则可以认为该方案解决了技术问题，能够获得符合自然规律的计算机系统内部性能改进的技术效果，属于专利法第二条第二款规定的技术方案。

【相关规定】

参见案例 7 - 1 相关规定。

【案例简介】

案例一

申请号：201710279655.0

发明名称：支持集束搜索的运算装置和方法

基本案情：

权利要求：一种支持集束搜索的方法，包括步骤：

获取指令，经由一数据转换模块存储到一存储模块中；

将原始图形结构中部分节点传送到数据转换模块中，数据转换模块将传入的节点进行格式转换后，然后送至存储模块中；

　　数据运算模块从存储模块获取尚未被运算的节点数据，计算从源节点到对应节点路径的总代价值，将总代价值最小的前 k 个节点选出作为候选节点，k 为装置允许的最大候选节点数，根据总代价值最小的节点判断是否得到近似最优路径，如果没有，则继续从存储模块获取未被运算的节点数据进行计算和判断；如果有，将总代价最小节点和其前驱节点写入到一整合结果模块中；

　　根据从数据运算模块得到的近似最优路径的尾节点从存储模块中不断寻找前驱节点，直至回溯至源节点，获得最优路径存入存储模块；

　　存储模块获得最优路径存入，并将其传输到装置外部。

　　说明书：集束搜索是一种启发式图搜索算法，在图的解空间比较大的情况下，集束搜索从源节点开始搜索，每次搜索图中下一层的子节点时，只搜索较有希望构成最优路径的节点，限制下一层搜索后保留的节点的数量不大于某个固定值 k，从而减少搜索所占用的空间和时间开销。集束搜索多用在一些大型系统中，如机器翻译系统、语音识别系统等。在这些应用中数据集较为庞大，而常用装置的内存有限，通过遍历整个解空间进行求解时，内存难以满足要求，同时运算量开销很大。而对这些系统进行求解时，通常只需要得到一个近似最优解，集束搜索能有效减少存储量，并且减少运算量，在较快的时间找到接近最优的解。

　　本案的有益效果在于：（1）通过对原始图结构采用启发式集束搜索算法（设定装置允许的最大候选节点数），找到一条能够满足条件的近似最优路径，该装置可以有效地减少空间消耗，并提高时间效率；（2）在计算路径的代价的过程中，采用多个数据运算单元同时进行计算，可以提高运算的并行性。

　　说明书还记载了在数据运算模块中，基于某种代价函数计算节点 n 所产生的代价值 $f(n)$，然后，得到源节点到节点 n 的路径对应的总代价值 $F(n)=f(n)+F(before(n))$。此时送入数据运算模块 3 的节点有 m 个，分别表示为 $n1$，$n2$，$\cdots$，nm，可计算得到 m 个路径对应的代价值 $F(n1)$，$F(n2)$，$\cdots$，$F(nm)$。将对应的 m 个节点按照代价值 $F(n1)$，$F(n2)$，$\cdots$，$F(nm)$ 从小到大的顺序进行排序得到 $n1'$，$n2'$，$\cdots$，nm'。判断源节点 s 到 $n1'$ 的路径是否构成完整的近似最优路径，如果构成，则对控制器 5 发送运算终止指令，并将 $n1'$ 对应的节点信息($Addr(before(n))$，$F(n)$，n，1) 传送到结果整合模块 4 中。否则，假设装置允许的最大候选节点数为 k，若 $m \leqslant k$，则将对应的 m 个节点都作为候选节点将更新后的($Addr(before(n))$，$F(n)$，n，1) 写回到存储模块 2 中，若 $m > k$，则将 $n1'$，$n2'$，$\cdots$，nk' 对应的节点信息($Addr(before(n))$，$F(n)$，n，1) 写回到存储模块 2 中。

案例二

申请号：202110281982.6

发明名称：一种面向忆阻器加速器的神经网络模型压缩方法及系统

基本案情：

权利要求：一种面向忆阻器加速器的神经网络模型压缩方法，其特征在于，所述方法包括：

步骤1：通过阵列感知的规则化增量剪枝算法，裁剪原始网络模型获得忆阻器阵列友好的规则化稀疏模型；

步骤2：通过二的幂次量化算法，降低ADC精度需求和忆阻器阵列中低阻值器件个数以总体降低系统功耗；

其中，步骤1中的阵列感知的规则化增量剪枝算法包括：

阵列感知：在网络裁剪时针对忆阻器实际阵列尺寸进行剪枝粒度的调整；

增量剪枝与分层稀疏相结合：增量剪枝对神经网络模型的裁剪并恢复模型精度，分层稀疏根据网络层在模型中的位置不同而对每层网络设定不同剪枝率参数，遵循着剪枝率按照低－高－低的策略对各层网络剪枝参数进行设定；

阈值校准：校准方案为将各行的L2范数除以行中有效列数，以实现归一化。

说明书：阻变存储器又称为忆阻器，具有低功耗、结构简单、工作速度快以及阻值可变可控等优点，同时利用忆阻器可以实现布尔逻辑运算，向量－矩阵乘法运算等多种运算形式。近年来，基于忆阻器的神经网络加速器的提出为减少数据搬运，降低存储需求以及提高深度学习前向推理能力提供了一种有效的解决方案。虽然忆阻器神经网络加速器在实现网络前向推理方面有极大的优势，然而该类加速器在用于边缘计算领域时仍存在一定问题。第一，原始稠密神经网络模型映射到忆阻器神经网络加速器时仍消耗大量硬件资源；第二，忆阻器加速器系统中忆阻器计算阵列及模数转换单元（ADC）功耗过高。

本案涉及如何解决原始模型映射到忆阻器加速器上时硬件资源消耗过大的问题以及ADC单元和计算阵列功耗过高的问题。

本案通过阵列感知的规则化增量剪枝算法，在保障模型准确度的情况下获得了忆阻器阵列友好的规则化稀疏模型以节省忆阻器阵列资源；通过二的幂次量化算法，约束了权重二进制编码形式以降低加速器系统中ADC单元精度需求以及阵列中低阻值忆阻器器件的数量从而降低整体功耗。

【焦点问题】

案例一和二权利要求的解决方案是否提升计算机系统内部性能，是否构成技术方案？

针对案例一：

观点一：本案所解决的减少集束搜索算法对内存空间开销的问题，属于技术问题，为了解决该技术问题，本案对集束搜索算法做了适应性改进，通过将参数 k 设置为装置允许的最大候选节点数，既保证了集束搜索算法的执行效率，又控制了算法的内存开销，构成技术手段，达到了技术效果。因此，本案构成技术方案，符合专利法第二条第二款的规定。

观点二：本案实质上只是一种抽象的数学算法，该算法并未与具体的应用领域结合并解决该应用领域内的技术问题，本案所使用的手段仅为数学算法，不是遵循自然规律的技术手段，相应的效果也是算法的改进带来的，不属于技术效果。因此，本案不构成技术方案，不符合专利法第二条第二款的规定。

针对案例二：

观点一：本案所解决的节省忆阻器阵列资源和减少忆阻器器件的整体功耗的问题，属于技术问题。为了解决忆阻器加速器中的特定技术问题，本案采用了规则化增量剪枝算法和二的幂次量化算法，并且算法作用于忆阻器阵列，从而获得符合自然规律的计算机系统内部性能改进的技术效果。因此，本案构成技术方案，符合专利法第二条第二款的规定。

观点二：本案实质上只是一种规则化增量剪枝算法，该算法并未与具体的应用领域紧密结合并解决该技术领域内的技术问题，忆阻器加速器也仅是算法执行的载体，本案所使用的手段仅为数学算法，不是遵循自然规律的技术手段，相应的效果也是算法的改进带来的，不属于技术效果。因此，本案不构成技术方案，不符合专利法第二条第二款的规定。

【审查观点和理由】

针对案例一：

本案请求保护一种支持集束搜索的方法，对集束搜索算法做了改进，在判断最优路径时，设置参数 k 为装置允许的最大候选节点数，将总代价值最小的前 k 个节点选出作为候选节点进行计算，即，结合硬件性能对算法中的特定参数进行设置。这样的改进带来的好处在于，既可以在装置硬件性能允许的范围内充分发挥集束搜索算法的执行效率，同时可以避免算法运算量开销过大从而占用装置过多的内存空间。因此本案中算法与计算机系统的内部结构存在特定技术关联，利用了符合自然规律的技术手段。相应地，本案解决了控制装置内存开销并提升装置硬件执行效率的技术问题，获得了计算机系统内部性能改进的技术效果。因此，本案构成技术方案，符合专利法第二条第二款的规定。

针对案例二：

本案涉及一种面向忆阻器加速器的神经网络模型压缩方法，本案所要解决的问题是原始模型映射到忆阻器加速器上时硬件资源消耗过大以及 ADC 单元和计算阵列功耗过高的问题。为了解决以上忆阻器加速器特定的问题，本案一方面通过阵列感知的规则化增量剪枝算法获得忆阻器阵列友好的规则化稀疏模型；其中剪枝算法中在网络裁剪时针对忆阻器实际阵列尺寸进行剪枝粒度的调整；另一方面通过二的幂次量化算法，降低 ADC 精度需求和忆阻器阵列中低阻值器件个数以总体降低系统功耗。其中使用到了两种算法，剪枝算法包含针对忆阻器实际阵列尺寸进行剪枝粒度的调整，量化算法用于降低忆阻器阵列中低阻值器件个数。上述手段是为提高忆阻器加速器性能而产生的算法改进，该算法改进受硬件条件参数的约束，上述手段的步骤反映出算法特征与计算机系统的内部结构存在特定技术关联，解决的是忆阻器加速器硬件消耗过大和功耗过高的技术问题，获得符合自然规律的计算机系统内部性能改进的技术效果。因此，本案请求保护的解决方案属于专利法第二条第二款规定的技术方案。

虽然案例二并未记载该算法应用于何种具体技术领域，该算法也并非每一步骤都与硬件相关，但整体而言，该算法解决的是模型在硬件中存在的特定问题，也能够体现出算法与计算机系统的内部结构存在特定技术关联，从而获得符合自然规律的计算机系统内部性能改进的技术效果，属于专利法第二条第二款规定的技术方案。

2. 算法步骤是否与要解决的技术问题密切相关

案例7-4　算法的输入和/或输出为确切技术含义的数据的方案

【相关法条】专利法第二条第二款

【IPC 分类】G06N

【关 键 词】神经网络　输入　输出　技术领域中具有确切技术含义的数据　密切相关

【案例要点】

涉及神经网络等算法的解决方案，在判断算法各步骤是否体现出与所解决的技术问题密切相关时，如果算法处理的数据是技术领域中具有确切技术含义的数据，例如，当权利要求限定了算法的输入和/或输出是技术领域中具有确切技术含义的数据，基于本领域技术人员的理解，则能够知晓算法的执行能直接体现出利用自然规律解决某一技术问题的过程，并且获得了技术效果，则该权利要求限定的解决方案属于专利法第二条第二款规定的技术方案。

【相关规定】

专利法第二条第二款规定，"发明，是指对产品、方法或者其改进所提出的新的技术方案"。

《专利审查指南》第二部分第一章第2节规定，"技术方案是对要解决的技术问题所采取的利用了自然规律的技术手段的集合。技术手段通常是由技术特征来体现的。

未采用技术手段解决技术问题，以获得符合自然规律的技术效果的方案，不属于专利法第二条第二款规定的客体"。

《专利审查指南》第二部分第九章第3节规定，"为了解决技术问题而利用技术手段，并获得技术效果的涉及计算机程序的发明专利申请属于专利法第二条第二款规定的技术方案，因而属于专利保护的客体。

…………

（3）未解决技术问题，或者未利用技术手段，或者未获得技术效果的涉及计算机程序的发明专利申请，不属于专利法第二条第二款规定的技术方案，因而不属于专利保护的客体"。

《专利审查指南》第二部分第九章第6.1.2节规定，"对一项包含算法特征或商业规则和方法特征的权利要求是否属于技术方案进行审查时，需要整体考虑权利要求中记载的全部特征。如果该项权利要求记载了对要解决的技术问题采用了利用自然规律的技术手段，并且由此获得符合自然规律的技术效果，则该权利要求限定的解决方案属于专利法第二条第二款所述的技术方案。例如，如果权利要求中涉及算法的各个步骤体现出与所要解决的技术问题密切相关，如算法处理的数据是技术领域中具有确切技术含义的数据，算法的执行能直接体现出利用自然规律解决某一技术问题的过程，并且获得了技术效果，则通常该权利要求限定的解决方案属于专利法第二条第二款所述的技术方案"。

【案例简介】

申请号：202111061105.4

发明名称：生成用于神经网络输出层的输出

基本案情：

权利要求：1. 一种通过神经网络系统处理网络输入以生成所述网络输入的神经网络输出的方法，所述神经网络系统被配置为接收图像数据、文档数据、文本数据或口语话语数据作为输入，并且生成对应的图像数据、文档数据、文本数据或口语话语数据作为输出，所述神经网络具有后跟有 softmax 输出层的一个或多个初始神经网络层，所述方法包括：

为可能输出值的预定有限集合中的每个可能输出值预先计算相应的求幂度量，所述可能输出值可以包括在通过使用处理系统通过所述一个或多个初始神经网络层处理网络输入生成的层输出中；

存储所预先计算的相应求幂度量；

获得通过所述一个或多个初始神经网络层处理所述网络输入生成的层输出，其中：

所述层输出具有多个层输出值，和

每个层输出值是可能输出值的所述预定有限集合中的相应一个可能输出值；以及

通过所述 softmax 输出层对所述层输出进行处理，以生成所述网络输入的所述神经网络输出，所述神经网络输出是图像属于特定对象类别的可能性得分、文档关于特定主题的可能性得分、目标语言的文本片段是源语言的文本片段的正确翻译的可能性得分或者文本片段是口语话语的正确转录的可能性得分。

说明书：神经网络是采用非线性单元的一层或多层来进行预测的机器学习模型。除了输出层之外，一些神经网络还包括一个或多个隐藏层。每个隐藏层的输出被用作网络中的另一层，即下一隐藏层或输出层的输入。网络的每一层根据相应的参数集的当前值，从所接收的输入生成输出。

本申请提出一种通过神经网络处理网络输入的方法，能减少确定神经网络的 softmax 输出层的输出的计算复杂度。在使用量化运算执行计算的处理系统中，能在其上执行操作的可能值的范围受值集合所映射至的可计数值的范围限制。本申请通过预计算用于出现在神经网络的输出中的可计数值的归一化值，利用该处理系统的性质，由此增加归一化神经网络的输出值的效率。

【焦点问题】

对于权利要求限定了算法的输入和/或输出是技术领域中具有确切技术含义的数据，如何判断其解决的是不是技术问题，采用的是不是利用自然规律的技术手段，是否获得符合自然规律的技术效果？

观点一：权利要求仅限定了图像数据、文档数据、文本数据或口语话语数据作为输入、输出，其余步骤均为通用数据，无法达到算法的各个步骤与所要解决的技术问题密切相关。方案实质所要解决的问题同背景技术部分的记载，是神经网络自身计算复杂度的问题，不属于技术问题，所采用的手段也是对神经网络模型本身的改进，不属于技术手段，相应地也未获得技术效果，因此，该方案不构成技术方案。

观点二：虽然权利要求仅限定了图像数据、文档数据、文本数据或口语话语数据作为输入、输出，而图像数据、文档数据、文本数据或口语话语数据是技术领域中具有确切技术含义的数据，本领域技术人员可以知晓神经网络的各步骤所处理的对象是图像数据、文档数据、文本数据或口语话语数据，算法的各个步骤与所要解决的技术问题密切相关。通过权利要求限定的方案，其实质所要解决的问题是图像处理、文本处理、语音处理时减少计算复杂度的技术问题，所采用的手段是利用神经网络模型进行图像处理、文本处理、语音处理时的改进，属于技术手段，也获得了相应的技术效果。因此，该方案构成技术方案。

【审查观点和理由】

本领域技术人员知晓，一种神经网络模型或机器学习算法，如果其输入和/或输出是技术领域中具有确切技术含义的数据，例如图像数据，输入经过处理后输出，那么该神经网络各层或机器学习各步骤处理的通常是图像数据，等同于一种利用神经网络的图像处理方法。也就是说，当神经网络模型或机器学习算法用于处理图像等具有确切技术含义的数据时，权利要求仅限定输入和/或输出的数据的撰写形式，通常等同于限定从输入到输出每一步骤均处理相应的数据。

本案请求保护一种神经网络输出的方法，权利要求中限定了神经网络的输入是图像数据、文档数据、文本数据或口语话语数据，同时也限定了相应的输出，即限定了算法的输入、输出是技术领域中具有确切技术含义的数据。虽然权利要求并未在每一步骤中限定处理的对象，但本领域技术人员可知，神经网络各层的中间处理对象通常是图像数据、文档数据、文本数据或口语话语数据。尽管说明书背景技术中记载的要解决的问题是减少神经网络输出的计算复杂度，但通过权利要求限定的方案，本领域技术人员可以确定方案实际解决的问题是在利用神经网络对图像数据、文档数据、文本数据或口语话语数据进行处理时减少计算复杂度的技术问题。本方案通过将算法的输入和输出限定为图像数据、文档数据、文本数据或口语话语数据，以体现算法处理的数据是具有确切技术含义的数据，本领域技术人员可以知晓，算法的各步骤均针对图像数据、文档数据、文本数据或口语话语数据这些具有确切技术含义的数据执行，即，算法的执行能直接体现出利用自然规律解决技术问题的过程，并且获得技术效果。因此，该方案构成专利法意义上的技术方案，属于专利保护客体。

案例 7-5　用于语音处理的前馈序列记忆神经网络的构建方法

【相关法条】 专利法第二条第二款
【IPC 分类】 G06N

【关 键 词】神经网络 技术领域 人机交互 语音处理 技术方案

【案例要点】

涉及神经网络模型改进或应用的解决方案，如果已记载神经网络模型的结构及其具体应用的技术领域，还清楚描述了该神经网络模型在该技术领域的具体应用方式，包括：体现该神经网络模型在该技术领域解决的具体技术问题、记载所采用的与该技术领域具体处理对象紧密关联的技术手段、反映该神经网络模型的实施在该技术领域能够获得的符合自然规律的技术效果，则该方案属于专利法第二条第二款规定的技术方案。

【相关规定】

参见案例 7-4 相关规定。

【案例简介】

申请号：201510998704.7（复审案件编号：1F20849）

发明名称：一种前馈序列记忆神经网络及其构建方法和系统

基本案情：

1. 原始权利要求 A：

一种前馈序列记忆神经网络包括至少三层的多个节点，第一层为输入层，最后一层为输出层，其它位于输入层和输出层之间的多个节点组成至少一个隐层，层与层之间的节点是全连接的，其特征在于，包括：

每一个隐层都包含一个记忆块，隐层与记忆块共同构成双向前馈序列记忆神经网络 FSMN 层，其中，当前隐层的记忆块的输入为当前隐层的输出，当前隐层的记忆块的输出为下一层的一个输入，所述记忆块用于存储每帧输入数据的历史信息和未来信息，所述历史信息为当前帧输入数据之前帧的特征序列，所述未来信息为当前帧输入数据之后帧的特征序列。

2. 修改后的权利要求 B：

一种用于语音处理的前馈序列记忆神经网络的构建方法，其特征在于，包括：收集大量训练数据，并提取所述训练数据的特征序列；其中所述训练数据为语音数据，所述特征序列包括如下任一种语音特征序列：感知线性预测系数、FilterBank 特征、梅尔频率倒谱系数或线性预测系数；

构建前馈序列记忆神经网络；所述前馈序列记忆神经网络包括至少三层的多个节点，第一层为输入层，最后一层为输出层，其它位于输入层和输出层之间的多个节点组成至少一个隐层，层与层之间的节点是全连接的，其中，每一个隐层都包含一个记忆块，隐层与记忆块共同构成双向前馈序列记忆神经网络 FSMN 层，其中，当前隐层的记忆块的输入为当前隐层的输出，当前隐层的记忆块的输出为下一层的一个输入，所述记忆块用于存储体现每帧语音数据的长时信息的历史信息和未来信息，所述历史信息为当前帧语音数据之前预设帧数的语音特征序列，所述未来信息为当前帧语音数据之后预设帧数的语音特征序列；所述输出层输出为每帧语音数据所属的数据单元，所述数据单元包括如下任一种：隐马尔可夫模型的状态、音素单元或音节单元；利用所述训练数据的特征序列对构建的前馈序列记忆神经网络进行训练，得到前馈序列记忆神经网络的参数取值。

说明书：本案要解决的是现有技术在处理具有时序依赖性的数据，例如语音识别数据时，采用双向循环反馈结构的具有记忆功能的递归神经网络虽然可以利用训练数据的长时信息，但该递归神经网络结构复杂、训练网络参数稳定性差、数据处理时间长的问题。

为解决上述问题，本发明提出了一种前馈序列记忆神经网络，该神经网络结构能够有效提升神经网络处理信息数据的能力，利用该神经网络进行语音识别等实际应用可以在有效利用训练数据的长时信息的前提下，保证信息处理效率，提高用户体验效果。

【焦点问题】

对于涉及前馈序列记忆神经网络模型和用于语音处理的前馈序列记忆神经网络的构建方法，如何判断其是否解决了技术问题，是否采用了利用自然规律的技术手段，是否获得符合自然规律的技术效果？

观点一：

对于权利要求 A，该方案未具体限定该神经网络的应用领域，其实质是一种数学模型，所要解决的现有神经网络在有效利用训练数据的长时信息的前提下无法保证信息处理效率的问题，其没有反映具体应用领域，不属于技术问题，所获得的效果是由该神经网络数学算法模型本身带来的，不属于技术效果，因此该方案不构成技术方案。

对于权利要求 B，该方案请求保护一种用于语音处理的神经网络的构建方法，虽然该构建方法提取语音数据的特征序列对神经网络进行训练，并获得该神经网络的相关参数，但该语音数据仅用于神经网络的训练和构建，即用于对神经网络本身的改善，其实际解决的仍然是模型本身存在的问题，不属于技术问题，所采用的手段也是对神经网络模型本身的改进，不属于技术手段，相应地也未获得技术效果，因此，该方案也不构成技术方案。

观点二：

对于权利要求 A，与观点一的意见一致，不构成技术方案。

对于权利要求 B，该方案请求保护一种用于语音处理的神经网络的构建方法，方案具体限定了提取并利用语音数据的特征序列对神经网络进行训练，并获得该神经网络的相关参数的过程。该方案能够解决语音识别时语音处理稳定性差、处理时间长的技术问题，采用的提取语音数据的特定语音特征序列训练神经网络以获取前馈序列记忆神经网络的参数的手段属于技术手段，并且能够获得提高语音处理效率和稳定性的技术效果，因此构成技术方案。

【审查观点和理由】

对于权利要求 A，该方案请求保护一种前馈序列记忆神经网络，权利要求中仅记载了该神经网络的三层结构，隐层中设置的记忆块的输入输出关系和存储的内容，并未限定该神经网络具体的应用领域。根据该权利要求的记载，其请求保护的前馈序列记忆神经网络能够解决现有神经网络在利用训练数据的长时信息时无法保证信息处理效率的问题，然而该权利要求并未记载任何应用该前馈序列记忆神经网络的内容，其所解决的问题不能反映出使用该神经网络能够解决哪一具体应用领域的何种实际问题，其解决的是该神经网络本身存在的问题，不属于技术问题；为解决上述问题，该方案所采用的手段是"在神经网络的每一个隐层中增加一个记忆块，隐层与记忆块共同构成双向前馈序列记忆神经网络 FSMN 层，将当前隐层的记忆块的输入作为当前隐层的输出，当前隐层的记忆块的输出为下一层的输入，记忆块中存储每帧输入数据的历史信息和未来信息"，上述手段是对神经网络结构、节点及连接关系的调整，是对抽象的神经网络模型结构的改进，并不属于利用了自然规律的技术手段；该方案所能够获得的效果是使该前馈序列记忆神经网络能够有效利用训练数据的长时信息并保证信息处理效率，该效果仅仅是针对抽象的神经网络模型本身带来的效果，不属于符合自然规律的技术效果。因此，该方案不属于专利法第二条第二款规定的技术方案。

对于权利要求 B，该方案请求保护一种用于语音处理的前馈序列记忆神经网络的构建方法，该方法的"训练数据为语音数据"，需要"提取语音数据的特征序列"，在如权利要求 A 描述的前馈序列记忆神经网络的记忆块中"存储体现每帧语音数据的长时信息的历史信息和未来信息"，前馈序列记忆神经网络的"输出层输出每帧语音数据所属的特定的数据单元"，并利用"训练数据的特征序列训练前馈序列记忆神经网络，得到前馈序列记忆神经网络的参数取值"。由此可知，该权利要求限定了前馈序列记忆神经网络的具体处理对象为语音数据，其采用特定的语音特征序列及特定的语音数据所属的数据单元作为前馈序列记忆神经网络数据处理的输入和输出参数，且限定了如何使用语音数据训练前馈序列记忆神经网络以获取参数。即该前馈序列记忆神经网络处理的数据、该前馈序列记忆神经网络中数据的传递和处理过程均体现了该前馈序列记忆神经网络模型与语音数据处理这一具体技术领域的紧密结合。根据说明书的记载，该前馈序列记忆神经网络模型的改进和执行能够在应用该前馈序列记忆神经网络进行语音识别时，解决由于使用语音训练数据的长时信息而导致的语音处理稳定性差、处理时间长的具体问题，该问题属于技术问题；为解决该问题，该方案调整前馈序列记忆神经网络的结构及节点间连接关系，利用语音数据长时信息的特点，将当前语音数据帧的在前预设帧数的语音数据和在后预设帧数的语音数据的语音特征序列存储在前馈序列记忆神经网络中隐层的记忆块中，使用语音数据的特定语音特征序列获取前馈序列记忆神经网络的参数，上述手段是根据语音数据自身特点做出的适应性操作，属于利用了自然规律的技术手段；该方案能够获得在利用语音数据的长时信息时，提高语音处理效率和稳定性的效果，是符合自然规律的技术效果。因此，该方案属于技术方案，符合专利法第二条第二款的规定。

📚 案例 7-6　未涉及具体应用领域的社区关系挖掘方法

【相关法条】专利法第二条第二款

【IPC 分类】G06F

【关 键 词】社区结构　子图匹配　应用领域　技术方案

【案例要点】

对于涉及社区关系挖掘算法的解决方案，判断其是否属于技术方案时，可以判断其处理的数据是否涉及具体应用领域，其是否利用与该领域处理数据紧密关联的技术手段，解决该领域的具体技术问题，从而达到预期的技术效果。如果仅涉及"图""边""结点"等图论中的抽象概念，那么其仍属于抽象算法本身，不构成技术方案。

【相关规定】

参见案例 7-4 相关规定。

【案例简介】

申请号：201810836811.3

发明名称：一种基于社区结构的子图匹配方法及装置

基本案情：

权利要求：一种基于社区结构的子图匹配方法，其特征在于，包括：

导入包含目标模式的文件，基于所导入的文件，分析目标模式的结构，计算目标模式中互相匹配等价的子图，其中，所述子图为目标模式的子图，所述子图可以包括目标模式的结点和边；

根据网络图的数据使用社区发现算法计算出网络图中的社区结构，并生成以社区作为结点的超图，计算每个社区中各结点与本社区的各邻接社区间的边数；

在所述网络图中各社区内部，利用预设子图匹配算法，分别找出各社区的与目标模式相匹配的子图，获得社区内子图匹配结果；

在所述网络图中所有社区之间，基于所计算的每个社区中各结点与本社区的各邻接社区间的边数和所找出的目标模式中互相匹配等价的子图，找出跨社区的与目标模式匹配的子图，获得社区间子图匹配结果；

将所述社区内子图匹配结果和社区间子图匹配结果进行汇总，获得目标模式与所述网络图的子图匹配结果。

说明书：现有技术中子图匹配算法计算速度慢，时间开销大，为了解决上述问题，本案提出一种新的子图匹配方法，基于网络图中的社区结构设定子图匹配的规则和方式，对子图匹配进行加速，达到了提高子图匹配速度的效果。

【焦点问题】

本案涉及一种基于社区结构的子图匹配方法，实质为社区关系挖掘方法，其是否属于专利法第二条第二款规定的技术方案？

观点一：本案社区关系挖掘方法解决了"现有技术中子图匹配算法计算速度慢，时间开销大"的技术问题，采用了"基于网络图中的社区结构设定子图匹配的规则和方式"等技术手段，获得了"提高匹配速度"的技术效果，因此属于专利法第二条第二款规定的技术方案。

观点二：单纯的社区/社团关系挖掘方法是一种处理图结构的算法，其解决的是算法自身的问题，并非技术问题，采用的手段是算法本身的优化，并非利用自然规律的技术手段，获得的也并非技术效果，因此不属于专利法第二条第二款规定的技术方案。

【审查观点和理由】

权利要求请求保护一种基于社区结构的子图匹配方法，其实质为一种网络社区关系挖掘方法，而社区关系挖掘方法是一种处理图结构的算法，虽然涉及"图""边""结点"等特征，但这些特征均是对"图结构"这一数据关系的表达，未涉及具体应用领域，仍属于抽象算法本身。因此，本案解决的问题是如何实现子图的快速匹配，这属于算法自身的问题，并非技术问题；采用的手段是对子图匹配算法本身的优化，并非利用自然规律的技术手段；获得的子图快速匹配的效果也并非符合自然规律的技术效果。因此权利要求整体上不属于专利法第二条第二款规定的技术方案。

案例7-7　知识图谱三元组的表示和构建方法

【相关法条】 专利法第二条第二款
【IPC分类】 G06F
【关　键　词】 知识图谱　优化　自然规律　技术方案
【案例要点】

如果涉及三元组表示和构建的解决方案，未涉及具体应用领域，未体现出能够解决何种技术问题，未记载能够反映出知识图谱在构建、应用过程中遵循自然规律的技术手段，未能获得遵循自然规律的技术效果，则其不能构成技术方案。例如，仅记载三元组定义和表示的解决方案，不构成技术方案。

【相关规定】

参见案例7-4相关规定。

【案例简介】

申请号：201510961791.9

发明名称：一种知识图谱表示学习方法

基本案情：

权利要求：一种优化向量关联方法，该方法包括：

利用实体向量与关系向量之间基于平移的模型，定义关系三元组（head，relation，tail）中实体向量与关系向量之间的相互关联；

利用神经网络分类模型，定义特性三元组（entity，attribute，value）中实体向量与特性向量之间的相互关联；

通过评价函数将实体向量、关系向量和特性向量关联起来，并最小化评价函数，以学习实体向量、关系向量和特性向量，达到优化目标。

说明书：现有技术中不区分关系和特性，将特性也作为关系的一种，知识图谱主要采用（实体1，关系，实体2）三元组的形式来表示知识，即采用关系三元组（head，relation，tail）来表示。因此现有技术中只采用一种模型来表示关系三元组中的实体向量和关系向量之间的相互关联，知识图谱表示学习方法在学习时将实体之间的关系和实体的特性无法区分开，无法精确地表示实体、关系和特性之间的相互联系。

本发明申请将关系和特性区分对待，在知识图谱中，分别采用关系三元组和特性三元组的形式来表示知识。关系三元组用（head，relation，tail）来表示，关系用来连接两个实体，刻画两个实体之间的关联。特性三元组用（entity，attribute，value）来表示，每个特性值（a，v）用来刻画对应实体的内在特性。在知识图谱中，关系三元组中节点表示实体，连边表示关系；特性三元组中连边表示特性，连边的一端节点表示实体，连边的另一端节点表示该实体的特性值。

【焦点问题】

知识图谱中三元组的表示和构建方法是否属于专利法第二条第二款规定的技术方案？

观点一：权利要求的方案使用了数学模型和评价函数来对向量进行计算，属于数学算法的使用，并未利用自然规律，其解决的是如何精确表示实体、关系和特性之间联系的问题，属于知识图谱表示学习精确度问题，并非技术问题。权利要求中的"实体向量""关系向量"和"特性向量"仅作为数学算法中的变量，没有具体的技术含义，不构成技术手段。该方案带来的效果是优化算法改进带来的算法效果，而非技术效果。因此，该方案不属于专利法第二条第二款规定的技术方案。

观点二：权利要求的方案属于知识图谱的生成或优化的方法，知识图谱是用可视化技术描述知识及它们之间相互关系的方法，因此对其进行优化或构建的方法属于采用了利用自然规律的技术手段。因此，该方案属于专利法第二条第二款规定的技术方案。

【审查观点和理由】

权利要求请求保护一种知识图谱的三元组表示学习方法，该解决方案中使用数学算法模型定义知识图谱三元组的表示，使用评价函数优化知识图谱三元组的表示，其所解决的问题是如何更精确地表示实体、关系和特性之间联系的问题，即如何优化三元组的表示，并非技术问题。该解决方案中使用实体向量与关系向量之间基于平移的模型，定义关系三元组中实体向量与关系向量之间的相互关联；利用神经网络分类模型，定义特性三元组中实体向量与特性向量之间的相互关联；通过评价函数将实体向量、关系向量和特性向量关联起来，并最小化评价函数，以学习实体向量、关系向量和特性向量，达到优化目标，其中的"实体向量""关系向量"和"特性向量"只是算法中的变量，没有具体的技术含义，因此上述手段不构成利用自然规律的技术手段。该解决方案所获得的效果是优化三元组的表示，使得三元组的表示更加精确，也并非符合自然规律的技术效果。因此，该解决方案不属于专利法第二条第二款规定的技术方案。

案例 7 - 8　涉及区块链算法本身的改进的方案

【相关法条】 专利法第二条第二款

【IPC 分类】 G06F

【关 键 词】 算法　区块链　区块挖掘　技术方案

【案例要点】

在判断解决方案是否属于可授权的客体时，应当基于方案整体，而不是仅根据权利要求中是否包括"区块链"、"挖掘"或"散列函数"等特征来判断。如果解决方案本质上涉及一种算法，解决的是算法本身的问题，达到的效果是算法本身所带来的效果，则该方案不属于专利法第二条第二款规定的技术方案。

【相关规定】

参见案例 7 - 4 相关规定。

【案例简介】

申请号：201480073590.9

发明名称：区块挖掘方法和装置

基本案情：

权利要求：一种用于区块链系统的区块挖掘的方法，其特征在于，所述区块链系统包括一个适于共享相同消息表的扩展器、多个同步运行的压缩器以及中间状态生成器，所述区块包括区块头部、作为应用在所述区块头部的选定的散列函数，其中，由所述多个压缩器共享一个所述扩展器，所述扩展器执行所述选定的散列函数中包括的扩展操作，所述压缩器执行所述选定的散列函数中包括的压缩操作，所述中间状态生成器适于动态地为所述多个同步运行的压缩器中的每一个生成唯一的中间状态，所述方法包括以下步骤：

[1] 通过所述中间状态生成器来开发 m 个中间状态，每个中间状态作为有选择地改变所述区块头部的选定的第一部分的函数；

[2] 通过由所述多个同步运行的所述压缩器共享的一个所述扩展器来对所述区块头部的选定的第二部分执行所述扩展操作以产生消息表；以及

[3] 通过所述多个所述压缩器同步运行来对于所述 m 个中间状态中的每一个，对所述中间状态与所述消息表执行压缩操作以产生相应的 m 个结果中的一个。

【焦点问题】

包含"区块链"的解决方案是否属于专利法第二条第二款规定的技术方案？

观点一：权利要求请求保护一种区块挖掘方法。该方法所要解决的问题是：改进现有的比特币协议 SHA - 256 算法，而该问题是算法本身要解决的问题，并非技术问题；所采用的具体手段仅仅是设计一种纯数学计算算法，并非技术手段；而且权利要求中请求保护的内容实际上是一种数学散列算法，没有限定具体的技术领域；而且达到的随机数扩展空间大、挖掘效果好等均是算法本身所带来的效果，不是技术效果。

因此，权利要求不属于专利法第二条第二款规定的技术方案。

观点二：权利要求请求保护一种用于区块链系统的区块挖掘的方法，其中，限定了该权利要求所要求保护的技术方案所涉及的具体的技术领域，解决了现有的加密货币系统中需要硬件较多、功耗较大的技术问题，并取得了相应的技术效果。因此，属于专利法第二条第二款规定的技术方案。

【审查观点和理由】

在判断包含区块链的方案是否属于可授权的客体时，应当基于技术方案整体，而不是仅根据权利要求中是否包括"区块链"、"挖掘"或"散列函数"等特征进行判断。当前解决方案涉及一种区块挖掘的方法，该区块挖掘的方法实际要解决的问题是：现有的比特币 SHA－256 散列算法中，extraNonce 字段的增加会导致 Merkle 树的重新计算，需要重新处理完整的区块头部的问题，而该问题是 SHA－256 散列算法本身的问题，并非技术问题；所采用的手段仅是设计一种纯数学算法，并非技术手段；以及所实现的随机数扩展空间大、挖掘效果好均是算法本身所带来的效果，不是技术效果。因此，该解决方案不属于专利法第二条第二款规定的技术方案。

3. 大数据预测及分析是否属于技术方案的判断

案例 7－9　利用大数据进行用户微博转发行为预测的方案

【相关法条】 专利法第二条第二款

【IPC 分类】 G06F

【关　键　词】 微博转发　用户行为预测　内在关联关系　自然规律　技术方案

【案例要点】

对于涉及用户行为预测的方案，需要判断用于预测的各因素与预测结果之间是否存在内在关联关系，以及基于各因素构建的训练模型体现的关联关系是否符合自然规律。如果方案中涉及的预测因素（用户行为特征）与预测结果之间存在内在关联关系，并且这种内在关联关系遵循自然规律，能够解决相应的技术问题，则该方案构成技术方案。

【相关规定】

参见案例 7－4 相关规定。

【案例简介】

申请号：201611184260.4（复审案件编号：1F340111）

发明名称：一种基于主题的类引力模型微博预测方法

基本案情：

权利要求：一种用于类引力模型基于微博主题进行微博预测的引力指数计算方法，其特征在于，它包括以下步骤：

S1：爬取微博，并根据时间窗 D 的大小分别存储相应的微博转发关系及微博内容；

S2：利用现有的主题模型对爬取的微博内容进行主题分类；

S3：根据不同的主题分类分别存储微博转发关系；

S4：基于不同主题分类的转发关系，建立有向图网络；

S5：统计有向图网络中的节点个数 M，并给予每个节点 $1/M$ 的权重；

S6：统计每个微博用户发布的微博被转发的总数 N，以及每个微博用户对应的各个粉丝转发的数量 $n1$，$n2$，$n3$，$\cdots$，ni，计算每个粉丝对应的每条有向边的初始权重为：

$$\frac{n}{N * \frac{1}{M}}$$

S7：把选定节点的权重根据有向边的权重分配到关注该节点的节点上，用以更新关注该节点的每个节点的权重；

S8：根据更新以后的节点权重计算相应的有向边的权重；

S9：循环执行 S7～S8 步骤，直到每个节点的权重收敛；

S10：根据需要获取待测微博的第 K 度粉丝的节点权重 $k1$，$k2$，$\cdots$，kn；K 度粉丝为第 k 批关注转发微博的用户，第 k 批用户通过关注第 $k-1$ 批用户关注到该转发微博；

S11：计算待测微博到选定的一个 K 度粉丝的引力指数：

$$F = G\frac{Mm}{r^2}$$

其中，M 为待测微博用户的节点权重，m 为选定的一个 K 度粉丝的节点权重，r 为 M 到 m 的所有有向边的权重之和的倒数，G 为常数。

说明书：现有的对微博用户活动状态的预测中，对于多种级层关系的微博转发关系网络，在不同主题类型的转发关系中，多种级层关系的预测的准确性并不高，不能实现对任意第 k 批关注者的转发情况预测。

本发明通过类引力模型建立任意两点之间的节点联系，同时利用带有权重的节点权重刻画不同的节点的转发概率，提高了局部预测的精度，同时通过带有权重的类引力模型可以任意预测第 k 批关注者的转发情况，相比通过逐个级层的迭代计算来预测第 k 批关注者的转发情况，提高了预测效率，并且基于不同的主题转发关系，提高了预测准确度。

【焦点问题】

本案基于用户行为特征预测微博转发情况的解决方案，是否属于专利法第二条第二款所规定的技术方案？

观点一：本案要解决的问题是如何对微博转发情况进行预测，其采用的手段是利用微博用户之间的转发关系构建的有向图网络结合数学模型来进行微博转发预测，然而是否转发微博与用户的主观感受、个人的文化教育背景、生活经历等因素相关，用户个体差异会导致不同的微博转发行为，该方案仅是根据微博用户之间的转发关系构建有向图网络，并人为赋予节点权重，再根据人为定义的计算规则得到待测微博到选定的一个 K 度粉丝的引力指数的计算结果，并不符合自然规律，所解决的微博转发预测问题并非技术问题，在此基础上所达到的效果也并非技术效果，因此，该解决方案不属于技术方案。

观点二：该方案要解决的是对待测微博的传播能力进行评估，属于技术问题；方案中，运算输入的数据源于爬取的客观数据，作为运算结果输出的引力指数能够体现待测微博用户对网络中粉丝的影响力，用以预测待测微博信息在网络中的可能传播范围，符合自然规律，属于技术手段；相应地可以获得技术效果。因此该解决方案属于技术方案。

【审查观点和理由】

结合说明书背景技术的相关内容可知，本案要解决现有的多种级层关系的微博转发关系网络，在不同主题类型的转发关系中，多种级层关系的预测的准确性不高，不能实现对任意第 k 批关注者的转发情况进行预测的问题。

为解决上述问题，本案通过爬取微博内容及其相应的用户转发关系，对其进行分类、存储，基于不同主题分类的用户转发关系构建有向图网络，计算各节点以及各有向边的权重，通过建立的数学模型计算获得待测微博到选定的 K 度粉丝的引力指数。对于本案而言，某一主题下待测微博的转发行为，能够确切表示出用户对该类微博的兴趣度，这种内在关联关系虽然仅就用户个体而言，其转发行为受主观感受、文化教育背景、生活经历的影响而可能无法准确预测，但是就大数据规模下反映出的群体行为而言，微博主题分类、微博转发关系、微博内容、粉丝关注和转发数量等行为特征表示为对某一类微博的转发倾向程度，就群体行为而言不依赖于特定用户的特定行为，具有可预测性，即多种级层用户对微博的客观转发行为与待测微博对 K 度粉丝的引力之间存在内在关联关系，这种内在关联关系遵循了自然规律，属于利用了自然规律的技术手段。据此解决了多种级层关系的微博转发关系网络中预测不准的问题，即解决了信息在网络中传播能力的预测问题，属于技术问题，相应地获得了符合自然规律的技术效果，这样的解决方案属于专利法第二条第二款所规定的技术方案。

案例 7-10 涉及利用大数据进行动物行为预测的方案

【相关法条】 专利法第二条第二款

【IPC 分类】 G06Q

【关 键 词】 水鸟调查地址选择 湖泊参数 水鸟种类和数量 自然规律 技术方案

【案例要点】

对于利用大数据的动物行为预测的解决方案，应站位本领域技术人员，如果选择指标与预测结果之间的内在关联关系受自然规律的约束，且预测是基于所述内在关联关系做出的，从而能够解决技术问题并获得相应的技术效果，那么该解决方案属于专利法第二条第二款规定的技术方案。

【相关规定】

参见案例 7-4 相关规定。

【案例简介】

申请号：201710497462.2

发明名称：一种水鸟调查地址选择方法

基本案情：

权利要求：一种水鸟调查地址选择方法，其特征在于：该方法包括如下步骤：

（1）湖泊选择；（2）湖泊观察位点选择；（3）观察位置选择；

具体地，决定步骤（1）湖泊选择的因素为水鸟多度即水鸟的数量、水鸟丰度即水鸟的种类数、湖泊涨落区面积，湖泊所在地降雨量、温度，湖泊总氮、总磷含量以及由湖泊形成的湿地面积；

所述水鸟多度与湖泊涨落区面积呈正比，与湖泊所在地降雨量呈反比，与温度呈正比，与湖泊总氮含量呈反比，与湖泊总磷含量呈反比，与湖泊形成的湿地面积呈正比；所述水鸟丰度与湖泊涨落区面积呈正比，与湖泊所在地降雨量呈反比，与温度呈正比，与湖泊总氮含量呈反比；

所述水鸟多度与湖泊选择的指标具体关系如下：水鸟多度 = 6.141 + 0.795 涨落区面积 − 0.003 湖泊所在地降水量 + 0.265 温度 − 0.671 总氮 − 6.496 总磷 + 0.037 湿地面积；所述水鸟丰度与湖泊选择的指标具体关系如下：水鸟丰度 = 1.227 + 0.137 湖泊所在地涨落区面积 − 0.002 降水量 + 0.112 温度 − 0.2 总氮；

所述湖泊涨落区范围为 0 ~ 689.5 平方公里；湖泊形成的湿地面积为 1.2 ~ 2401.1 平方公里；

所述湖泊所在地降水量范围为 12.6 ~ 122.2 毫米；温度范围为 0.2 ~ 5.4 摄氏度；湖泊总氮含量范围为 0.29 ~ 5.49 毫克/升；总磷范围为 0.02 ~ 0.22 毫克/升；

所述湖泊选择位于长江中下游的湖泊。

说明书：本案解决了目前水鸟调查或观察中存在观察地址不明确，前期预调研时间久，调查时效性落后等问题。基于合理假设，在大量调查和数据的基础上，确定了水鸟调查中调查地址选择的关键性指标，寻找到水鸟多度和丰度两个维度与关键指标的关系。利用混合线性模型，分析出湿地面积、湿地涨落区面积、总氮和总磷、温度以及降水与水鸟多度、水鸟丰度的确切关系。通过数据关系可以快速为研究人员或观察者寻找到合适的观察地址，减少前期预调查的工作量，保证调查数据的及时有效。

【焦点问题】

本案利用大数据获取水鸟的种类和数量与关键性指标之间的关系以获得水鸟调查位置选择方法，是否属于专利法第二条第二款规定的技术方案？

观点一：水鸟的种类和数量受降雨量、温度、湖泊环境等因素的影响遵循水鸟生存的自然规律。本案通过对各种影响因子之间相互关系以及与水鸟种类和数量之间的确切关系进行分析，采用了遵循自然规律的技术手段，解决了调查水鸟选址的技术问题，达到了相应的技术效果。因此，本案属于专利法第二条第二款规定的技术方案。

观点二：本案所要解决的水鸟调查地址选择问题属于生态管理问题，并非技术问题，其采用的手段是首先确定水鸟调查中调查地址选择的关键性指标，进而确定水鸟种类和数量两个维度与关键指标的线性关系，然而，水鸟的种类和数量受自然环境、人文环境、社会环境等多种因素的影响，本案中影响水鸟种类和数量的指标的选取以及水鸟种类和数量与选取的这些指标之间的线性关系的确定并未遵循自然规律，不属于遵循自然规律的技术手段，其达到的制定了水鸟调查选址的选择指标和标准的效果也并非技术效果。因此，本案不属于专利法第二条第二款规定的技术方案。

【审查观点和理由】

对于利用大数据的动物行为预测的解决方案，应站位本领域技术人员，判断所考虑的选择指标与预测结果之间的内在关联关系是否符合自然规律，以及所述预测是不是基于此内在关联关系做出的，从而能够解决技术问题并获得相应的技术效果，据此判断该解决方案是否属于技术方案。

针对现有技术中未对水鸟分布进行预测，造成确定适宜观察水鸟的湖泊和位点时，存在效率差、滞后的问题，权利要求提供的解决方案为：选择并建立湖泊相关物理参数，包括湖泊涨落区面积、湖泊所在地降雨、温度、湖泊总氮、总磷含量、湖泊形成的湿地面积等与该湖泊范围内的水鸟的数量和水鸟种类之间的关系模型，通过该关系模型来选择水鸟数量和水鸟种类都较多的湖泊，之后再选择观察位置。该关系模型反映了自然环境对鸟类分布的影响，受到种间竞争和共生关系的制约，即该关系模型受到自然规律的约束。因此该方案采用了符合自然规律的技术手段，并达到了科学准确寻找合适的水鸟观察地址的技术效果，属于专利法第二条第二款规定的技术方案。

案例 7 −11　基于历史或现有数据进行食品安全风险预测的方案

【相关法条】 专利法第二条第二款

【IPC 分类】 G06F

【关 键 词】 风险预测　知识图谱　内在关联关系　自然规律　技术方案

【案例要点】

对于涉及利用历史或现有数据进行机器学习，通过神经网络训练等构建模型，并据此预测未来某一时刻的状态或结果的解决方案，需要重点判断在历史或现有数据与未来状态或结果之间是否存在符合自然规律的内在关联关系，以及所述预测是不是基于此内在关联关系做出的，从而能够解决技术问题并获得相应的技术效果，据此判断该解决方案是否属于技术方案。

【相关规定】

参见案例 7 −4 相关规定。

【案例简介】

申请号：202111154651.2

发明名称：食品安全风险预测方法、装置、电子设备及介质

基本案情：

权利要求：一种食品安全风险预测方法，其特征在于，包括：

获取并分析历史食品安全风险事件，得到各个实体数据及其对应的时间戳数据，根据各个所述实体数据及其对应的时间戳数据构建对应的四元组数据，得到对应的知识图谱，其中，所述实体数据包括头部实体数据和尾部实体数据；

通过预设聚合器将所述知识图谱中各个时刻下，各个所述头部实体数据及其对应的尾部实体数据进行聚合，得到各个所述时刻下的各个局部数据；

基于各个所述时刻下的各个所述局部数据确定其对应的全局数据，通过各个所述时刻下的全局数据及其对应的各个局部数据对预设神经网络进行训练，得到食品安全知识图谱模型；

确定输入的待预测时刻，基于所述食品安全知识图谱模型对所述待预测时刻的食品安全风险进行预测。

说明书：现有的食品安全风险预测方案结合机器学习和传统预测方法，利用基于静态数据进行推理的静态知识图谱来进行风险预测。然而上述方法不能解决实际情况中食品数据随时间变化而不断改变的问题，无法实时更新和截取有效信息，忽略了数据间存在的影响，降低了食品安全风险预测的准确性。

本发明通过构建具有时序性的知识图谱，能够对实体数据进行实时更新，同时，使得食品安全知识图谱模型具有时序性和高准确性，能够准确地预测未来某个时刻的食品安全风险，从而提升了食品安全风险预测的准确性。

本案的一个实施例公开了食品安全风险事件主要是由于食品安全风险的发生而导致的事故，如食物中毒和食物过敏，本发明研究的食品安全风险（实体数据）的来源主要是食品或食品原料本身含有的或者外部添加的各种危害物，包括各种菌类、重金属物质、农药兽药、化学肥料、食品添加剂等对食品安全产生威胁的统称。知识图谱中的实体数据的数据类型包括但不限于食品原料、食用物品、食品安全风险和外界干预。

【焦点问题】

本案利用历史和现在的数据对食品安全风险进行预测的解决方案，是否属于专利法第二条第二款规定的技术方案？

观点一：本案权利要求以及说明书均未体现出在未来食品安全风险与过去和现在的食品安全事件中的实体数据之间具体存在何种反映自然规律的联系、继承和延续。虽然在方案中利用了知识图谱，但是其预测过程本质上是基于历史数据预测未来数据，所反映出来的数据之间的关联关系仅仅是统计规律，而并非自然规律。因此，本案不构成技术方案。

观点二：过去和现在的食品安全事件中的实体数据如食品或食品原料本身含有的或者外部添加的各种危害物等数据，与未来食品安全风险事件如食品中毒和食品过敏之间存在遵循自然规律的关联关系。知识图谱中构建的四元组利用了时间戳，利用了食品本身会随时间发生变化的时间信息，并非仅仅利用历史统计数据来预测未来数据。因此，本案构成技术方案。

【审查观点和理由】

结合说明书背景技术的相关内容可知，现有技术使用静态知识图谱对食品安全风险进行预测，无法反映出实际情况中食品数据随时间变化而不断改变，忽略了数据间存在的影响。

为解决上述问题，本案获取并分析历史食品安全风险事件，得到各个实体数据及其对应的时间戳数据，构建四元组数据，得到对应的知识图谱，然后将知识图谱中各个时刻下的各个头部实体数据及对应尾部实体数据聚合，得到各个时刻下的各个局部数据，局部数据确定全局数据，利用各个时刻下的局部数据和全局数据训练预设神经网络，得到食品安全知识图谱模型；输入待预测时刻，基于食品安全知识图谱模型预测该时刻的食品安全风险。从说明书中具体实施方式可知，头部实体数据为与食品安全风险存在潜在关联的数据，包括食品或食品原料本身含有的或者外部添加的各种对食品安全产生威胁的危害物，包括但不限于食品原料、食用物品、食品安全风险和外界干预等。

本案中的实体数据为与食品安全风险相关的数据。本领域技术人员知晓各类食品数据（食品原料，可食用品或者食品抽检毒害物等）会随着时间推进而逐步发生变化，例如，食品保存时间越长，食品中微生物含量越多，食品抽检毒害物含量会随之增加。未来的食品安全风险与过去的或者现在的食品数据存在内在关联关系，并且这种内在关联关系遵循生物化学领域内的自然规律。本案正是基于食品会随时间而变化的固有特点和自然规律，来预测食品安全风险，从而在构建知识图谱时加入了时间戳，并基于各个时刻下的与食品安全风险相关的实体数据训练预设神经网络，挖掘出过去的或者现在的食品数据与未来的食品安全风险之间的内在关联关系，以此预测食品安全风险。解决方案利用了遵循自然规律的技术手段，解决了现有预测未来时间点的食品安全风险不够准确的技术问题，能相应地获得遵循自然规律的技术效果，该方案构成技术方案。

📚 案例 7-12　学生个性化学习辅导算法

【相关法条】专利法第二条第二款
【IPC 分类】G06F
【关 键 词】个性化辅导　数据库　遗忘曲线　自然规律　技术方案
【案例要点】
对于涉及个性化辅导学习的方案是否属于专利法第二条第二款规定的技术方案，如果方案所采用的学习内容生成规则是人为主观定义的，不符合自然规律，相应地，其所解决的问题并非技术问题，其获得的效果也并非符合自然规律的技术效果，则该方案不构成技术方案。

【相关规定】
参见案例 7-4 相关规定。
【案例简介】
申请号：201811634249.2

发明名称：一种学生个性化学习辅导算法

基本案情：

权利要求：一种学生个性化学习辅导算法，其特征在于，包括以下步骤：

步骤一：利用数学中隶属度的概念，并设定学生学习的遗忘时间 time 为 t，知识点的隶属度用 S 表示，S 是关于遗忘时间的函数 $S(t)$，再采用微分方程数学模型来确定知识隶属度函数；

步骤二：从计算机智能教学系统的数据库内收集学生做题数据、学生的知识隶属临界值 membership 和遗忘时间 time，然后对学生做题数据、学生的知识隶属临界值 membership 和遗忘时间 time 进行甄别，去除异常数据，根据统计的数据计算出学生最后一次作答前的遗忘速率 V，并求出遗忘速率 V 的函数 getV；

步骤三：根据公式（1）求解出学生最后一次作答后的理论遗忘速率 V；

$$V = lastV + membership * membership * membership + (1 - mem) * upperV \qquad (1)$$

步骤四：根据遗忘速率 V 的函数 getV 和实际遗忘时间 getTime 求出刷新报告时学生对该知识点的掌握情况的知识点隶属值 getmembership；

步骤五：将上述步骤四中求解出的知识点隶属值 getmembership 存入计算机智能教学系统的数据库，然后从数据库中取出 getmembership，形成学习报告，并输出学习报告。

说明书：计算机智能教学系统（简称 ITS），是模拟人类教学专家的经验、方法来辅助教学的计算机系统。从 20 世纪 70 年代以来的大量研究分别侧重于 ITS 某个方面的难题研究，大量的以衡量学生知识掌握水平的软件系统应运而生，然而这些系统只专注于知识点掌握程度的结果性评价，并没有考虑时间因素对知识积累的影响，而这会严重导致以此作为决策依据的众多服务（学习资源推荐、学习路径规划）内容将变得不再可靠，考虑到学生对知识点的掌握水平是随时间不断变化的，而这种变化是自然遗忘的过程，符合艾宾浩斯遗忘曲线，因此本发明提出一种学生个性化学习辅导算法，以解决上述问题。

本发明算法通过基于遗忘曲线原理可以掌握学生对知识点的记忆程度，且对于不同学生、不同科目、不同认知类型的知识点构建独立的遗忘曲线，可以真正达到个性化精准助学的效果，再通过加入时间参数，考虑到自然遗忘规律，可以动态地分析学生知识点掌握水平，同时本发明算法与实际情况更加符合，摒除了传统算法中只是知识点水平静态分析这一弊端，更具人性化，并且在知识点遗忘曲线算法设计中，数据采集简单，只需输入学生做题时间点与答题正确率，便能够实时反映学生知识点掌握水平的变化情况，算法设计简单，具备更高的实用价值。

【焦点问题】

本案通过基于遗忘曲线来达到个性化精准助学的解决方案，是否属于专利法第二条第二款规定的技术方案？

观点一：权利要求要解决的问题为如何对学生进行个性化精准学习辅导的问题，不是技术问题。权利要求方案中，根据数学中的隶属度概念、学生做题数据、学生的知识隶属临界值和遗忘时间数据计算学生对知识点的掌握情况，并据此形成学习报告。这个过程中，体现的是学生对知识点的掌握的变化规律，这是与学生的个人主观情况相关的因素，本案的方案是依据对学生的学习能力的主观认知而制定对学生进行辅导的方法，其中并不涉及对自然规律的运用。虽然方案涉及在数据库中获取和存入数据，但这仅仅是利用了公知的数据库的数据管理能力。因此，本案没有采用技术手段。本案的方案所达到的效果是提供了更加可靠的学生辅导的学习报告，不是技术效果。因此，权利要求的方案不属于专利法第二条第二款规定的技术方案。

观点二：本案解决的问题是如何根据时间参数计算学生的知识隶属值，属于技术问题；对遗忘速率函数进行构建并求解，并根据遗忘速率函数计算学生的知识隶属值，知识隶属值是经计算得到的，采用了符合自然规律的技术手段；本案客观地反映学生的知识掌握水平，从而能够根据学生的知识掌握水平有针对性地对学生进行学习辅导，有效提高了学习辅导效果，摒除了传统算法中只是进行知识点水平静态分析的弊端，以上效果均为技术效果。因此，本案属于专利法第二条第二款规定的技术方案。

【审查观点和理由】

权利要求请求保护的解决方案针对在模拟人类专家的智能辅导教学系统中由于没有考虑时间因素对知识积累的影响而导致服务内容不可靠，辅导效果和效率低下的问题，通过利用遗忘曲线模拟学生的知识点掌握情况变化过程，并对于不同学生、不同科目、不同认知类型的知识点构建独立的遗忘曲线，来达到个性化精准助学的效果。具体地，申请人在方案中定义了知识隶属度函数和遗忘速率的概念，并给出了通过知识隶属度等计算遗忘速率的公式，随后又根据遗忘速率和实际遗忘时间求出刷新报告时学生对知识点掌握情况的新的知识点隶属值，并形成和输出学习报告。然而，该方案中的知识隶属度和遗忘速率都是申请人主观定义的。知识隶属度函数是利用数学中隶属度的概念，采用微分方程数学模型来计算的。而用来求解遗忘速率所采用的计算公式 $V = lastV + membership * membership * membership + (1 - mem) * upperV$ 并无客观规律的支持，仅是人为主观定义。相应地，最终计算得出的新的知识点隶属度值并不能客观体现学生对知识点掌握水平的变化规律，由此可见，该权利要求整体上未采用遵循自然规律的技术手段；其所解决的问题不是技术问题，其获得的效果是提供了个性化精准助学方案，也不属于符合自然规律的技术效果。综上，权利要求请求保护的解决方案不属于专利法第二条第二款规定的技术方案。

案例7-13　负荷聚合商可靠性评估

【相关法条】 专利法第二条第二款
【IPC 分类】 Q06Q
【关　键　词】 可靠性评估　经济指标　负荷聚合商　自然规律　技术方案
【案例要点】
对于涉及评估/评价方法的解决方案，当无法直接判断其要解决的问题是否构成技术问题时，可以先判断为解决问题，方案所采用的手段整体上是否受自然规律约束。若否，则可判定其未采用符合自然规律的技术手段，要解决的问题不构成技术问题，据此获得的效果也并非遵循自然规律的技术效果，由此该解决方案也不属于技术方案。

【相关规定】

参见案例7-4相关规定。

【案例简介】

申请号：201910653449.0

发明名称：一种计及需求响应不确定性的负荷聚合商可靠性评估方法

基本案情：

权利要求：一种计及需求响应不确定性的负荷聚合商可靠性评估方法，其特征在于，按如下步骤进行：

步骤一、建立需求响应不确定性模型：

步骤1.1、将一天中负荷聚合商要求用户响应的时间区间分为 h 个时间段，利用式（1）计算第 i 类用户在第 t 个时间段获得的经济激励为 x_{it} 时，负荷削减率的预测值 $\lambda_{it}(x_{it})$ ……

步骤1.2、利用式（2）计算第 t 个时间段的经济激励 x_{it} 下第 i 类用户负荷削减率的最大预测误差 $\Delta\lambda_{it}^{\max}(\lambda_{it})$：

$$\Delta\lambda_{it}^{\max}(\lambda_{it}) = \begin{cases} \gamma_1\lambda_{it} & x_{it}^0 \leq x_{it} \leq x_{it}^g \\ \gamma_1\lambda_{it}^g + \gamma_2\lambda_{it} & x_{it}^g \leq x_{it} \leq x_{it}^{\max} \\ 0 & x_{it} \geq x_{it}^{\max} \text{ 或 } 0 \leq x_{it} \leq x_{it}^0 \end{cases} \qquad (2)$$

式（2）中：γ_1 为经济激励 x_{it} 占据主导前的负荷削减率的最大预测误差 $\Delta\lambda_{it}^{\max}(\lambda_{it})$ 与负荷削减率预测值 $\lambda_{it}(x_{it})$ 的比例系数，γ_2 为经济激励 x_{it} 占据主导后的负荷削减率的最大预测误差 $\Delta\lambda_{it}^{\max}(\lambda_{it})$ 与负荷削减率预测值 $\lambda_{it}(x_{it})$ 的比例系数；x_{it}^g 为第 i 类用户在第 t 个时间段的拐点经济激励；λ_{it}^g 为第 i 类用户在第 t 个时间段拐点经济激励 x_{it}^g 所对应的负荷削减率的预测值；λ_{it} 为第 i 类用户在第 t 个时间段经济激励 x_{it} 下的负荷削减率的预测值；

…………

步骤二、制定负荷聚合商的可靠性及风险性评估指标：

步骤2.1、制定第 k 个负荷聚合商在第 t 个时间段的可靠性评估指标，包括：响应置信容量 Q_{tk}、响应可靠度 P_{tk}；

…………

步骤三、构建负荷聚合商的调度模型：

步骤3.1、利用式（14）建立以负荷聚合商的净收益最大化为目标的目标函数：

…………

步骤四、利用嵌入蒙特卡洛模拟的遗传算法对调度模型进行求解并计算负荷聚合商的可靠性及风险性评估指标……

步骤 4.21、利用式（10）~ 式（13）计算全局最优染色体 x 所对应的负荷聚合商的可靠性及风险性评估指标，同时利用式（14）输出最大收益值。

<u>说明书</u>：在需求响应技术发展初期，需求响应项目主要是针对大型工业用户所设计和实施的，使得中小用户群体中存在着大量未开发的需求响应资源。随着经济社会的发展和电力市场的繁荣，中小用户的用电需求比重日益加大。负荷聚合商作为从事需求响应业务的专门机构，为中小型用户参与需求响应提供了机会。其通过专业技术评估用户的需求响应潜力，整合分散的需求响应资源来参与电力系统运营。目前关于负荷聚合商的研究多集中于负荷聚合商的运营机制和控制策略，采用传统的基于确定性需求响应优化调度模型，未考虑用户响应行为的不确定性，从而忽略了负荷聚合商参与需求响应的可靠性问题。实践中，用户响应行为受多种因素的影响，具有随机性和波动性，从而使得负荷聚合商不能按照调度计划可靠地响应，进而使得电力系统中的电量无法达到实时平衡，影响电力系统安全稳定地运行。

本发明提供了一种计及需求响应不确定性的负荷聚合商可靠性评估方法，考虑了用户响应的不确定性，建立了需求响应不确定性模型；定义了负荷聚合商的可靠性及风险性评估指标，构建了以负荷聚合商净收益最大为目标的调度模型；在优化调度的基础上对负荷聚合商的可靠性及风险性定量分析，进而为负荷聚合商选择合适的调度方案以提高响应的可靠性提供了切合实际的参考。

【焦点问题】

本案涉及负荷聚合商的可靠性评估，在构建评估模型的过程中涉及电气指标（如负荷削减率、负荷容量等），也涉及经济指标（如经济激励、净收益等），是否属于专利法第二条第二款规定的技术方案？

观点一：本案在构建评估模型的过程中用到了电气指标，因此体现了对自然规律的利用，构成技术手段，能够解决负荷聚合商可靠性评估的技术问题，并获得了相应的技术效果，因此该解决方案属于技术方案。

观点二：本案中评估模型的构建以及评估指标的选择是以人的主观意识为基础建立的，遵循的是经济规律，而非自然规律，因此，本案所采用的手段并不受自然规律约束，所解决的问题不构成技术问题。通过上述手段所获得的负荷聚合商的收益最大化的效果，也不属于遵循自然规律的技术效果。因此本案的解决方案不属于技术方案。

【审查观点和理由】

对于既包含电气指标又包含经济指标的评估/评价方法的解决方案，不能仅根据方案中包含了电气指标就直接认为其满足专利保护客体要求，也不能因为方案中包含了经济指标则据此否定其可专利性。

具体到本案，为解决"如何制定负荷聚合商的可靠性及风险性的定量评价规则，并根据评价结果进行调度方案的选择"的问题，本案所采用的手段是：通过分析经济激励对用户响应行为的影响，建立用户需求响应不确定性模型；制定负荷聚合商的可靠性及风险性评估指标；基于机会约束和风险成本理论，构建以负荷聚合商净收益最大化为目标的调度模型；利用嵌入蒙特卡洛模拟的遗传算法对调度模型进行求解并计算负荷聚合商的可靠性及风险性评估指标。上述模型的构建以及评估指标的选择，利用不同时间段上经济刺激对负荷消减的影响建立需求响应不确定性模型，进而在考虑负荷聚合商的可靠性及风险性评估指标的基础上构建以负荷聚合商净收益最大化为目标的调度模型，遵循的是电力市场的经济规律，而非自然规律。虽然本案的评估模型中也包含电气指标，但是，这些指标在方案中的作用并不能使方案遵循电力市场的电气规律，而仅作为经济刺激的对象以及净收益核算的考虑因素。因此，本案所采用的手段整体上并非遵循自然规律的技术手段。据此，本案所解决的上述问题不构成技术问题，获得的使负荷聚合商的收益最大化的效果并非符合自然规律的技术效果。本案不属于专利法第二条第二款规定的技术方案。

综上，对于涉及评估/评价方法的解决方案，判断其是否属于专利保护客体时应当客观分析方案对评估模型的构建以及评估指标的选取是否受自然规律约束，若否，则可判定其未采用符合自然规律的技术手段。当评估指标中既包含电气指标，又包含经济指标时，应客观分析各类指标在方案中实际发挥的作用是否能使该手段整体上受自然规律约束。

📚 案例 7-14 规划电网方案利用效率评估

【相关法条】专利法第二条第二款

【IPC 分类】H02J

【关键词】效率评估 经济要素 评价指标 内在关联关系 自然规律 技术方案

【案例要点】

对于评价指标构建方法类的申请，如果评价指标中包含效益、成本等经济要素，在判断此类解决方案是否属于技术方案时，需要考虑包含这些经济要素在内的所有评价指标整体上与评价结果之间是否存在符合自然规律的内在关联关系，从而构成遵循自然规律的技术手段，能够使方案整体上解决技术问题并获得技术效果。

【相关规定】

参见案例 7-4 相关规定。

【案例简介】

申请号：201810386668.2

发明名称：一种规划电网方案利用效率评估方法和系统

基本案情：

权利要求：一种规划电网方案利用效率评估方法，其特征在于，包括以下步骤：

基于预先收集的现状电网的基础数据，考虑规划年内电网负荷增长幅度和新投产电力设备，按照各规划电网方案投产时序形成规划年电网拓扑结构、负荷向量和电厂出力向量；

基于形成的规划年电网拓扑结构、负荷向量和电厂出力向量，运用潮流计算开展电网生产运行模拟，得到各规划电网方案下电网的生产运行模拟结果数据；

根据得到的各规划电网方案的生产运行模拟数据以及预先建立的电网利用效率评价指标，统计不同规划电网方案或规划工程的电网传输电量，计算得到各规划电网方案的电网利用效率评价指标值；

根据得到的各规划电网方案的评价指标值，计算各规划电网方案效率效益提升得分，根据得分情况对不同规划电网方案进行评估，获得效率效益最优的规划电网方案。

<u>说明书</u>：以往电网规划重点强调电网对满足电力安全、可靠、优质供应的要求，而对电网运行效率的关注度相对较少。目前关于规划电网利用效率计算的研究成果尚少，缺乏科学的理论指导和实际的操作方法，无法测算规划电网方案的利用效率水平，更无法实现不同规划电网方案利用效率的对比分析。针对上述问题，本发明的目的是提供一种规划电网方案利用效率评估方法，该方法能够在基于仿真计算的基础上实现规划电网方案的利用效率分析，用于指导电力市场改革环境下的电网规划电网方案比选。

【焦点问题】

权利要求请求保护的包含经济要素的评价指标的解决方案是否属于专利法第二条第二款规定的技术方案？

观点一：本案权利要求请求保护一种规划电网方案利用效率的评估方法，其所要解决的问题是如何使电网的效率效益最优，该问题并非技术问题。为解决上述问题，本案通过收集电网的基础数据，并根据预先建立的电网利用效率评价指标，得到各规划电网方案的电网利用效率评价指标值，根据评价指标值进行效率效益得分计算，根据得分选择效率效益最优的规划方案，上述评价指标的构建及指标值的计算是人为主观选择和定义的，并非利用自然规律的技术手段，其对应产生的效果是效率效益最优，该效果也并非技术效果，因此，权利要求要求保护的解决方案不属于专利法第二条第二款规定的技术方案。

观点二：本案权利要求请求保护一种规划电网方案利用效率评估方法，涉及电网的基础数据（如，电网拓扑结构、负荷向量和电厂出力向量等）、电网生产运行模拟、电网传输电量，对不同规划电网方案进行评估，从而评估出最优的规划电网方案，方案选取的指标是电网领域中的电气指标，评价的过程依据了电网规划遵循的电气规律，利用了遵循自然规律的技术手段；能够获得客观准确选取效率最优的规划方案的技术效果。因此，权利要求要求保护的解决方案属于专利法第二条第二款规定的技术方案。

【审查观点和理由】

本案要解决的问题是现有技术中无法测算电网方案利用效率水平和不同电网方案利用效率对比分析的问题。为解决上述问题，本案根据电网负荷增长幅度和新投产电力设备形成规划年电网拓扑结构、负荷向量和电厂出力向量，得到各规划电网方案下电网生产运行模拟结果数据；统计不同规划电网方案或规划工程的电网传输电量，计算得到各规划电网方案的电网利用效率评价指标值，根据该指标值的得分对不同规划电网方案进行评估。上述评估过程所选择的评估指标是反映负荷增长、设备出力、传输电量的电气指标，这些评估指标与方案要解决的提升发电量预测准确度的问题之间受自然规律（电气规律）约束，即，这些电气指标在方案中发挥的是遵循电气规律的作用，属于利用了自然规律的技术手段。本案能够获得客观准确选取效率最优的电网规划方案的技术效果。因此，本案属于专利法第二条第二款规定的技术方案。

由于电能不能大规模存储，故电力生产具有"即产即销"的特点。发电和用电需要尽可能精确平衡。鉴于电力生产的上述特殊性，电力市场的供需与其他一般商品市场的供需不同。电力市场中，发电成本不仅受经济学约束，还会在发电、输电、配电各环节中，受到供给侧设备容量、线路性能等以及需求侧的设备数量、需求变化等客观因素的制约。电力市场中，部分以最小成本为目标的电力规划方案同时也能实现对最合理发电量的预估。对于此类申请进行专利保护客体判断时，问题和手段是否构成技术问题、技术手段的判断至关重要，不能仅因方案涉及成本、电价、效益等经济指标就认为不构成技术方案，也不能因为方案记载有电气指标就认为构成技术方案。

如果方案中记载的指标与方案要解决的提升发电量预测准确度的问题之间受自然规律（电气规律）约束，即，电气指标在方案中发挥的是遵循电气规律的作用，而非仅体现一般产品的价值属性，从而能够使方案整体上解决技术问题，则这样的解决方案有可能构成技术方案。

（二）专利法第五条的审查

对于专利法第五条第一款的审查，需要结合相关法律法规及具体案情综合考虑。本节选取涉及互联网、数字货币等技术领域的典型案例，旨在进一步规范相关领域专利申请行为，促进标准执行一致，提高专利审查质量和效率。

专利法实施细则第十条规定，"专利法第五条所称违反法律的发明创造，不包括仅其实施为法律所禁止的发明创造"。即使实施时有可能被法律禁止，也不属于专利法第五条第一款有关违反法律的限制的范围。

另外，专利法第三十九条规定，"发明专利申请经实质审查没有发现驳回理由的，由国务院专利行政部门作出授予发明专利权的决定"。而授权后，对于专利权的实施，若法律、行政法规规定应当办理批准、登记等手续的，应依照其规定办理。

案例 7-15　网络视频破解方案是否违反法律的判断

【相关法条】专利法第五条第一款
【IPC 分类】H04N
【关 键 词】视频破解　著作权法　违反法律
【案例要点】
对于技术方案是否构成专利法第五条第一款所称的违反法律的情形，应当综合判断包含争议特征的方案所实施的行为是否属于具体的法律条文所禁止的行为。在未经视频网站以及视频著作权方同意的情况下，对视频页面进行破解处理以获取对应的视频文件，属于《中华人民共和国著作权法》（下称《著作权法》）禁止的行为，该方案本身属于专利法第五条第一款规定的违反法律的情形。

【相关规定】

专利法第五条第一款规定，"对违反法律、社会公德或者妨害公共利益的发明创造，不授予专利权"。

《专利审查指南》第二部分第一章第 3.1.1 节规定，"法律，是指由全国人民代表大会或者全国人民代表大会常务委员会依照立法程序制定和颁布的法律。它不包括行政法规和规章"。

《著作权法》第四十九条规定，"未经权利人许可，任何组织或者个人不得故意避开或者破坏技术措施，不得以避开或者破坏技术措施为目的制造、进口或者向公众提供有关装置或者部件，不得故意为他人避开或者破坏技术措施提供技术服务……

本法所称的技术措施，是指用于防止、限制未经权利人许可浏览、欣赏作品、表演、录音录像制品或者通过信息网络向公众提供作品、表演、录音录像制品的有效技术、装置或者部件"。

【案例简介】

申请号：201711475217.8

发明名称：视频播放方法、存储介质和终端

基本案情：

<u>权利要求</u>：一种视频播放方法，其特征在于，包括：

接收指示欲播放视频文件的视频页面；

依据预定的视频处理规则对所述视频页面进行破解处理，以获取所述视频页面对应的视频文件；

播放所述视频文件。

<u>说明书</u>：本案涉及一种视频播放方法，说明书背景技术部分提出所要解决的技术问题为：当前各大视频网站为了推广自身的视频 APP，在使用浏览器访问视频网站时，往往需要下载单独的视频客户端才能完整观看，视频网站无法实现视频播放器的基本功能，用户体验极差。

本案提出了通过依据预定的视频处理规则对视频页面进行破解，获取视频页面对应的视频文件的本地缓存地址并随后获取对应的视频文件，进而在第三方视频网站上实现视频播放，避免了必须使用对应的视频网站 APP 才能够正常观看对应视频，有效改善了用户体验，简化了用户的操作流程。

【焦点问题】

该申请是否属于专利法第五条第一款规定的违反法律的情形？

观点一：本案的技术方案针对在视频网站上已经公开但无法完整播放的视频进行破解，以使得网站用户以更便捷的方式观看相关视频，技术方案的实施不会降低视频制作人的创作意愿，也不会影响视频产业的整体发展，不存在违反法律或者妨害公共利益的行为或动机，因此，不属于专利法第五条第一款所规定的情形。

观点二：本案的技术方案通过视频播放页面，对视频网站进行破解，获取对应的视频文件后即可观看，故意避开或者破坏了视频网站设置的技术措施，这会导致视频网站的合法利益受损，违反著作权法的相关规定，属于专利法第五条第一款所规定的情形。

【审查观点和理由】

对于技术方案是否构成专利法第五条第一款所称的违反法律的情形，首先应当判断发明申请的技术方案所实施的行为是否属于具体的法律所禁止的行为。

本案的视频播放方法是根据预定的视频处理规则对视频页面进行破解，获取视频页面对应的视频文件的本地缓存地址并随后获取对应的视频文件，从而在第三方视频网站上实现视频播放，无需使用对应的视频网站 APP 就能观看对应视频，因此该方案本质上是在未经视频网站以及视频著作权方同意的情况下，对视频页面进行破解处理以获取对应的视频文件。著作权法是为了保护文学、艺术和科学作品作者的著作权以及与著作权有关的权益，其中所称的作品包括本案中的影视作品。根据《著作权法》第四十九条的规定，未经权利人许可，任何组织或者个人不得故意避开或者破坏技术措施，不得以避开或者破坏技术措施为目的制造、进口或者向公众提供有关装置或者部件，不得故意为他人避开或者破坏技术措施提供技术服务。但是，法律、行政法规规定可以避开的情形除外。因此，上述方案违反上述法律规定，根据专利法第五条第一款的规定不能被授予专利权。

案例 7 - 16　数字货币

【相关法条】 专利法第五条第一款

【IPC 分类】 G06Q

【关 键 词】 数字货币　妨害公共利益　比特币

【案例要点】

如果涉及数字货币的技术方案并不涉及印刷、发售代币票券或代币非法公开融资行为，相应技术方案主要解决资金监管和数字货币验证的可靠性和便利性的问题，并未扰乱金融秩序，也未给公众或社会造成伤害和使国家和社会的正常秩序受到影响，则不宜以违反《中华人民共和国中国人民银行法》（下称《中国人民银行法》）的相关规定或"妨害公共利益"为由拒绝授予专利权。

【相关规定】

专利法第五条第一款规定，"对违反法律、社会公德或者妨害公共利益的发明创造，不授予专利权"。

《专利审查指南》第二部分第一章第 3.1.3 节规定，"妨害公共利益，是指发明创造的实施或使用会给公众或社会造成危害，或者会使国家和社会的正常秩序受到影响"。

《专利审查指南》第二部分第二章 3.2.2 节规定，"一般情况下，权利要求中的用词应当理解为相关技术领域通常具有的含义。在特定情况下，如果说明书中指明了某词具有特定的含义，并且使用了该词的权利要求的保护范围由于说明书中对该词的说明而被限定得足够清楚，这种情况也是允许的。但此时也应要求申请人尽可能修改权利要求，使得根据权利要求的表述即可明确其含义"。

《中国人民银行法》第二条规定，"中国人民银行是中华人民共和国的中央银行。

中国人民银行在国务院领导下，制定和执行货币政策，防范和化解金融风险，维护金融稳定"。

《中国人民银行法》第二十条规定，"任何单位和个人不得印制、发售代币票券，以代替人民币在市场上流通"。

2013 年 12 月 3 日，中国人民银行等五部委联合发布《关于防范比特币风险的通知》，明确规定"现阶段，各金融机构和支付机构不得以比特币为产品或服务定价，……，不得直接或间接为客户提供其他与比特币相关的服务，包括：为客户提供比特币登记、交易、清算、结算等服务"。

2017 年 9 月 4 日，中国人民银行等七部门联合发布《关于防范代币发行融资风险的公告》（下称《公告》），认为"代币发行融资是指融资主体通过代币的违规发售、流通，向投资者筹集比特币、以太币等所谓'虚拟货币'，本质上是一种未经批准非法公开融资的行为，涉嫌非法发售代币票券、非法发行证券以及非法集资、金融诈骗、传销等违法犯罪活动。……，代币发行融资中使用的代币或'虚拟货币'不由货币当局发行，不具有法偿性与强制性等货币属性，不具有与货币等同的法律地位，不能也不应作为货币在市场上流通使用"，并规定"任何组织和个人不得非法从事代币发行融资活动"。

【案例简介】

案例一

申请号：201710493213.6

发明名称：基于数字货币实现筹资交易的方法和系统以及装置

权利要求：1. 一种基于数字货币实现筹资交易的方法，其特征在于，包括：

出资人钱包应用装置根据交易智能合约向出资人银行钱包发送所述支付请求；其中，所述支付请求包括：支付数字货币的金额、筹资人银行钱包标识、联合签名智能合约申请和授权使用智能合约申请；

所述出资人银行钱包在收到所述支付请求后，向数字货币系统发送所述支付请求；

所述数字货币系统受理所述支付请求后，按照所述支付请求，将出资人的原有数字货币作废，重新生成带有联合签名标识的数字货币，然后将该数字货币发送至筹资人银行钱包；

其中，所述联合签名标识包括签名规则标识和使用规则标识；所述签名规则标识对应联合签名智能合约，所述使用规则对应授权使用智能合约；所述数字货币是加密字串，所述加密字串包括所述数字货币的金额、发行方标识和所有者标识。

案例二

申请号：201710494521.0

发明名称：一种处理数字货币的方法和系统

权利要求：

1. 一种处理数字货币的方法，其特征在于，包括：接收由数字货币核心系统发送的数字货币的操作信息；解析所述操作信息；将解析后的操作信息存储在各个网络节点对应的数据库中。

…………

5. 根据权利要求1或2所述的方法，其特征在于，所述操作信息包括：发行的数字货币、销毁数字货币的指令信息或数字货币图谱。

【焦点问题】

案例一和二保护的涉及数字货币的技术方案是否违反《中国人民银行法》的规定，是否涉及未批准的非法公开融资的行为，存在金融风险，使国家正常的金融秩序受到影响，妨害公共利益？

观点一：比特币作为数字货币的一种，因其去中心化、匿名、监管困难等原因，已成为央行重点清理整顿的对象之一。案例一和案例二请求保护的技术方案涉及数字货币的交易过程，一旦授权后，可能存在威胁金融安全和社会稳定的风险，会给国际货币体系、支付清算体系等带来威胁和挑战，属于专利法第五条规定的不授予专利权的范围。

观点二：通过案例一和案例二的从属权利要求和说明书内容可知，案例一和案例二所涉及的"数字货币"由特定的数字货币发行机构（中央银行）发行，并非央行整顿的代币或虚拟货币等，不必然存在金融风险，因而案例一和案例二请求保护的技术方案不属于专利法第五条规定的不授予专利权的范围。

【审查观点和理由】

（1）关于本案中"数字货币"的含义。

案例一和二请求保护的技术方案均涉及数字货币，在理解技术方案和判断是否违反专利法第五条第一款的规定时，首先需要理清其具体含义以及与代币之间的关系。

"数字货币"目前在所属领域中对其还没有通常的解释。案例一的权利要求1以及案例二的从属权利要求6中均明确限定了"所述数字货币是加密字串，所述加密字串包括所述数字货币的金额、发行方标识和所有者标识"，特别是案例一的说明书第0038段记载了"所述数字货币系统是由数字货币发行机构提供的，提供数字货币的发行、转移、验证、生产、作废、管理等运行操作"；案件二说明书第0002段记载了"目前，一般认为数字货币是由中央银行发行或中央银行授权发行的，……，数字货币……现今由作为数字货币核心系统的中央银行发行并进入流通领域"。根据以上记载可知，"数字货币"由特定的数字货币发行机构（中央银行）发行，这与没有集中的发行方或发行机构且采用去中心化的支付系统的比特币、以太币等虚拟货币或"代币发行融资"中使用的代币的情况不同，因而不能根据"数字"表面含义而简单地将其与比特币、以太币等形式的虚拟代币或代币混同起来。

根据《专利审查指南》的规定，可以在专利审查过程中要求申请人在权利要求中对数字货币的发行方等内容进行明确限定或在意见陈述书中予以释明。

（2）是否违反法律的问题。

《专利审查指南》第二部分第一章第 3 节规定，根据专利法第五条第一款的规定，发明创造的公开、使用、制造违反了法律的，不能被授予专利权。《专利审查指南》第二部分第一章第 3.1.1 节对"法律"的含义做了进一步解释，"是指由全国人民代表大会或者全国人民代表大会常务委员会依照立法程序制定和颁布的法律"。它不包括行政法规和规章。

现行《中国人民银行法》于 1995 年由全国人民代表大会通过，并于 2003 年由全国人民代表大会常务委员会修正，属于法律的范畴。从技术方案来看，案例一和二中技术方案主要涉及的是在数字货币发行之后如何利用技术的手段增强资金的监管以及提升数字货币验证的便利性和可靠性，并不涉及该法条所禁止的印刷、发售代币票券的行为并造成代替人民币在市场上流通的结果，因此案例一和二并不违反《中国人民银行法》的相关规定。

（3）是否妨害公共利益的问题。

出台所述《公告》的目的主要是保护投资者合法权益，防范化解金融风险，维护经济金融秩序，但该《公告》并非法律，即使存在《公告》禁止的行为，也不能以"违反法律"为由拒绝授予专利权。

在考虑是否属于专利法第五条第一款规定的"妨害公共利益"的情形时，如前文所述，案例一和二中的数字货币有别于比特币或代币，未涉及代币非法公开融资行为，相应技术方案主要解决资金监管和数字货币验证的可靠性和便利性的问题，并未扰乱金融秩序，也未给公众或社会造成伤害和使国家和社会的正常秩序受到影响，因而不宜以"妨害公共利益"为由拒绝授予专利权。

（三）专利法第二十五条的审查

1. 智力活动的规则和方法

智力活动的规则和方法是一种抽象的东西，用于指导人们进行思维、表述、判断和记忆等精神和智力活动手段或过程。一方面，其属于专利法第二十五条第一款规定的不授予专利权的六种情形之一；另一方面，由于没有采用技术手段或利用自然规律，也未解决技术问题和产生技术效果，也不符合专利法第二条第二款规定的技术方案，不能被授予专利权。

《专利审查指南》第二部分第一章第 4.2 节给出了具体的判断原则。如果一项权利要求全部或实质上仅仅涉及智力活动的规则和方法，不应当被授予专利权，除此之外，只要包含有技术特征，则不应当认为该权利要求整体上属于智力活动的规则和方法。

案例7-17 计算机模拟数学模型与智力活动规则

【相关法条】 专利法第二十五条第一款第（二）项

【IPC 分类】 C12N

【关 键 词】 数学模型 计算机模拟 人的思维运动 染色体分离 智力活动规则

【案例要点】

如果发明创造是基于数学模型的模拟方法，但本质上仍只是一种源于人的思维，经过推理、分析和判断产生出抽象结果的过程，没有采用技术手段或者利用自然规律，也未解决技术问题和产生技术效果，即使可以采用计算机程序执行数值计算和统计分析步骤，仍属于智力活动的规则和方法的范畴。

【相关规定】

专利法第二十五条第一款第（二）项规定，对智力活动的规则和方法，不授予专利权。

《专利审查指南》第二部分第一章第4.2节规定，智力活动的规则和方法是指导人们进行思维、表述、判断和记忆的规则和方法。指导人们进行这类活动的规则和方法不能被授予专利权。

【案例简介】

申请号：201510501091.1

发明名称：一种单染色分离方法、单染色体高通量测序文库的构建方法及应用

基本案情：

权利要求：一种模拟单染色分离的方法，其特征在于，包括如下步骤：a）待分析物种染色体数记为 X，并分别编号为 Sn，$n = 1 - X$，n 和 X 为自然数；b）在 1—Z 个数中随机产生 X 个数；将 X 个数分别对应为染色体编号，每个 Sn 各对应 X 个数中的一个数值；将 Z 个数均等分布在 N 个稀释容器中，其中 Z、X 为自然数，Z 不小于 X，Z 为 $2n$，$n = 6 \sim 16$，N 为 4—256 中任一自然数；重复步骤 b）T 次；c）计算步骤 b）T 次模拟实验中，每次模拟实验后各稀释容器中对应的数字，记录为对应染色体的种类和数量；d）将所有模拟实验步骤 c）所得的数据进行统计学分析，获得如下 PHC 及 $P1 \sim P3$ 四个参数：1）处于同一个稀释容器中的同源染色体的数量，记为 PHC；2）将所有同源染色体完全分开的实验的频率，记为 $P1$；3）只含有 1 条染色体的稀释容器的频率，记为 $P2$；4）完全不含染色体的稀释容器的频率，记为 $P3$；综合四个参数评估出总共所需要的稀释容器的最佳数目 Q，其中，综合四个参数评估出总共所需要的稀释容器的最佳数目 Q 的标准为：$P2$ 尽可能大，且取 $P1$ 和 $P3$ 尽可能小，Q 为不大于 N 的自然数，综合四个参数均趋于稳定时最小的 Z' 和 T' 值，即为合理的 Z 和 T 值。

说明书：为了从单细胞里分离同源染色体或单个染色体，以便进行微量建库及进行单细胞测序，尤其是单倍型测序，本案提供了一种模拟单染色体分离的方法，即先通过计算机模拟实验，获得最佳的稀释参数，然后通过稀释法对单个细胞中的染色体进行分离验证实验，获得单染色体，用于后续测序及生物信息学分析。说明书实施例

的计算机模拟实验获得最佳 Q 值为 24，验证实验中 Q 值是 8、16 和 32。

说明书相关部分对模拟实验做了相应的说明：

"本发明采用 Perl 编程的软件通过一次计算机模拟实验（记为第一模拟实验），获得总共所需要的稀释容器的最佳数目；软件编程的设计思路如下（为方便理解，下述具体步骤均给出具体数值，可以理解的是，本领域技术人员可以根据具体需要对各数值进行调整）：

一、由生物问题建立数学模型：

把每个染色体视作小球，把同样体积的水分子视作一个小球。先假设容器内一共有 1024 个小球（分别编号 1—1024）。其中 48 个小球是染色体，其他的是水分子。那么染色体被分到不同的试管中的过程，就可以视为小球被分到不同的试管中的过程。……"

【焦点问题】

权利要求保护主题为一种模拟单染色分离的方法，是否属于符合专利法第二十五条第一款第（二）项规定的关于智力活动的规则和方法？

观点一：结合本案说明书记载内容，权利要求所述的方法是模拟将单个细胞来源的全部染色体通过逐级稀释的方式分配到若干稀释容器的过程，人为地类比为小球依据概率在试管中均分的过程，并依此建立数学模型，计算获得单个染色体的最佳稀释容器数目。上述由生物问题建立数学模型的过程，源于人的思维，所有的参数均是人为设定的参数和规则，经过推理、分析和判断产生出抽象的结果，因而权利要求属于专利法第二十五条第一款第（二）项智力活动的规则和方法的范围，不能被授予专利权。

观点二：由于权利要求请求保护的主题是一种模拟单染色分离的方法，应用于生物技术领域，至少依赖于待分析物种中染色体客观存在的自然现象，以及稀释过程中染色体随机分布的自然规律，解决并确定"所需要的稀释容器的最佳数目"这一单染色体分离中客观存在的技术问题，达到提高后续单染色体分离操作效率的技术效果。因此，尽管权利要求包含算法，但其不同于单纯的智力活动规则和方法，而是利用了自然规律，解决了客观存在的技术问题。因此，权利要求不属于专利法第二十五条第一款第（二）项智力活动的规则和方法的范围。

【审查观点和理由】

本案中，权利要求涉及一种模拟单染色分离的方法，该方法的设计原理是，将单个细胞来源的全部染色体通过逐级稀释的方式分配到若干稀释容器的过程类比为小球依据概率在容器中均分的过程，依此建立数学模型，根据代表染色体的小球在容器中的分配情况和统计概率，计算分离获得单染色体的最佳稀释容器数目。根据上述原理可知，尽管该权利要求的发明隶属于染色体分离这一具体技术领域，但其中的"染色体－小球"类比纯系人为推测或臆想，是对复杂体系中染色体分离规律的一种人为假定，并未利用自然规律；其采用的数学建模手段系基于人脑想象或人为假想的计算机模拟稀释，其人为设定的参数取值和统计规则的本质仍是一种数学计算规则，所采用的手段并非技术手段；且在细胞裂解液体系下的染色体实际分离中，影响梯度稀释获得单染色体的因素众多，其基于人为设定的参数取值和计算规则而获得的所谓最优 Q 值在实际分离中并无助于实现提高后续单染色体分离操作效率的技术效果，因此也并未解决任何技术问题。

综上，权利要求的计算机模拟方法并无技术步骤，仅涉及由计算机程序执行的数值计算和统计分析步骤，本质上只是一种源于人的思维，经过推理、分析和判断产生出抽象结果的由计算机程序执行的数学运算方法，属于智力活动的规则和方法的范畴，不符合专利法第二十五条第一款第（二）项的规定。

2. 疾病的诊断和治疗方法

随着信息化技术的不断发展，居民的生活方式、生活质量有了进一步的改善，对医疗卫生领域的多方需求也不断增长，"智慧医疗"恰好可以满足人们日益增长的医疗卫生服务的需求，主要表现为数字化信息技术在医疗保健领域的全面应用，如用于疾病的诊断、治疗、健康监测、预防以及疾病管理等方面。"智慧医疗"的许多创新成果已经通过多种方式和途径获得了专利保护，例如涉及"智慧医疗"的设备或装置可以通过产品权利要求的方式予以保护，但对于涉及"智慧医疗"的方法，其是否属于专利法第二十五条第一款第（三）项的疾病的诊断和治疗方法，仍然存在不同的认识。

《专利审查指南》第二部分第一章对疾病的诊断和治疗方法的定义、判断方法及其立法目的进行了明确阐述。通常认为，出于人道主义考虑和社会伦理原因，保障医生在诊断和治疗过程中应有的选择各种方法和条件的自由，不应当对疾病的诊断和治疗方法授予专利权；此外，此类方法直接以有生命的人体或动物体为实施对象，无法在产业上利用，也不具备实用性的要求，也不能被授予专利权。因此，需要从相关定义、判断方法和立法目的综合考虑和判断，对"智慧医疗"的方法是否属于疾病的诊断和治疗方法给予准确和适当的认定。

案例 7-18　计算机辅助医疗领域中计算机程序图像识别

【相关法条】专利法第二十五条第一款第（三）项

【IPC 分类】A61B

【关　键　词】心律失常　计算机辅助医疗　图像识别　计算机实施　中间结果　疾病诊断

【案例要点】

随着技术发展的迅猛化以及技术创新的多元化，越来越多的人工智能应用于精准医疗，目的在于为医生更准确地诊断疾病和制定治疗方案提供参考，而且相关疾病发生机制复杂，表现类型多样，与疾病并不存在唯一对应的关系，通常不能据此直接得出具体病人或对象疾病的诊断结果，而需要医生根据病人或对象的具体情况并结合其他检查数据，才能给出确定的诊断结果，因此可以认为该方法的直接目的不是获得诊断结果或健康状况，而是获得处理信息参数的"中间结果"，不属于专利法第二十五条第一款第（三）项规定的疾病诊断方法。

【相关规定】

专利法第二十五条第一款第（三）项规定，对疾病的诊断和治疗方法不授予专利权。

《专利审查指南》第二部分第一章第 4.3.1.1 节规定，"一项与疾病诊断有关的方法如果同时满足以下两个条件，则属于疾病的诊断方法，不能被授予专利权：

（1）以有生命的人体或动物体为对象；

（2）以获得疾病诊断结果或健康状况为直接目的。"

《专利审查指南》第二部分第一章第 4.3.1.2 节列举了不属于诊断方法的例子，包括"直接目的不是获得诊断结果或健康状况，而只是从活的人体或动物体获取作为中间结果的信息的方法，或处理该信息（形体参数、生理参数或其他参数）的方法"。

【案例简介】

申请号：201610814290.2

发明名称：基于特征选择的心律失常分类方法

基本案情：

权利要求：一种基于特征选择的心律失常分类方法，包括下列步骤：

（1）对 ECG 信号进行预处理；

（2）根据所检测到的 R 位置，提取形态特征和时频特征，构造原始特征向量；

（3）计算特征权重，使用 ReliefF 算法计算原始特征向量中每个特征的权重；

（4）根据特征权重指导种群初始化，根据个体适应度好坏依据选择概率、交叉概率和变异概率分别进行选择、交叉和变异操作得到下一代，如此反复循环，直到满足最大迭代次数终止条件，然后输出适应度最好的个体作为优选特征；

（5）根据（4）中选中的优选特征，利用多分类策略将多个二分类器组成识别分类器实现多种心律失常识别。

说明书：根据说明书的记载，专家通过人眼分析 ECG（心电图）检测心律失常，在诊断时可能会丢失或弄错重要信息，因此需要高效准确的计算机辅助诊断系统辅助医生检测心律失常。本发明提出一种新的心律失常分类方法，通过对 ECG 信号预处理、特征提取、特征选择和分类，实现多种心律失常识别。在特征选择这一步骤中，本发明结合了 Filter 式和 Wrapper 式特征选择算法的优点，既降低了特征的维数，又提高了多种心律失常识别的准确率。

【焦点问题】

本案要求保护的心律失常分类方法是不是"以获得疾病诊断结果或健康状况为直接目的"的疾病诊断方法？该方法能否在产业上利用？

观点一：根据《专利审查指南》第二部分第一章第 4.3.1.1 节的规定，一项与疾病诊断有关的方法如果同时满足以下两个条件，则属于疾病的诊断方法，不能被授予专利权：（1）以有生命的人体或动物体为对象；（2）以获得疾病诊断结果或健康状况为直接目的。由于 ECG 信号为以有生命的人体为对象，判断是否存在心律失常为疾病诊断目的，该案同时满足这两个条件，因此，属于疾病诊断方法，无法在产业上利用。

观点二：虽然表面上该案同时满足《专利审查指南》中规定的两个条件，但是从专利法第二十五条第一款第（三）项规定的立法本意来看，该条款旨在出于人道主义的考虑和社会伦理的原因，医生在诊断和治疗过程中应当有选择各种方法和条件的自由。因此，疾病诊断方法不能被授予专利权，以免限制医生使用合适的诊断方法。而像本案这种利用计算机大数据处理技术来实现疾病诊断的，虽然其主题为方法，但是其属性更像是设备，该方法的实现无法脱离计算机设备来运行，对于此类方法授权也不会限制医生在行医中的具体诊断方法。此外，该方法全部步骤由计算机实施，可以在产业上利用。

【审查观点和理由】

（1）关于该方法是不是"以获得疾病诊断结果或健康状况为直接目的"的疾病诊断方法的问题。

随着人类逐渐进入数字化医疗时代，计算机技术被越来越多地应用于医疗领域，极大地促进了诊断的准确性，提高了医疗的效率。计算机提供的结果，往往是利用大数据和/或人工智能分析和比较获得的结果，目的在于为医生更准确地诊断疾病和制定治疗方案提供参考。对具体病人或对象来说，如果没有医生的专业分析和确认，一般情况下，不能仅仅依据计算机提供的结果直接得出疾病的诊断结论或确定其健康状况。

本案权利要求请求保护一种基于特征选择的心律失常分类方法，包括对 ECG 信号预处理、特征提取、特征选择和分类，在特征选择步骤中利用 Filter-Wrapper 算法对原始特征向量进行特征选择得到最优特征向量。首先，从该方法的内容可以看出，其步骤全部由计算机实施，实质上是一种信息处理方法，通过 Filter-Wrapper 算法对 ECG 信号进行分析处理，并对结果进行归类，得到心律失常的分类和识别结果，整个过程并没有也不需要医生的参与；其次，计算机给出的分类和识别结果只能为医生更准确地诊断疾病和制定治疗方案提供参考，并不能据此直接得出具体病人或对象疾病的诊断结果；此外，心律失常发生机制复杂，表现类型多样，与疾病并不存在唯一对应的关系，需要医生根据病人或对象的具体情况并结合其他检查数据，才能给出确定的诊断结果。申请人在说明书中也指出，该方法通过计算机辅助诊断系统辅助医生检测心律失常。因此，可以认为该方法的直接目的不是获得诊断结果或健康状况，而是获得处理信息参数的"中间结果"，不属于专利法第二十五条第一款第（三）项规定的疾病诊断方法。

需要注意的是，对于与疾病诊断有关的方法，如果其步骤由计算机或相关设备实施，通常应当在权利要求中写明，除非本领域技术人员能够确认该方法的步骤必然由计算机或相关设备实施。

（2）关于该方法能否在产业上利用的问题。

直接以有生命的人体或动物体为实施对象的疾病诊断方法无法在产业上利用，不属于专利法意义上的发明创造。但是，本案要求保护的方法是全部步骤由计算机实施、对 ECG 信号进行数据分析处理的方法，其能够在产业上使用，并且能够产生积极的效果，具备实用性。

案例 7-19　计算机执行的预测肺癌术后生存率方法是否属于疾病的诊断方法

【相关法条】 专利法第二十五条第一款第（三）项

【IPC 分类】 G16H

【关 键 词】 计算机　信息处理　人工智能　疾病的诊断方法

【案例要点】

全部步骤由计算机等装置实施的信息处理方法，不同于传统的疾病诊断方法，权利要求的方案的实施过程不会限制医生在诊断过程中的自由，且能够在产业上使用，该方法并不属于疾病的诊断方法。

【相关规定】

《专利审查指南》第二部分第一章第 4.3 节规定，"疾病的诊断和治疗方法，是指以有生命的人体或者动物体为直接实施对象，进行识别、确定或消除病因或病灶的过程。

出于人道主义的考虑和社会伦理的原因，医生在诊断和治疗过程中应当有选择各种方法和条件的自由。另外，这类方法直接以有生命的人体或动物体为实施对象，无法在产业上利用，不属于专利法意义上的发明创造。因此疾病的诊断和治疗方法不能被授予专利权"。

《专利审查指南》第二部分第一章第 4.3.1 节规定，"诊断方法，是指为识别、研究和确定有生命的人体或动物体病因或病灶状态的过程"。

《专利审查指南》第二部分第一章第 4.3.1.1 节规定，"一项与疾病诊断有关的方法如果同时满足以下两个条件，则属于疾病的诊断方法，不能被授予专利权：

（1）以有生命的人体或动物体为对象；

（2）以获得疾病诊断结果或健康状况为直接目的"。

【案例简介】

申请号：202111071269.5

发明名称：肺癌手术后生存率预测模型构建方法和预测模型系统

基本案情：

权利要求：一种通过测量包括基因突变分型在内的临床数据来预测肺癌手术后生存率的方法，包括：

数据获取步骤，获取肺癌手术后临床数据；

预处理步骤，对所述肺癌手术后临床数据进行分类分组，得到建模组临床数据和验证组临床数据；

危险因素筛选步骤，对所述建模组临床数据进行危险因素筛选，得到危险因素数据和总生存期数据；

回归分析步骤，对所述危险因素数据和所述总生存期数据进行回归分析，得到回归分析后数据，

所述肺癌手术后临床数据包括基因突变分型，年龄，肿瘤大小，淋巴结转移，手术方式，

所述回归分析通过以下公式计算

$\ln[h(t, X)/h0(t)] = \beta1 * 年龄 + \beta2 * 肿瘤大小 + \beta3 * 淋巴结转移 + \beta4 * 手术方式 + \beta5 * 基因突变分型$，$h(t, X)$ 是回归分析后数据，$h0(t)$ 是基准风险率，$\beta1$、$\beta2$、$\beta3$、$\beta4$、$\beta5$ 是系数，取值为

年龄	$\beta1$	手术方式	$\beta4$
0 ~ 49	0	亚肺叶切除	0
50 ~ 69	0.206	广泛切除	− 0.599
70 +	0.472	基因突变分型	$\beta5$
肿瘤大小	$\beta2$	单纯 EGFR 突变或融合	0
		其他突变	0.329
T1	0	淋巴结转移	$\beta3$
T2	0.471		
T3	0.791	N0	0
T4	1.302	N1	1.037
		N2	1.207

说明书：现有技术中采用 TNM 分期对肺癌手术后生存率进行预测，但欠缺精准；也有专利文献公开了宫颈癌术后生存预测模型，但其参数选择、列线图也不能够直接应用于肺癌术后生存率的预测。本案预测肺癌手术后生存率的方法的流程图如图 20 所示。

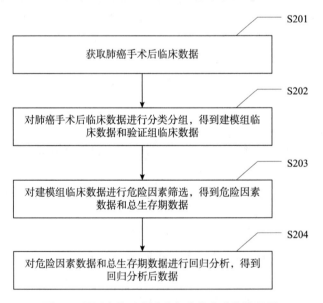

图 20 预测肺癌手术后生存率的方法的流程图

【焦点问题】

利用人工智能对获取的相关数据进行处理、筛选、分析后获得相关结果，用于预

测肺癌术后生存率，是否属于专利法第二十五条第一款第（三）项规定的疾病的诊断和治疗方法的范畴？

观点一：权利要求的技术方案是从肺癌患者的临床数据提取相关指标，经由计算机执行预测模型的构建步骤，通过模型实现生存率的预测。一方面，所述方法涉及的步骤全部由计算机程序实施，最终得到无病生存率的结果也只是由计算机等装置实施信息处理的结果，虽然涉及生存率的预测，但预测结果只能为医生更准确地诊断提供参考；另一方面，从立法目的来看，权利要求的方案的实施过程不会限制医生在诊断和治疗过程中的自由。因此，该方案不属于疾病的诊断方法。

观点二：权利要求的方案以有生命的人体为对象且能够预测癌症术后的生存率，属于《专利审查指南》中所举例的疾病治疗效果预测方法，因此属于疾病的诊断方法。

【审查观点和理由】

根据《专利审查指南》的相关规定，对于疾病的诊断和治疗方法不授予专利权，一方面是出于人道主义的考虑和社会伦理的原因，另一方面也考虑到这类方法直接以有生命的人体或动物体为实施对象，缺乏实用性。但是，随着人类逐渐进入数字化医疗时代，计算机技术被越来越多地应用于医疗领域，极大地促进了诊断的准确性，提高了医疗的效率。由计算机等装置实施的信息处理方法，往往利用大数据和/或人工智能分析获得结果，这种结果实质上是一种概率值，目的在于为医生更准确地诊断疾病和制定治疗方案提供参考，这种方法可以在产业上应用，也不会限制医生在诊断和治疗过程选择各种方法和条件的自由。在实际诊断过程中，医生仍需对具体病人或对象进行专业分析和确认后，才能做出具体诊断结果。

就该案而言，权利要求要求保护一种通过测量包括基因突变分型在内的临床数据来预测肺癌手术后生存率的方法，其涉及从肺癌患者的临床数据提取相关指标，执行预测模型的构建步骤，通过模型实现生存率的预测方法，包括数据获取步骤、数据预处理步骤、数据的危险因素筛选步骤和数据回归分析步骤，即全部步骤由计算机等装置对数据进行处理的过程，属于信息处理的方法。该方法是由计算机等装置作为实施主体，基于海量数据和数学模型进行运算，并非由医生个体依据其医学知识和实践经验进行解释或推理的过程；同时，该方法的结果是通过机器学习得到的，也非医生对于诊断或者治疗做出的直接判断，权利要求的方案的实施过程不会限制医生在诊断和治疗过程中的自由。

需要说明的是，本案要求保护的方法是全部步骤由计算机实施、对临床数据进行分析处理的方法，其能够在产业上使用，并且能够产生积极的效果，具备实用性。

综上，该方法不属于疾病诊断方法，不应当依据专利法第二十五条第一款第（三）项的规定排除其获得专利权的可能性。

案例7-20　计算机执行的外科植入物对准方法是否属于疾病的治疗方法

【相关法条】专利法第二十五条第一款第（三）项

【IPC 分类】G16H

【关 键 词】计算机　植入物对准　外科手术辅助方法　人工智能　疾病的治疗方法

【案例要点】

权利要求请求保护的技术方案虽然与为实施外科手术治疗方法和/或药物治疗方法采用的辅助方法存在类似之处，可用于外科手术前为医生提供参考信息，但考虑到权利要求的方案的实施过程全部由计算机等装置进行信息处理，并未以有生命的人体或者动物体为直接实施对象，也不会限制医生在诊断和治疗过程中的自由，且能够在产业上使用，因此不应当依据专利法第二十五条第一款第（三）项规定的疾病诊断和治疗方法排除其获得专利权的可能性。

【相关规定】

《专利审查指南》第二部分第一章 4.3 节规定，"疾病的诊断和治疗方法，是指以有生命的人体或者动物体为直接实施对象，进行识别、确定或消除病因或病灶的过程。

出于人道主义的考虑和社会伦理的原因，医生在诊断和治疗过程中应当有选择各种方法和条件的自由。另外，这类方法直接以有生命的人体或动物体为实施对象，无法在产业上利用，不属于专利法意义上的发明创造。因此疾病的诊断和治疗方法不能被授予专利权"。

《专利审查指南》第二部分第一章 4.3.2 节规定，"治疗方法，是指为使有生命的人体或者动物体恢复或获得健康或减少痛苦，进行阻断、缓解或者消除病因或病灶的过程。

治疗方法包括以治疗为目的或者具有治疗性质的各种方法。预防疾病或者免疫的方法视为治疗方法。

对于既可能包含治疗目的，又可能包含非治疗目的的方法，应当明确说明该方法用于非治疗目的，否则不能被授予专利权"。

《专利审查指南》第二部分第一章 4.3.2.1 节规定，"以下几类方法是属于或者应当视为治疗方法的例子，不能被授予专利权。

……………

（6）为实施外科手术治疗方法和/或药物治疗方法采用的辅助方法，例如返回同一主体的细胞、组织或器官的处理方法、血液透析方法、麻醉深度监控方法、药物内服方法、药物注射方法、药物外敷方法等"。

【案例简介】

申请号：201710183913.5

发明名称：用于患者的关节的矫形外科植入物的对准的建模方法、计算装置和计算机可读存储介质

基本案情：

权利要求：一种用于建模用于患者的关节的矫形外科植入物的对准的方法，所述方法包括计算机实施的如下步骤：

接收指示一个或多个动态特性的患者特定信息数据;

基于患者特定信息数据得出患者数据;

使用所述患者数据提供所述关节的 3D 模型数据,使得所述 3D 模型数据基于所述患者特定信息数据展示处于对准配置的所述矫形外科植入物;

根据所述 3D 模型数据和患者获取的数据确定可能的对准配置的集合,所述患者获取的数据指示一个或多个所要植入后活动,所述患者获取的数据包括植入后活动偏好数据,所述植入后活动偏好数据为指示对于所述一个或多个所要植入后活动的比较患者偏好的偏好比;和

根据所述植入后活动偏好数据从可能的对准配置的所述集合中选择另一对准配置。

说明书:目前置换关节的方法通常涉及关节的力轴对准以置放整形外科植入物,其涉及进行多个静止物理测量以使整形外科植入物与患者的主要力学负重轴对准,例如,对于膝关节,这涉及基于与髋中心、膝中心和踝中心相交的力学负重轴对准整形外科植入物。目前的标准外科手术实践是使用机械和计算机驱动的仪器来使植入物与参考点对准,但是通常这些关节导致不合适的人疼痛和不舒服,因此进行全关节置换的人极少实现与其非关节炎同龄人相当的生活方式,缺少在全关节置换后使患者机能和生活质量得以改善的技术。为改变"现货供应"的整形外科植入物设计缺乏患者特异性,通过引入年龄、性别、活动水平或体形等因素,利用计算机实施的方法,确定对特定对准的过程。本案实施例用于对患者关节整形外科植入物对准进行建模的计算机实施的方法如图 21 所示。

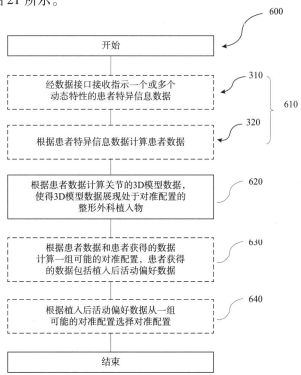

图 21　用于对患者关节整形外科植入物对准进行建模的计算机实施的方法流程

【焦点问题】

对于患者的关节的矫形外科植入物的对准信息的计算机辅助建模方法，全部以计算机流程为依据，其是否属于专利法第二十五条第一款第（三）项规定的疾病的诊断和治疗方法？

观点一：在手术之前针对患者的关节的矫形外科植入物的对准信息的建模方法，其是从有生命的人体或动物体采集表征有生命人体或动物体的结构、状态或机能的信息（包括生理参数和图像等），是为实施外科手术治疗方法而采用的辅助方法，属于规定的疾病治疗方法范围。

观点二：对于患者的关节的矫形外科植入物的对准信息的建模方法，虽然在实施方法步骤中利用了患者个性的信息特征，但是在计算机模拟过程后，还需要医生的经验进行判断与调整，因此从立法目的来看，并不能认为是纯粹的疾病的治疗过程，不属于疾病治疗方法范围。

【审查观点和理由】

人类逐渐进入数字化医疗时代，计算机技术被越来越多地应用于医疗领域，全部步骤由计算机等装置进行处理的信息方法，能够为医生开展治疗提供辅助支持，其可以在产业上得到应用，极大地促进了诊断和治疗的准确性，提高了医疗的效率。

根据《专利审查指南》的相关规定，对于疾病的诊断和治疗方法不授予专利权，一方面是出于人道主义的考虑和社会伦理的原因，另一方面也考虑到这类方法直接以有生命的人体或动物体为实施对象，缺乏实用性，因此，不予专利保护的治疗方法，应当是指以治疗为目的或者具有治疗性质的方法。虽然《专利审查指南》第二部分第一章第4.3.2.1节规定了"为实施外科手术治疗方法和/或药物治疗方法采用的辅助方法"可以视为属于治疗方法，但根据其随后的示例说明（包括返回同一主体的细胞、组织或器官的处理方法、血液透析方法、麻醉深度监控方法等）可以看出，这些示例方法最终均包括一个或以上直接作用于有生命的人体或动物体或者返回同一主体的步骤，即均体现了治疗性质。

就该案而言，其要求保护一种用于建模用于患者的关节的矫形外科植入物的对准的方法，明确所述方法由计算机实施，其限定了相应患者的特定信息数据，通过对所述关节的3D模型数据的处理，模拟展示处于对准配置的所述矫形外科植入物的方法。与传统的治疗方法相比较，权利要求所限定的方法具有如下特点：（1）该方法实施主体是机器，其为基于海量数据和数学模型进行运算的过程，而不是对有生命的人体或动物体进行治疗的过程；（2）该方法的结果是机器通过建模得到的结果，而非治疗结果。本案的方法全部步骤由计算机实施，整个过程针对患者的相关数据进行处理，并未包括一个或以上直接作用于有生命的人体或动物体或者返回同一主体的步骤或方法，该方法并未体现治疗性质，不属于《专利审查指南》所述的"为实施外科手术治疗方法和/或药物治疗方法采用的辅助方法"。因此，该方法不是以有生命的人体或者动物体为实施对象，也未包括为了使有生命的人体或者动物体恢复或获得健康或减少痛苦而进行的阻断、缓解或者消除病因或病灶的过程，不应被"视为"或认定为治疗方法。

需要说明的是，该方法的全部步骤由计算机等装置进行处理，也不会限制医生在诊断和治疗过程中的自由，并且其能够在产业上使用和产生积极的效果，具备实用性。

综上，本案不属于疾病的治疗方法，不应当将其认定为《专利审查指南》中"为实施外科手术治疗方法和/或药物治疗方法采用的辅助方法"的范畴，而依据专利法第二十五条第一款第（三）项的规定排除其获得专利权的可能性。

二、创造性

对于涉及大数据、人工智能等领域的专利申请，在进行创造性判断之前，应准确理解发明，将权利要求记载的所有内容作为一个整体，通过考察方案整体上解决的技术问题、利用的技术手段以及达到的技术效果，分析构成技术手段的各个特征在技术方案中实际所起到的作用以及彼此之间的关联关系，来更好地把握创造性的审查标准。

对于相关领域专利申请的创造性审查，遵循创造性判断的一般标准，即，通过"三步法"判断要求保护的发明相对于现有技术是否显而易见。同时，由于相关领域专利申请的权利要求常常包含算法或商业规则和方法等非技术内容，而技术方案中所包含的非技术内容可能给方案带来技术上的影响，因此，非技术内容的存在，使得运用"三步法"对此类申请进行创造性判断时具有一定特殊性。具体地，在创造性判断"三步法"的第二步，确定发明的区别特征和实际解决的技术问题，如果区别特征包含非技术特征，应分析上述非技术特征是否与技术特征功能上彼此支持、存在相互作用关系，紧密结合，共同构成了解决某一技术问题的技术手段，并能得到相应的技术效果，据此进一步判断要求保护的发明相对于现有技术是否显而易见。本章通过区别特征包含商业规则和方法特征的典型案例，对上述创造性判断规则予以进一步阐释。

此外，通信领域通常具有技术迭代快、创新活跃度高、跨学科技术融合等特点，在5G进入规模化应用关键期，跨代际技术的创造性判断也成为业界热议的话题，本章针对通信领域上述特点，通过典型案例的形式，针对已知技术手段的转用、跨代际通信技术在创造性判断中的考量、超长权利要求的创造性评述等问题，对相关领域的创造性审查标准予以呈现。

案例7-21　涉及商业规则和方法特征的权利要求的创造性判断

【相关法条】专利法第二十二条第三款
【IPC分类】G06F
【关 键 词】移动电源　应用场景　商业方法　创造性
【案例要点】

在对涉及商业规则和方法特征的权利要求进行创造性判断时，应当考虑与技术特征在功能上彼此相互支持、存在相互作用关系的商业规则和方法特征对技术方案作出的贡献，如果区别特征在于应用场景的不同，导致现有技术的技术架构或方法流程产生较大变化和改善，并且获得了有益的技术效果，则该技术方案具备创造性。

【相关规定】

《专利审查指南》第二部分第九章第6.1.3节规定，"对既包含技术特征又包含算法特征或商业规则和方法特征的发明专利申请进行创造性审查时，应将与技术特征功能上彼此相互支持、存在相互作用关系的算法特征或商业规则和方法特征与所述技术特征作为一个整体考虑。'功能上彼此相互支持、存在相互作用关系'是指算法特征或商业规则和方法特征与技术特征紧密结合、共同构成了解决某一技术问题的技术手段，并且能够获得相应的技术效果。

…………

再如，如果权利要求中的商业规则和方法特征的实施需要技术手段的调整或改进，那么可以认为该商业规则和方法特征与技术特征功能上彼此相互支持、存在相互作用关系，在进行创造性审查时，应当考虑所述的商业规则和方法特征对技术方案作出的贡献"。

【案例简介】

申请号：201580000024.X（无效案件编号：4W107570）

发明名称：一种移动电源的租借方法、系统及租借终端

基本案情：

权利要求：一种移动电源的租借方法，其特征在于，所述方法包括：

移动终端接收第一借入移动电源的指令；

移动终端接收移动电源租借终端的身份识别号码；

移动终端向云端服务器发送第二借入移动电源的指令，以由云端服务器判断发送第二借入移动电源的指令的用户是否有租借移动电源的权限；如果有权限，则云端服务器对所述身份识别号码对应的移动电源租借终端中移动电源的数量进行核对，如果移动电源租借终端有库存，则由云端服务器向所述身份识别号码对应的移动电源租借终端发送第三借入移动电源的指令，以由移动电源租借终端传出移动电源，所述第二借入移动电源的指令携带了移动电源租借终端的身份识别号码；

移动终端接收云端服务器发送的处理结果；

移动终端提示处理结果；

所述云端服务器向所述身份识别号码对应的移动电源租借终端发送第三借入移动电源的指令具体包括：

云端服务器根据预先存储的移动电源租借终端中的所有移动电源的状态信息生成第三借入移动电源的指令，所述第三借入移动电源的指令携带可供租借的移动电源的身份识别号码；

云端服务器向所述身份识别号码对应的移动电源租借终端发送第三借入移动电源的指令。

说明书：现有技术中没有提供自助从移动电源租借终端租借移动电源的技术，无法给用户提供灵活的充电服务。

对此，本案提供的租借方法是在移动终端、云端服务器、移动电源租借终端三方之间实现的移动电源的租借，具体包括在租借过程中的第一、第二、第三借入移动电源的指令在三方之间进行的发送与接收，还包括如何通过身份识别号码识别移动电源、移动电源租借终端的身份以及根据上述身份等数据信息进行移动电源租借的具体过程。

现有技术状况：证据1公开了一种租还公共自行车控制方法，并具体公开了如下内容：

步骤101、租赁人或使用人到服务点开通此项业务，登记的必要信息和辅助信息自动上传到公共自行车控制中心的相关服务器中；

步骤102、租赁人到公共自行车租赁站点，查看到有可以用手机租用的公共自行车，可租的公共自行车应该是被锁车孔锁住且本辆自行车的锁车孔空闲，在公共自行车的架上有该辆自行车的ID，租赁人用手机发一条申请信息到公共自行车控制中心的信息接收服务器中，申请信息的内容为：站点ID+自行车ID；

步骤103、自行车控制中心的服务器收到申请信息，控制中心核对该信息的合法性，包括发信息手机的合法性、站点ID及自行车ID的合法性；

步骤104、自行车控制中心的中央控制器根据站点ID号，给该站点的站点控制器发送一条自行车租用命令，租用命令中包含租用自行车的ID号；

步骤105、站点控制器接收到来自自行车控制中心的中央控制器发来的自行车租用命令，根据命令中自行车的ID号，作进一步确认，确认的该ID号的自行车是否处于本站点控制器的范围内以及该辆自行车是否处于可租用状态；

步骤106、站点控制器给此辆自行车上的终端控制器发出租用开锁命令，同时也可以把租赁相关信息写入到终端控制器中，包括租赁人ID、开锁时间等；

步骤107、终端控制器收到开锁命令，启动相应的电控机构执行开锁；

步骤108、开锁后相应的终端控制器有LED指示，租赁人看到LED指示就可以把自行车取走；

步骤109、该辆自行车取走以后，此辆自行车的前一辆自行车的终端控制器检查到被它锁住的自行车取走，就发送一条车辆取走告知命令，此命令的作用，一方面告知站点控制器刚才要租的自行车已经被租赁人取走，另一方面告知站点控制器目前我这辆自行车在线空闲处于可租用状态；

步骤110、站点控制器收到车辆取走命令，一方面把此信息回复给自行车控制中心的中央控制器告知车辆取走，另一方面站点控制器登记目前此自行车队列中的空闲可租用自行车的ID号，并且登记必要的信息；

步骤111、自行车控制中心的中央控制器收到回复的车辆取走信息，进行必要的信息登记，比如租用人的ID、租用开始时间、租用自行车的ID号，在自行车库中把此辆自行车的状态改为已经租用；如果是车辆取走超时信息，只进行信息登记。

权利要求与证据1的区别在于：（1）权利要求限定的租借的物品是移动电源，而证据1公开的是公共自行车；（2）第三借入移动电源的指令包括根据预先存储的移动电源租借终端中的所有移动电源的状态信息生成，并且云端服务器会对移动电源租借终端中移动电源的数量进行核对，如果移动电源租借终端有库存，则发送第三借入移动电源的指令，以由移动电源租借终端传出移动电源；（3）移动终端接收云端服务器发送的处理结果，移动终端提示处理结果。

【焦点问题】

如何对上述不同于现有技术的应用场景中涉及商业方法的技术方案的创造性进行判断？

观点一：仅仅是应用场景的变化是本领域技术人员容易想到的，该技术方案不具备创造性。

观点二：上述区别是将商业规则应用于不同于现有技术的应用场景中，导致现有技术的技术架构或方法流程产生较大变化和改善，获得了有益的技术效果，该技术方案具备创造性。

【审查观点和理由】

对于涉及商业规则和方法的权利要求，如果权利要求的技术方案与最接近的现有技术的区别在于应用场景的不同，并且由于应用场景不同导致当前的技术方案的实现过程与现有技术的实现过程存在较大差异，则应当考虑与技术特征在功能上彼此相互支持、存在相互作用关系的商业规则和方法特征对技术方案作出的贡献。

具体而言，证据1公开的租还公共自行车控制方法中，通过发送含有"站点ID + 自行车ID"的指令，在手机、公共自行车租赁站点、公共自行车控制中心的信息接收服务器之间完成公共自行车的租用，权利要求的技术方案是在移动终端、移动电源租借终端、云端服务器之间完成移动电源的租借，二者的应用场景差异较大。将权利要求的所有特征作为一个整体来看待，本案权利要求的技术方案中用户租用的移动电源是在云端服务器的控制下包括核对移动电源的相应状态信息后得到的，也就是说之前用户并不知晓所借电源的情况，完全由权利要求中的移动终端、移动电源租借终端、云端服务器组成的技术架构进行判断、选择和提供，二者的实现过程存在较大差异。因此，将证据1公开的公共自行车租还方法应用于本案权利要求移动电源的租借方法，由于应用场景的不同，导致现有技术的技术架构或方法流程产生较大变化，用于实现所述方法流程的技术构架也相应发生改变，同时该方法实现了移动电源的方便租借，获得了为用户提供灵活充电服务的有益的技术效果，因此，本案权利要求具备创造性。

案例 7-22 涉及已知技术手段转用的发明的创造性判断

【相关法条】 专利法第二十二条第三款
【IPC 分类】 G06T
【关 键 词】 神经网络　去运动模糊　已知技术手段　转用　创造性
【案例要点】

对于涉及将已知的神经网络模型单元结构"转用"到不同技术领域的发明专利申请，如果现有技术中并不存在将该单元结构应用到上述技术领域的具体教导，这种

"转用"需要克服技术上的困难，并产生了有益的技术效果，则该申请具备创造性。

【相关规定】

《专利审查指南》第二部分第四章第 4.4 节规定，"转用发明，是指将某一技术领域的现有技术转用到其他技术领域中的发明。

在进行转用发明的创造性判断时通常需要考虑：转用的技术领域的远近、是否存在相应的技术启示、转用的难易程度、是否需要克服技术上的困难、转用所带来的技术效果等。

（1）如果转用是在类似的或者相近的技术领域之间进行的，并且未产生预料不到的技术效果，则这种转用发明不具备创造性。

…………

（2）如果这种转用能够产生预料不到的技术效果，或者克服了原技术领域中未曾遇到的困难，则这种转用发明具有突出的实质性特点和显著的进步，具备创造性"。

【案例简介】

申请号：201811302095.7

发明名称：用于视频侦查的车牌去运动模糊方法

基本案情：

<u>权利要求</u>：一种用于视频侦查的车牌去运动模糊方法，其特征在于该方法包括以下步骤：

S1，收集多组包括模糊车牌图像和对应的清晰车牌图像的车牌数据组合，并分成训练数据集、验证数据集和测试数据集；

S2，设计去运动模糊的生成对抗网络模型，该网络模型包括用于根据输入的模糊图像生成对应的清晰图像的生成网络和用于判断由生成网络生成的清晰图像与原始清晰图像之间相似度的判别网络，所述生成网络包括两个步长的卷积块、七个 MobileNet V2 的反转残差块和两个转置卷积块；

S3，训练生成对抗网络，把步骤 S1 获得的训练数据集放入生成对抗网络模型中进行训练，通过迭代应用向后传播算法，逐步更新该网络模型的训练参数，直至该网络模型收敛，训练过程中，将验证数据集送入生成对抗网络模型中验证模型的性能，将测试数据集送入生成对抗网络模型中测试模型的生成图像效果；

S4，在步骤 S3 训练出的去运动模糊的生成对抗网络模型的基础上，输入运动模糊的车牌图像，输出数据即为生成的清晰车牌图像。

<u>说明书</u>：本案涉及人工智能领域中的智能视频监控技术，具体是提供一种用于视频侦查的车牌去运动模糊方法，旨在用于解决现有视频侦查技术中进行可疑目标侦查时车牌信息模糊导致的无法确定嫌疑人身份信息的问题，其主要采用的技术手段在于设计去运动模糊的生成对抗网络模型，该网络模型采用了七个 MobileNet V2 的反转残差块（Inverted residual block），由此能够更好地提取高维特征，生成更加清晰的车牌信息。与现有技术相比，本案具有以下有益效果：通过本案的技术方案，实现车牌清晰化辅助车牌识别，确定车辆信息，辅助大数据轨迹生成，从而快速确定嫌疑人的身份，

帮助刑侦人员尽快有效地破案，提升办案效率，缩短案件侦查时间，为办案人员提供了技术支持。

现有技术状况：对比文件 1 公开了一种基于生成式对抗网络进行网络去运动模糊的方法，旨在解决现有技术中采用神经网络实现图像去运动模糊技术中存在的无法生成真实的清晰图像的问题，其具体技术方案如下：该方法包括如下步骤：

S10 设计运动去模糊的生成对抗式网络模型结构，其中该网络模型由生成器和判别器组成，生成器不断优化参数以使其生成的图像更靠近真实图像的分布，而判别器则不断优化参数以使其能更好地判别图像来自于随机噪声分布或者真实图像分布；

S20 将一个包含模糊图像和清晰图像的图像对数据集中模糊图像作为队列元素存储至模糊图像队列，清晰图像作为队列元素存储至清晰图像队列，且以清晰图像队列中的元素顺序调整模糊图像队列的元素顺序，以使清晰图像与模糊图像一一对应；

S30 输入一组包含有 m 个从 S20 步骤中的两个队列获取的清晰－模糊图像对至网络模型，分别将该图像对中的清晰图像和模糊图像缩放成 $S_h \times S_w$ 的尺寸，再剪成尺寸为 $C_h \times C_w$ 的图像块；

S40 将由 S30 得到的图像块输入该网络模型，通过迭代应用后向传播算法，逐步更新该网络模型的训练参数，每代队列中的所有元素训练结束之后，重新打乱队列元素的排序，开始新一代的训练，循环多代训练，直至该网络模型收敛，保存并导入该网络模型收敛时的训练参数，以使得该网络模型拟合成一个从模糊图像分布到清晰图像分布的映射；

S50 输入模糊图像，通过一次前向传播计算，生成去模糊图像。

本案权利要求要求保护的技术方案与对比文件 1 的区别技术特征在于：本案的所述生成网络包括两个步长的卷积块、七个 MobileNet V2 的反转残差块和两个转置卷积块，而对比文件 1 中生成网络包括卷积层、残差块和解卷积层。

【焦点问题】

Mobilenet V2 是一种轻量级神经网络，已知被应用于图像分类、目标检测和语义分割等传统技术领域中。本案中将该技术用于图像去运动模糊领域，这种"转用"能否使发明具备创造性？

观点一：基于上述区别技术特征，在对比文件 1 已公开生成网络包括残差块的基础上，本领域技术人员能够想到将其中的残差块替换为 MobileNet V2 反转残差块，同时为加深网络深度，将残差块设置为七个。因此，本案的权利要求不具备创造性。

观点二：本案的七个 MobileNet V2 反转残差块是能够得到清晰车牌的关键技术手段，现有技术中基于生成式对抗网络进行图像去运动模糊的方案采用的是传统残差块，并未给出将 MobileNet V2 反转残差块应用于图像去运动模糊中的技术启示，因此，本案的权利要求具备创造性。

【审查观点和理由】

本案权利要求的技术方案是在对比文件 1 的基础上，将已知的用于图像分类、目标检测和语义分割等传统技术领域的 MobileNet V2 反转残差块转用于图像去运动模糊技术领域以更好地解决车牌去运动模糊的技术问题。

首先，现有技术并不存在将 MobileNet V2 反转残差块应用于图像去运动模糊领域的具体教导；其次，对比文件 1 采用的是残差单元（将输入降维，再卷积，再升维），而本案中采用的是反转残差单元（将输入升维，再卷积，再降维），二者操作刚好相反，因此，在对比文件 1 的基础上，本领域技术人员为更好地解决车牌去运动模糊的技术问题，在将 MobileNet V2 反转残差块转用到对比文件 1 时，需要把 MobileNet V2 反转残差块与对比文件 1 中的网络模型进行耦合。由于两者结构完全相反，对模型的构造、调参、训练带来很大的技术难度，并且还需要设置两个步长的卷积块、七个 MobileNet V2 反转残差块和两个转置卷积块，同样也需要克服技术上的困难；且本案中可以实现的更加清晰地获得车牌信息识别、快速确定车辆信息等技术效果并非本领域技术人员可以预料的。综上，本案权利要求具备创造性。

案例 7-23 通信领域跨代际技术在创造性判断中的考量

【相关法条】专利法第二十二条第三款

【IPC 分类】H04W

【关 键 词】5G 跨代际 新场景 结合启示 创造性

【案例要点】

对于通信领域的跨代际技术，使用上一代通信技术的对比文件评述下一代通信技术方案的创造性时，应准确站位本领域技术人员，整体考量技术方案及其应用的系统架构和部署场景，在此基础上理解技术方案、认定技术启示。对于区别特征仅出现在下一代通信技术场景的情形，如果由于通信系统架构及通信场景的技术限制，现有技术未给出应用所述区别特征以解决相关技术问题的技术启示，则该权利要求所限定的技术方案具备创造性。

【相关规定】

《专利审查指南》第二部分第四章第 3.2.1.1 节规定，"在该步骤中，要从最接近的现有技术和发明实际解决的技术问题出发，判断要求保护的发明对本领域的技术人员来说是否显而易见。判断过程中，要确定的是现有技术整体上是否存在某种技术启示，即现有技术中是否给出将上述区别特征应用到该最接近的现有技术以解决其存在的技术问题（即发明实际解决的技术问题）的启示，这种启示会使本领域的技术人员在面对所述技术问题时，有动机改进该最接近的现有技术并获得要求保护的发明。如果现有技术存在这种技术启示，则发明是显而易见的，不具有突出的实质性特点"。

【案例简介】

申请号：201710011443.4（复审案件编号：1F360008）

发明名称：信息传输方法、终端设备及接入网设备

基本案情：

权利要求：一种信息传输方法，其特征在于，包括：

终端设备确定用于承载 N 个上行控制信息 UCI 的资源在时域上部分重叠或者全部重叠，所述 N 个 UCI 包括至少一个波束信道质量的信息，以及信道状态信息和确认 ACK/否定确认 NACK 中的至少一个，N 为大于或等于 2 的整数；所述波束信道质量的信息为所述终端设备所选择的波束的信道质量指示信息；

所述终端设备根据所述 N 个 UCI 的优先级，向接入网设备发送所述 N 个 UCI 中的 M 个 UCI；所述 M 个 UCI 的优先级高于所述 N 个 UCI 中另外 $N-M$ 个 UCI 的优先级，M 为小于或等于 N 的正整数；

其中，所述波束信道质量的信息的优先级高于所述信道状态信息的优先级，且所述波束信道质量的信息的优先级低于所述确认 ACK/否定确认 NACK 的优先级。

说明书：为满足 5G 中各业务、各部署场景以及各频谱等对应的业务需求，在 5G 新无线接入技术（NR）中需增加上行控制信息（Uplink Control Information，UCI）的类型。这使得终端设备在同一个时间单元内可能需要向接入网设备上报多个 UCI。然而，当终端设备具有多个 UCI 需要同时上报至接入网设备，易产生 UCI 的上报冲突，会导致该多个 UCI 全部无法上报，影响数据传输性能，难以保证业务需求。

本案实施例提供的信息传输方法、终端设备及接入网设备中，终端设备确定在同一时间单元内需要发送的 N 个 UCI，并根据该 N 个 UCI 的优先级，向接入网设备发送该 N 个 UCI 中优先级最高的 M 个 UCI。该方法中，该终端设备向接入网设备发送优先级最高的 M 个 UCI，对该 N 个 UCI 进行排序和取舍，而并非将该 N 个 UCI 均上报至该接入网设备，有效避免了 UCI 的上报冲突，保证 UCI 的上报成功率，有效保证数据传输性能及业务需求。

现有技术状况：

1. 对比文件 1 公开了一种 LTE 系统 A-CSI 的触发上报方法，具体公开以下内容：按照 LTE 的方法，目前支持物理上行控制信道（PUCCH）格式 3，其基本思想是对多个 UCI 比特信息，例如来自多个配置的小区的 HARQ-ACK 比特、调度请求（SR）和/或 P-CSI 信息（信道状态信息）进行联合编码，并映射到物理信道传输；PUCCH 格式 3 最多可以支持传输 22 个比特；通过对 UCI 比特进行处理、确定用于 UCI 比特传输的 PUCCH 信道，可实现支持超过 22 比特的 UCI 传输，从而实现更高效的 A-CSI 信息的传输。

2. 对比文件 2 公开了一种数据传输方法，具体公开了以下内容：用户设备在发送 UCI 时，需要根据基站的配置确定 UCI 在公共 PUSCH 占用的时频位置；当用户设备用于发送 BSR 的 PUCCH 占用的物理资源块与用于传输 CSI 或 ACK/NACK 等传统 PUCCH 占用的物理资源块相同时，若 CSI 或 ACK/NACK 与 BSR 的传输冲突时，用户设备可以按照设定的发送 BSR 与发送 CSI 的发送优先级，优先将发送优先级高的 BSR/CSI 通过 PUCCH 发送给基站，按照设定的发送 BSR 与发送 ACK/NACK 的发送优先级，优先将发送优先级高的 BSR/ACK/NACK 通过 PUCCH 发送给基站。

对比文件 1 和 2 均未公开本案权利要求的以下技术特征："UCI 包括至少一个波束信道质量的信息，所述波束信道质量的信息为所述终端设备所选择的波束的信道质量指示信息，波束信道质量的信息的优先级高于信道状态信息的优先级，低于确认 ACK/否定确认 NACK 的优先级。"

【焦点问题】

对比文件公开的是 4G 通信技术，而权利要求与对比文件的区别特征在于，权利要求限定的是 5G 通信技术场景的情形，那么，如何判断权利要求的创造性？

观点一：本案对比文件 1 和对比文件 2 都是在 LTE 系统（即 4G 系统）架构下，所解决的技术问题是 4G 系统架构下的技术问题，并不涉及在 5G 系统架构下新的 "UCI 包括至少一个波束信道质量的信息……" 技术特征带来的信道资源冲突的技术问题，因此，根据对比文件不能得到本案权利要求的技术方案，权利要求具备创造性。

观点二：本案对比文件 1 和对比文件 2 虽然涉及的是 4G 系统框架下的资源冲突的解决方法，但是其与本案均是通过设置优先级的方式避免资源冲突，并且所述参数类型均是 5G 中已经存在的参数类型，因此，4G 系统框架下的上述方法应用于本案所涉及的 5G 场景下的资源冲突中并不存在技术上的障碍，权利要求不具备创造性。

【审查观点和理由】

本案权利要求涉及 5G 参数 "波束信道质量的信息"，由此产生新增 UCI 信息上报冲突，因此本案权利要求实际解决的技术问题是如何解决 5G 通信系统中的新 UCI 上报冲突。为解决该技术问题，权利要求运用了优先级机制，并具体规定了波束信道质量信息优先级高于信道状态信息的优先级而低于 ACK/NACK 的优先级，所采用的技术手段与 5G 技术领域是密不可分的。而对比文件 1 和对比文件 2 的方案均属于 4G 技术，分别涉及如何更高效地传输 LTE 系统中的非周期 CSI 信息以及如何简化 LTE 系统中控制信息的传输流程以降低时延，与本案实际解决的技术问题并不相同。

虽然 "波束信道质量的信息" 是 5G 通信技术已经存在的参数，但是权利要求的技术方案通过引入优先级机制并具体设定 "波束信道质量的信息" 这一参数在 UCI 上传过程中与其他参数间的优先级关系来避免 UCI 的上报冲突，保证 UCI 的上报成功率，从而获得了有效保证数据传输性能及业务需求的技术效果。对比文件 2 公开了根据 UCI 中不同控制信息的优先级安排不同控制信息的上传，但并不涉及波束信道质量信息，更不涉及波束信道质量信息与信道状态信息以及 ACK/NACK 优先级的比较；对比文件 1 也不涉及波束信道质量信息，本领域技术人员在对比文件 1 和对比文件 2 公开的基础上，没有动机对现有的上行控制信息进行修改，使其包括波束信道质量信息，也没有动机将波束信道质量信息的优先级设置为高于信道状态信息的优先级低于确认 ACK/否定确认 NACK 的优先级。同时也没有其他证据表明上述技术手段为公知常识。因此，相对于现有技术，权利要求具备创造性。

案例 7-24 　通信领域跨代际的现有技术之间结合启示的考量

【相关法条】 专利法第二十二条第三款

【IPC 分类】 H04L

【关 键 词】5G 代际 新场景 结合启示 创造性

【案例要点】

在技术更新换代较快的通信领域，可能涉及将不同代际的现有技术结合评述新技术场景下的技术方案创造性的情形，例如采用4G技术与5G技术的对比文件结合评判5G申请的创造性。此时对于本案中5G场景中的技术特征以及与其对应的最接近的现有技术中4G场景下的相应特征，应首先客观分析应用于4G场景的现有技术与应用于5G场景的其他现有技术是否教导了技术特征在5G场景下结合的可能性；其次进一步分析上述两种特征分别在5G、4G技术场景中所产生的作用上的差异。若上述差异导致4G场景的现有技术由于换代前的场景限制而无法直接适用于4G场景，则该申请具备创造性。

【相关规定】

《专利审查指南》第二部分第四章第3.2.1.1节规定，"在该步骤中，要从最接近的现有技术和发明实际解决的技术问题出发，判断要求保护的发明对本领域的技术人员来说是否显而易见。判断过程中，要确定的是现有技术整体上是否存在某种技术启示，即现有技术中是否给出将上述区别特征应用到该最接近的现有技术以解决其存在的技术问题（即发明实际解决的技术问题）的启示，这种启示会使本领域的技术人员在面对所述技术问题时，有动机改进该最接近的现有技术并获得要求保护的发明。如果现有技术存在这种技术启示，则发明是显而易见的，不具有突出的实质性特点"。

【案例简介】

申请号：201810575858.9

发明名称：一种切换的方法、基站及终端设备

基本案情：

权利要求：一种切换的方法，其特征在于包括：

目标基站接收源基站发送的切换请求，切换请求中包含终端设备的第一业务的信息，在业务类型与网络切片一一对应的情况下，第一业务的信息是网络切片标识，在业务类型与网络切片不一一对应的情况下，第一业务的信息与网络切片标识有对应关系；

目标基站进行接入控制，接入控制参考第一业务的信息和目标基站自身支持的业务类型进行；目标基站向源基站发送切换响应，如果目标基站支持第一业务，切换响应包括第一业务的切换指示的信息，切换指示用于指示终端设备将第一业务切换到目标基站。

说明书：现有源基站向目标基站发送的切换请求中不携带业务类型信息，目标基站会在接入控制中准许用户接入，在切换后可能不能提供相应类型的服务，从而导致业务中断。场景示意图如图22所示。

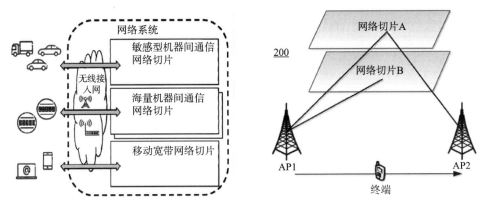

图 22 场景示意图

基站 AP1 支持网络切片 A（海量接入 M2M 业务）和网络切片 B（移动宽带业务），基站 AP2 支持网络切片 A 而不支持网络切片 B，会导致切换到 AP2 后移动宽带业务出现中断。

为此，本案提出以下解决方案：目标基站接收源基站发送的切换请求中包含终端设备的第一业务的信息，在业务类型与网络切片一一对应的情况下，第一业务的信息是网络切片标识，在业务类型与网络切片不一一对应的情况下，第一业务的信息与网络切片标识有对应关系。

现有技术状况：

1. 对比文件 1 为最接近的现有技术，为解决"在切换时，由于不同基站具有不同的业务能力，如果目标基站不能为 UE 提供所需的服务，则 UE 正在使用的本地业务可能发生中断"的技术问题，提出以下方案：源基站向目标基站发送切换请求消息，切换请求消息包含第一业务的信息，目标基站判断是否具备与第一业务的业务信息相同的业务能力，如是，目标基站向源基站发送切换成功响应消息，源基站将 UE 切换到目标基站。

2. 对比文件 2（S1 – 154307）介绍了 5G 系统中的新功能，"在 5G 网络中，网络切片要保证用户体验的持续性并且在漫游时对业务的支持，在漫游时，VPLMN 中的用户应可以使用由相同网络功能组成的切片"。

【焦点问题】

权利要求请求保护的技术方案相对于对比文件 1 具有以下区别技术特征："在业务类型与网络切片一一对应的情况下，第一业务的信息是网络切片标识，在业务类型与网络切片不一一对应的情况下，第一业务的信息与网络切片标识有对应关系。"权利要求请求保护的技术方案相对于对比文件 1 和对比文件 2 是否具备创造性？

观点一：根据对比文件 2 公开的内容能够获得如下启示：在 5G 网络中从源基站切换到目标基站时，为了保证用户体验的持续性，需要保证目标基站能够提供源基站所支持的网络切片。而由标识符来表示不同网络切片，是本领域常规技术手段。因此，在对比文件 1 的基础上结合对比文件 2 和本领域常规技术手段可获得权利要求的技术方案，权利要求不具备创造性。

观点二：对比文件 2 中并未公开"不同基站由不同网络切片覆盖"的相关特征。由于对比文件 2 的应用场景可以是在不同基站间部署同一网络切片，因此源基站发出的切换请求中无需携带其支持的网络切片标识。因此，在对比文件 1 的基础上结合对比文件 2 得不到"基站使用不同网络切片"的技术启示，进一步也得不到"基站采用网络切片标识对不同网络切片和业务予以区分"的技术启示，权利要求具备创造性。

【审查观点和理由】

本案权利要求中明确记载了第一业务信息是网络切片标识或与该切片标识有对应关系，网络切片是 5G 提出的概念，由此可见本案应用于 5G 这一新技术场景；同时，本案所针对的背景是部分基站支持网络切片而部分基站不支持，由此造成切换后的基站无法正常提供原有的网络切片业务的问题，因此权利要求隐含了不同基站部署不同网络切片功能的前提条件。对比文件 1 公开了在进行切换时，源基站发出的切换请求需要携带 UE 的相关业务信息，只有在目标基站也支持该业务信息的情况下，目标基站才同意切换，其并未涉及任何网络切片的特征，无法直接将其应用于 5G 新技术场景以解决该场景下的业务切换问题。对比文件 2 中公开的"网络切片要保证用户体验的持续性并且在漫游时对业务的支持"只是表达了"在漫游时网络切片需要保证业务支持"的含义，这在不同基站部署同一个网络切片的场景中即可实现，并未公开"不同基站由不同网络切片覆盖"的相关特征。由于对比文件 2 的应用场景可以是在不同基站间部署同一网络切片，因此源基站发出的切换请求中无需携带其支持的网络切片标识。因此，在对比文件 1 的基础上结合对比文件 2 得不到"基站使用不同网络切片"的技术启示，进一步也得不到"基站采用网络切片标识对不同网络切片和业务予以区分"的技术启示。

同时，本案权利要求的技术方案在保证业务 QoS 的前提下，在不同基站设置不同的网络切片，能够更好地保证业务切换过程的连续性；在此基础上，在切换请求中通过网络切片标识来表示不同的网络切片和业务，可以保障在多种网络切片覆盖的架构下，目标基站可以更准确地进行接入控制，从而为 UE 提供服务，保障通信正常进行。同时，特定网络切片对应特定用户，能够显著提高移动通信网络的业务质量和用户业务体验，相比现有技术，本案权利要求的技术方案具有更好的接入效果，因此，本案权利要求具备创造性。

案例 7-25　对超长权利要求进行分块分层评判创造性

【相关法条】 专利法第二十二条第三款
【IPC 分类】 H04L
【关 键 词】 虚拟现实　超长权利要求　分块　分层　创造性
【案例要点】

对于技术方案简单但是堆砌较多细节特征的超长权利要求的创造性评价，在确定区别技术特征之前，可以对各技术特征进行梳理和归纳，对超长权利要求进行分块，根据每块中技术特征之间的关系进一步划分子块或分层，将分块分层后的架构与最接近的现有技术相比较来确定区别技术特征，并采用逐块分析、层层递进的方式对权利要求的技术方案进行创造性评判。

【相关规定】

《专利审查指南》第二部分第四章第 3.2.1.1 节规定，"在该步骤中，要从最接近的现有技术和发明实际解决的技术问题出发，判断要求保护的发明对本领域的技术人员来说是否显而易见。判断过程中，要确定的是现有技术整体上是否存在某种技术启示，即现有技术中是否给出将上述区别特征应用到该最接近的现有技术以解决其存在的技术问题（即发明实际解决的技术问题）的启示，这种启示会使本领域的技术人员在面对所述技术问题时，有动机改进该最接近的现有技术并获得要求保护的发明。如果现有技术存在这种技术启示，则发明是显而易见的，不具有突出的实质性特点"。

【案例简介】

申请号：201810050612. X（复审案件编号：1F379287）

发明名称：一种基于虚拟现实的智能房屋租赁系统

基本案情：

权利要求：一种基于虚拟现实的智能房屋租赁系统，包括服务器、用户终端、租房终端以及虚拟现实设备，所述用户终端为注册的需要租房的终端设备，所述租房终端为注册的将房屋租赁的终端设备，所述虚拟现实设备设置有麦克风、扬声器以及摄像头，

其特征在于，所述服务器内部包括：无线模块，……；用户注册模块，……；注册存储模块，……；

请求搜寻模块，……；租赁分析模块，……；租赁搜寻模块，……；

租赁建模模块，……；建模传输模块，……；虚拟现实模块，……；语音交互模块，……；租赁处理模块……进行租房预约；

所述租赁建模模块包括……建模成串联的虚拟现实场景……；

所述服务器还包括：在线支付平台……。

根据说明书记载，本案涉及人工智能领域中的虚拟现实技术实现全景看房系统，上述权利要求限定了多个技术模块及众多细节技术特征。

现有技术状况：

1. 对比文件 1 公开了一种三维租房展示系统，记载了通过虚拟现实设备、客户端、服务器的方式进行客户端房屋查询、房屋三维展示以及用户可以通过头盔式立体电视机等实现对感兴趣房屋的三维立体虚拟现实的浏览的技术方案。具体而言，其公开了由服务器、用户终端、租房终端、虚拟现实设备构成的看房系统，以及虚拟现实房屋建模、根据用户需求信息进行建模传输、虚拟现实展示的总体功能架构。

2. 对比文件 2 公开了一种房屋租赁方法，记载了选定至少一个待租赁房屋，并向所述房屋租赁服务器发送租赁交易请求，根据所述租赁交易请求作出租赁交易反馈信

息以便完成线下看房。

【焦点问题】

权利要求中堆砌较多细节特征，如何更加有效地评判这种超长权利要求的创造性？

观点一：将权利要求与对比文件 1 直接进行比较，对比文件 1 仅公开了能够为佩戴虚拟现实设备的用户进行房源的虚拟现实展示，未公开用户注册、用于预约的租赁处理、在线支付平台、串联虚拟现实场景等相关技术特征，而上述特征均是房屋租赁系统的组成部分，与本案中通过虚拟现实技术实现全景看房相关。因此，上述区别技术特征使得权利要求具备创造性。

观点二：将权利要求的技术特征进行梳理和归纳，再与对比文件 1 进行比较，其区别技术特征或者被对比文件 2 公开，或者属于本领域的惯用手段。因此，该区别技术特征不能使权利要求具备创造性。

【审查观点和理由】

对于技术方案简单，但是堆砌较多细节特征的权利要求的创造性评价，可以在准确理解发明的基础上，对这些特征进行梳理和归纳，例如采用对权利要求进行分块的方式，根据每块中技术特征的关系进一步划分子块或分层，包括以下情形：（1）块内技术特征不可分割，不再划分子块或分层；（2）块内技术特征存在并列关系，可将其划分为不同子块；（3）块内技术特征存在总分关系，可将其划分为不同分层。在此基础上再进行创造性的评述，将分块分层后的架构与最接近的现有技术相比较来确定区别技术特征，并采用逐块分析、层层递进的方式对权利要求的技术方案进行创造性判断。

具体到当前权利要求，由于权利要求限定的系统中包括较多的设备和模块特征，使得权利要求 1 整体上较为繁杂，因此可以利用上述划分方式对权利要求 1 进行梳理和归纳。首先，对权利要求 1 的特征进行分块。在进行分块时，将发明构思"先虚拟现实房屋建模、之后根据用户需求信息进行建模传输、最后虚拟现实展示"作为一个整体考虑，将与之相关的特征划分入第一块中，将虚拟现实看房前的用户注册、确认租赁房屋后的预约、租赁成交后的在线支付等功能及相关联的特征分别划分到第二、三、四块中。其次，根据每个块内技术特征之间的关系将每个块进一步划分为子块或分层。针对第一块，即"建模展示"块，可划分为总分关系的 3 个分层，第 1 分层包括虚拟现实房屋建模、根据用户需求信息进行建模传输、虚拟现实展示的总体功能架构；第 2 分层包括虚拟现实展示所需设备的具体组成；第 3 分层包括虚拟现实展示的具体形式，即建模成串联虚拟现实场景并展示。针对第二块，即"注册"块，可划分为并列关系的 2 个子块，即信息注册子模块、信息存储子模块。针对第三块，即"预约"块，技术特征关联密切，不适宜划分子块和分层。针对第四块，即"支付"块，可划分为总分关系的 2 个分层，第 1 分层包括在线支付平台及支付功能，第 2 分层包括支付功能中的费用冻结机制。

在此基础上，再将其与对比文件 1 进行比较，可以确定权利要求与对比文件 1 的区别技术特征在于：

（1）虚拟现实展示时所需设备的具体组成和虚拟现实展示的具体形式。权利要求限定了虚拟现实展示设备设置有麦克风、扬声器以及摄像头，并且佩戴虚拟现实设备的用户能够与服务器进行语音交互，而对比文件1公开了为佩戴虚拟现实设备的用户进行房源的虚拟现实展示。对于本领域技术人员而言，为了能够使用户通过虚拟现实设备进行房屋浏览，以及与用户进行语音交互，在虚拟现实设备中设置有麦克风、扬声器以及摄像头，并呈现给用户虚拟场景，同时设置语音交互模块与用户进行沟通，属于本领域的惯用手段。

此外，权利要求还限定了对房屋排列建模成串联虚拟现实场景并展示，而对比文件1公开了对符合条件的房屋以列表的方式展示给用户。为了提高用户体验，本领域技术人员能够根据用户需求，将对比文件1中列表排序的结果替换成虚拟现实场景的串联排序展示属于本领域的惯用手段。

（2）"注册"功能相关特征，包括信息注册子模块、信息存储模块。为了更好地对用户进行管理，设置信息注册子模块和信息存储子模块来实现终端设备与用户相关信息的绑定以及注册信息的生成属于本领域的惯用手段。

（3）"预约"功能相关的特征，已经被对比文件2公开。

（4）"支付"功能相关的特征，包括在线支付平台及支付功能、费用冻结机制。对比文件2公开了服务器包括在线支付平台并可以完成在线支付的功能。在此基础上，为了保证交易更加安全以及便捷，采用费用冻结机制属于本领域的惯用手段，例如我们平时生活中所使用的手机购物APP均具有费用冻结机制。

由上述分析可知，在对比文件1的基础上结合对比文件2以及公知常识，可以获得权利要求的技术方案，因此，权利要求不具备创造性。

第八章　基因技术等生物技术领域

生物技术是当代科技发展核心技术中的重要主题之一，已经成为支持经济社会高质量发展的重要基础。尤其是基因技术在医疗、自然资源、能源等领域中创造了巨大的经济效益和社会价值。为了适应基因技术产业的高速发展，有必要深入研究与探讨基因技术相关专利的审查标准，将那些符合授权条件的基因技术充分纳入专利保护的范畴，给真正的"天才之火"添加"利益之油"。

然而，基于基因技术等生物技术领域区别于传统技术领域的特点，例如，与生命个体密切相关的基因技术所可能带来的伦理道德问题、生物技术领域发明实施可预期性较低所带来的对申请文件披露内容的要求、生物材料发明仅按照文字描述很难重复获得所带来的生物材料保藏问题、如何从新颖性的审查标准上区分"基因发现"与"基因发明"，以及在生物信息技术快速发展的背景下如何把握创造性审查标准等，均是基因技术专利审查中的难点问题。本章将通过相关案例对不同情形进行举例说明，包括基因技术专利保护客体的判断、说明书充分公开问题、权利要求支持问题、新颖性及创造性的判断等，以诠释基因技术相关专利审查标准，促进专利申请质量提升，助力生物技术领域专利保护。

案例 8-1　胚胎植入前遗传学筛查是否违反社会公德的判断

【相关法条】 专利法第五条第一款

【IPC 分类】 C12Q

【关 键 词】 胚胎　囊胚透明带打孔　人胚胎的工业或商业目的的应用　违反社会公德

【案例要点】

对于涉及胚胎植入前遗传学筛查的申请，如果方案实质在于改进检测样本获取方法，检测获得胚胎的健康状况，方案所采用的方法不会对植入前胚胎造成伤害，并且方案本身从伦理道德上已经被社会公众普遍接受，则不应认为其涉及人胚胎的工业或商业目的的应用、违反社会公德而不能被授予专利权。

【相关规定】

《专利审查指南》第二部分第一章第 3 节规定，"根据专利法第五条第一款的规定，发明创造的公开、使用、制造违反了法律、社会公德或者妨害了公共利益的，不能被授予专利权"。

《专利审查指南》第二部分第一章第3.1.2节规定，"社会公德，是指公众普遍认为是正当的、并被接受的伦理道德观念和行为准则。它的内涵基于一定的文化背景，随着时间的推移和社会的进步不断地发生变化，而且因地域不同而各异。中国专利法中所称的社会公德限于中国境内。

……人胚胎的工业或商业目的的应用……违反社会公德，不能被授予专利权"。

【案例简介】

申请号：201811647225.0（复审案件编号：1F374377）

发明名称：一种利用囊胚培养液检测胚胎健康状况的方法和产品

基本案情：

说明书：本发明的目的是提供一种能够提高准确性、降低假阴性率的利用囊胚培养液作为检测样本，从而检测胚胎健康状况的适用于ICSI（卵胞浆内单精子注射）和IVF（体外受精）的方法和产品。具体地，所述方法是通过将体外培养天数为5至6天的囊胚转移到囊胚培养液中进行培养，从经培养的囊胚培养液中分离出所述培养液，并进行基因检测得到胚胎的健康状况（如染色体是否异常、染色体非整倍体、线粒体拷贝数或DNA含量是否正常、致病基因检测等）。此外，说明书还记载了通过在透明带上打孔使得胚胎发生皱缩，增加囊胚腔液释放的步骤，可以采用该步骤得到更好的检测结果：当胚胎扩增至囊胚期，将囊胚置于操作台上，选择远离内细胞团且滋养外胚层稀疏的位置，使用激光束破膜仪在透明带产生小孔后，让囊胚腔液释放到囊胚培养液中，透明带打孔操作检测的成功率可达97%以上，如果不进行激光打孔操作，检测的成功率有70%左右。通常在囊胚期进行胚胎观察、评级以及冻存，对囊胚期的操作不会对胚胎造成损伤，本发明选择在第5天囊胚期进行激光打孔及体外培养，是在不影响胚胎发育的前提下进行的。

【焦点问题】

对于应用于辅助生殖的胚胎植入前检测方法，其涉及对体外培养的植入前胚胎的检测样本的获取步骤，该步骤包括对人胚胎的相应操作，相关发明是否涉及人胚胎的工业或商业目的的应用，是否违反社会公德？

观点一：该方法的实施利用了囊胚，并且可以得到人胚胎的健康状况，然后将健康人胚胎移植到母体中，从而获得健康的胎儿及人类个体，所以本发明的实施势必涉及人胚胎的工业或商业目的的应用，违反了社会公德。

观点二：本发明的发明点在于对获取作为检测样本的囊胚培养液或囊胚腔液的方法进行改进，所述发明中虽然涉及对囊胚培养获取检测样本的步骤，但发明并不涉及使用人胚胎进行生产等，对胚胎也未造成破坏，且对检测样本获取方法的改进本身对于辅助生殖技术的完善和发展是有利的，因此，本发明不涉及人胚胎的工业或商业目的的应用，不违反社会公德。

【审查观点和理由】

对于发明创造是否违反社会公德的审查，应基于当前中国境内公众普遍认为是正当的，并被接受的伦理道德观念和行为准则，通常依据专利申请文件中记载的发明创造本身进行判断。

本案所述发明涉及制备基因检测样本的方法，以及体外利用检测样本检测囊胚健康状况的方法和产品，其发明点在于对获取作为检测样本的囊胚培养液或囊胚腔液的方法进行改进。所述方法是以囊胚为检测对象，其实施是为了获得胚胎的健康状况，从而有助于提高后续患者中健康胚胎的植入比例和健康胎儿的出生比例，本身并不涉及使用胚胎进行生产等内容。

而且，本领域公知，囊胚培养以及囊胚腔液释放是辅助生殖过程中的常规步骤。虽然本发明所述方法包括培养囊胚获取囊胚培养液的步骤，以及可选地对囊胚透明带进行打孔获取囊胚腔液的步骤，其中后者可增加核酸物质的起始量以利于后续的扩增和检测，但上述步骤在专业人士的操作下，通常并不会对植入前胚胎造成伤害，影响其正常发育。本案的说明书中也强调了"通常在囊胚期进行胚胎观察、评级以及冻存，对囊胚期的操作不会对胚胎造成损伤，本发明选择在第 5 天囊胚期进行激光打孔及体外培养，是在不影响胚胎发育的前提下进行的"。

此外，在辅助生殖过程中，对体外培养的植入前胚胎进行健康筛查对患者乃至整个社会都有着积极和进步的意义。为了保证检测结果的准确性，需要依赖可靠技术获取可用于检测的胚胎遗传物质，对于用于辅助生殖目的、不会对胚胎造成伤害的植入前胚胎检测样本的获取，目前从伦理道德上已经能够被患者和社会公众所接受，已广泛应用于临床的胚胎植入前遗传学筛查和基因检测中。

因此，本案的专利申请文件中记载的发明创造本身并不涉及人胚胎的工业或商业目的的应用，符合当前中国境内的伦理道德，不应认为其"涉及人胚胎的工业或商业目的的应用、违反社会公德"而不能被授予专利权。

案例 8-2　国内保藏转国际保藏的保藏日的认定

【相关法条】专利法实施细则第二十七条

【IPC 分类】C12N

【关 键 词】生物材料样品保藏　国际保藏　国内保藏　转换　保藏日期

【案例要点】

对于部分国际保藏单位而言，生物材料样品的保藏分为国内保藏和国际保藏，如果专利申请所涉及生物材料样品保藏是由国内保藏转为国际保藏的，认可其保藏日期为国际保藏单位所做的国内保藏日期。

【相关规定】

专利法实施细则第二十七条规定，"申请专利的发明涉及新的生物材料，该生物材料公众不能得到，并且对该生物材料的说明不足以使所属领域的技术人员实施其发明的，除应当符合专利法和本细则的有关规定外，申请人还应当办理下列手续：

（一）在申请日前或者最迟在申请日（有优先权的，指优先权日），将该生物材料的样品提交国务院专利行政部门认可的保藏单位保藏……；

…………

（三）涉及生物材料样品保藏的专利申请应当在请求书和说明书中写明该生物材料的分类命名（注明拉丁文名称）、保藏该生物材料样品的单位名称、地址、保藏日期和保藏编号……"。

《专利审查指南》第二部分第十章第 9.2.1 节规定，"国家知识产权局认可的保藏单位是指布达佩斯条约承认的生物材料样品国际保藏单位……"。

《布达佩斯条约下的微生物保藏指南》非布达佩斯条约下保藏的转存中规定："……根据布达佩斯联盟大会（1981 年和 1990 年）达成的'谅解'，保藏者可以要求国际保藏单位将其所作的非条约下的保藏转换为条约下的保藏。此外，根据该'谅解'，为条约目的的保藏日的确认适用于国家法的规定。实际上这意味着，有些局承认所述国内原始保藏日期为保藏日期，有些局则承认转换为国际保藏的日期作为保藏日期。保藏者应当考虑转换保藏对专利申请或专利的影响。"

【案例简介】

申请号：201780088071.3

申请日：2017 年 12 月 27 日

优先权日：2017 年 1 月 5 日

发明名称：环状肽化合物合成相关基因、使用该基因的环状肽化合物制造方法以及具有该基因的转化体

基本案情：

本案为涉及生物材料样品保藏的进入中国国家阶段的 PCT 申请。申请人首先在日本的国际保藏单位 NPMD 对涉及的生物材料样品进行了国内保藏，原始保藏日期为 2016 年 12 月 28 日，随后请求 NPMD 将国内保藏转换为国际保藏，转换日期为 2017 年 10 月 13 日。在"国际申请进入中国国家阶段声明"中，申请人将转换日期 2017 年 10 月 13 日填写为国际保藏日，审查员认为该保藏日期在本案所要求的优先权日之后，不符合生物材料样品保藏的相关规定，发出办理手续补正通知书，要求申请人在指定的期限内撤回优先权要求或者声明该保藏证明所涉及的生物材料不要求享受优先权。申请人随后提交了意见陈述，认为生物材料样品保藏日期应为原始保藏日期，并要求将进入声明的保藏日期更正为 2016 年 12 月 28 日。

【焦点问题】

对于涉及生物材料样品保藏的专利申请，如果生物材料样品由国内保藏转换为国际保藏，保藏日应当以哪个日期为准？

观点一：由于国内保藏只对本国具有法律效力，对其他国家没有法律约束力，因此对于《国际承认用于专利程序的微生物保存布达佩斯条约》（下称《布达佩斯条约》）承认的国际保藏单位而言，只有其所作的国际保藏才对缔约国具有法律效力，故保藏日期应当认为是从国内保藏转为国际保藏的日期。

观点二：生物材料样品保藏应当是在《布达佩斯条约》承认的国际保藏单位进行

的，由于我国法律法规并未明确要求应当进行"国际保藏"，因此国内保藏和国际保藏均可。考虑到生物材料样品保藏的本意是使生物材料得到妥善保存，以便所属领域的技术人员能够实施其发明，因此从保护专利权人合法权益的角度出发，应认为较早的国内保藏日期为生物材料样品保藏日。

【审查观点和理由】

根据专利法实施细则和《专利审查指南》的有关规定，涉及新的生物材料的发明专利申请，应当在申请日前或者最迟在申请日（有优先权的，指优先权日），将该生物材料的样品提交至国家知识产权局认可的保藏单位保藏，即《布达佩斯条约》承认的生物材料样品国际保藏单位。

有些国际保藏单位内部存在两套系统，一套承担《布达佩斯条约》下的生物材料保藏，另一套承担非《布达佩斯条约》下的生物材料保藏（即上文所说的国内保藏），保藏者可以要求该国际保藏单位将其所作的非条约下的保藏转换为条约下的保藏，这就导致同一生物材料样品可能拥有两个保藏日期：原始保藏日期（date of the original deposit）和转换为国际保藏的转换日期（date of the receipt of request of conversion）。对于该情形，《布达佩斯条约下的微生物保藏指南》中规定，为条约目的的保藏日的确认适用于国家法的规定，可以承认原始保藏日期作为保藏日期，也可以承认转换为国际保藏的日期作为保藏日期。

就本案而言，尽管我国专利法实施细则和《专利审查指南》并未就上述情况下生物材料样品保藏日期进行明确规定，但从立法本意来看，生物材料保藏的目的是满足专利法第二十六条第三款关于充分公开的要求。因此，当申请人在优先权日之前将生物材料在国际保藏单位进行了国内保藏，并随后转换为国际保藏时，可以认为其国内保藏已满足了充分公开的要求，在这种情况下，接受原始国内保藏日既可以维护申请人的权益，也没有造成公众利益的损害。因此，应认可其原始国内保藏日期为生物材料的保藏日期。

案例 8 - 3 技术方案原理分析预期发明的用途和/或使用效果

【相关法条】 专利法第二十六条第三款
【IPC 分类】 C12N
【关 键 词】 实验数据　发明原理　能够实现　证明标准　公开充分
【案例要点】

说明书缺乏实验数据或者实验数据存在瑕疵，并不必然导致说明书公开不充分。如果本领域技术人员可以预测发明能够实现所述用途和/或使用效果，例如通过发明原理分析可以预测的，则说明书符合专利法第二十六条第三款的规定。

【相关规定】

《专利审查指南》第二部分第二章第 2.1.3 节规定，"所属技术领域的技术人员能够实现，是指所属技术领域的技术人员按照说明书记载的内容，就能够实现该发明或者实用新型的技术方案，解决其技术问题，并且产生预期的技术效果。

说明书应当清楚地记载发明或者实用新型的技术方案，详细地描述实现发明或者实用新型的具体实施方式，完整地公开对于理解和实现发明或者实用新型必不可少的技术内容，达到所属技术领域的技术人员能够实现该发明或者实用新型的程度"。

《专利审查指南》第二部分第十章第 3.1 节规定，"对于化学产品发明，应当完整地公开该产品的用途和/或使用效果，即使是结构首创的化合物，也应当至少记载一种用途。

如果所属技术领域的技术人员无法根据现有技术预测发明能够实现所述用途和/或使用效果，则说明书中还应当记载对于本领域技术人员来说，足以证明发明的技术方案可以实现所述用途和/或达到预期效果的定性或者定量实验数据"。

【案例简介】

申请号：201210581606. X

发明名称：重组水痘－带状疱疹病毒

基本案情：

该申请涉及一种利用 BAC（大肠杆菌人工染色体）制备的重组水痘－带状疱疹病毒，以及包含此种病毒的药物组合物，以提高减毒活水痘疫苗的有效性、安全性和均质性。

<u>权利要求</u>：重组、减毒水痘－带状疱疹病毒，其包含 BAC 载体序列，其中，至少部分前述 BAC 载体序列插入到水痘－带状疱疹病毒基因组的非必需区域之中，并且其中，前述非必需区域选自基因 11 的 ORF 的侧翼区域或基因 12 的 ORF 的侧翼区域。

<u>说明书</u>：说明书的背景技术部分描述，水痘－带状疱疹病毒（VZV）疫苗是利用来源于减毒水痘病毒 Oka 株的病毒作为种子制备的。但是，病毒疫苗在传代培养时有可能发生遗传改变，影响疫苗的安全性和有效性。本发明要解决的技术问题即是提高 VZV 疫苗的品质控制和品质保证的精度，以确保减毒活水痘疫苗的有效性、安全性和均质性。

该申请为解决上述技术问题，采取的技术手段是将 BAC（大肠杆菌人工染色体）载体序列插入到水痘－带状疱疹病毒基因组的非必需区域（即基因 11 的 ORF 的侧翼区域或基因 12 的 ORF 侧翼区域）中，使重组病毒基因组可以作为 BAC 在细菌细胞中进行操作。当将含有水痘－带状疱疹病毒基因组的 BAC 引入到哺乳动物细胞中时，所述重组水痘－带状疱疹病毒即可产生并增殖。本领域技术人员能够理解，本发明所采取的技术手段目的在于使重组病毒基因组在细菌载体中稳定复制，必要时导入哺乳动物细胞中使病毒增殖，这种方法不会产生病毒传代导致的遗传变异，避免影响疫苗病毒株品质安全性和有效性。

该申请说明书共有 5 个实施例。实施例 1 描述了重组水痘－带状疱疹病毒的制备，实验表明重组 VZV－BAC－DNA 在大肠杆菌中稳定复制，重组 VZV－BAC－DNA 导入哺乳动物细胞后，获得了包含 BAC 序列的重组 VZV 病毒（rV01）和切除 BAC 序列的 VZV 病毒（rV02）。实施例 2 考察了该重组病毒 rV02 的增殖性，实验证明重组水痘病毒 rV02 在哺乳动物细胞中与水痘病毒 Oka 株表现同等的增殖能力。实施例 3 描述了弱致病性的变异型重组水痘 – 带状疱疹病毒的制备。实施例 4 描述了由实施例 1 中的重组病毒制备疫苗。实施例 5 测试了重组水痘 – 带状疱疹病毒疫苗的免疫原性，具体来说，采用实施例 4 制备的重组水痘 – 带状疱疹病毒疫苗接种豚鼠，测试在豚鼠血液中的抗体效价，其结论描述为"确认重组水痘 – 带状疱疹病毒疫苗与 Oka 株同等程度地诱导抗 – VZV 抗体"。

【焦点问题】

说明书缺乏重组水痘 – 带状疱疹病毒疫苗免疫原性的实验数据，是否导致本案说明书公开不充分？

观点一：生物领域属于实验学科，该领域预期性差。对于该领域发明技术方案是否达到预期的技术效果，判断技术问题是否得以解决，需要通过实验数据加以证实。在本案中，说明书没有公开重组疫苗的免疫原性效果数据，因此，无法得出本发明的重组病毒能够保证免疫原性的结论，说明书存在公开不充分的问题。

观点二：本案说明书没有公开重组疫苗的免疫原性效果数据，但本领域技术人员通过对发明技术方案的原理分析和现有技术对 VZV – DNA 序列分析信息，完全可以合理地预测重组疫苗具有与母本病毒株 Oka 株相当的免疫原性，即本领域技术人员能够实现权利要求的技术方案，解决其技术问题，并且产生预期的技术效果，因此，说明书公开充分。

【审查观点和理由】

根据专利法第二十六条第三款的规定，所属技术领域的技术人员能够实现，是指所属技术领域的技术人员按照说明书记载的内容，就能够实现发明或者实用新型的技术方案，解决其技术问题，并且产生预期的技术效果。

说明书缺乏实验数据，或者实验数据不全面、不完善的瑕疵，并不必然导致说明书公开不充分，需要根据现有技术、发明技术方案的原理，以及发明技术方案的效果实验数据等，站位本领域技术人员综合考虑进行判断。

在本案中，说明书没有公开重组疫苗的免疫原性效果数据，但并不足以据此直接认定发明的技术方案不能实现。重组疫苗免疫原性可以通过实验数据来证明，也可以通过对本发明技术方案原理分析预测。由于本发明采取的技术方案是将 BAC（大肠杆菌人工染色体）载体序列插入到水痘 – 带状疱疹病毒基因组的非必需区域（即基因 11 的 ORF 的侧翼区域或基因 12 的 ORF 侧翼区域）中，即 VZV 基因组的任何一个 ORF 未被破坏，其 ORF 表达的与病毒毒力、免疫原性相关的基因均无变化，本案说明书对此也有说明（如说明书中记载"本发明的重组水痘 – 带状疱疹病毒可用作疫苗，这是由于其包含大量的具有与野生型病毒相同结构的蛋白"）。本领域技术人员可以合理预期重组 VZV 基因组表达的蛋白基本上不受影响，重组 VZV 疫苗的免疫原性与母本毒株相当，这与本案说明书中实施例 5 的结论是一致的。

并且，对于本案还要解决的如何提高重组疫苗病毒株品质安全性和有效性的问题，实施例 1 已经证实重组 VZV – BAC – DNA 能够在大肠杆菌中稳定复制，从而解决了现有技术中病毒传代产生的遗传变异问题，提高了重组病毒疫苗的安全性和有效性。实施例 2 证实了本发明的重组水痘 – 带状疱疹病毒能够在哺乳动物细胞中稳定增殖，即保证了其作为疫苗株的感染性。

综上，即使实施例 5 缺乏关于本发明的重组水痘 – 带状疱疹病毒疫苗的免疫原性的实验数据，也不会影响本领域技术人员根据说明书的记载得出本发明的重组病毒能够在保证免疫原性的基础上提高安全性和有效性的结论，即本领域技术人员能够实现权利要求的技术方案，解决其技术问题，并且产生预期的技术效果，本案的说明书符合专利法第二十六条第三款关于充分公开的要求。

案例 8 – 4 诊断用分子标志物的公开充分问题

【相关法条】专利法第二十六条第三款
【IPC 分类】C12Q
【关 键 词】分子标志物 疾病诊断 公开充分
【案例要点】

说明书应当对发明作出清楚、完整的说明，达到所属技术领域的技术人员能够实现的程度。对于利用分子标志物进行疾病诊断的专利申请，当提供的试验结果仅能表明"分子标志物"具备组织表达差异性，且现有技术中不存在相应"分子标志物"与疾病相关的技术信息时，由于标志物的特异性和敏感性未被证实，会导致检测结果出现假阳性或假阴性。在缺少特异性和敏感性证据的情况下，仅从简单的 mRNA 表达量或表达的蛋白质含量有差异，往往不足以得出相应"分子标志物"可作为所述疾病的诊断标志物的结论，说明书的公开没有达到所属技术领域的技术人员能够实现的程度。

【相关规定】

《专利审查指南》第二部分第二章第 2.1.3 节规定，"所属技术领域的技术人员能够实现，是指所属技术领域的技术人员按照说明书记载的内容，就能够实现该发明或者实用新型的技术方案，解决其技术问题，并且产生预期的技术效果。

…………

以下各种情况由于缺乏解决技术问题的技术手段而被认为无法实现：

…………

（5）说明书中给出了具体的技术方案，但未给出实验证据，而该方案又必须依赖实验结果加以证实才能成立"。

【案例简介】

申请号：201910529535.0

发明名称：癌症诊断用分子标志物

基本案情：

权利要求：

1. 肺腺癌的检测分子标志物，其特征在于，分子标志物选自 RP11 – 304L19.3、

LINC02081 或 RP11 – 286H15.1 中的一种或几种。

2. 权利要求 1 所述的分子标志物在制备诊断肺腺癌的产品中的应用。

7. 一种诊断肺腺癌的产品，其特征在于，所述产品包括检测 RP11 – 304L19.3、LINC02081 或 RP11 – 286H15.1 的试剂。

说明书： 本案的目的在于提供表征肺腺癌的分子标志物，通过检测分子标志物的水平可以判断受试者是否患有肺腺癌以及患肺腺癌的风险。本案通过高通量方法，检测肺腺癌标本中 lncRNA（长链非编码 RNA）在肿瘤组织和正常组织的表达，发现其中具有明显表达差异的 lncRNA。

实施例 1 为筛选与肺腺癌相关的基因标志物，通过收集 31 例肺腺癌患者的肺腺癌组织以及相对应的癌旁组织制备 RNA、构建 cDNA 文库、高通量测序和进行差异表达分析得出 RP11 – 304L19.3、LINC02081 在肺腺癌中表达上调，RP11 – 286H15.1 在肺腺癌中表达显著下调。实施例 1 结果部分指出 "提示 RP11 – 304L19.3、LINC02081 和 RP11 – 286H15.1 可以作为可能的检测靶标应用于肺腺癌的早期诊断"。为了进一步验证高通量测序的结果，实施例 2 对上述三种基因在收集的 31 例样本组织中进行 QPCR，结果显示与癌旁组织相比，RP11 – 304L19.3、LINC02081 在肺腺癌组织中表达上调，分别上调约 14.6 倍和 7.2 倍，RP11 – 286H15.1 在肺腺癌组织中表达下调，下调约 8.3 倍，差异具有统计学意义（$P < 0.05$），同高通量测序结果一致。实施例 2 结果部分指出 "提示 RP11 – 304L19.3、LINC02081 和 RP11 – 286H15.1 可作为生物标志物应用于肺腺癌的诊断和治疗"。

现有技术状况： 现有技术没有公开上述基因与该疾病相关。

【焦点问题】

说明书证实了相关 lncRNA 在癌组织和癌旁组织中表达有差异，而现有技术没有公开该基因与疾病的相关性，那么基于本案说明书记载的内容能否证明该基因能够实现诊断效果？说明书是否充分公开？

观点一：当对大量患者的癌组织和癌旁组织进行 QPCR 验证表明某基因有显著的表达量差异，就可以将该基因作为有效区分不同诊断结果的指标，该基因能够有效地反映受试者患病的可能性，可作为所述疾病的诊断标志物，因此，可以证明该基因能够实现所述的诊断效果，说明书公开充分。

观点二：癌症诊断标志物除了具有在正常组织和癌组织之间的表达差异之外，还应当具备特异性和敏感性。本案并没有针对所述 lncRNA 用于诊断肺腺癌的特异性和敏感性作出任何验证，因此，本领域技术人员根据本案记载的内容不能确定所述 lncRNA 是否可以用于肺腺癌的诊断，不能证明该基因能够实现所述的诊断效果，说明书公开不充分。

【审查观点和理由】

说明书应当对发明作出清楚、完整的说明，达到所属技术领域的技术人员能够实现的程度，而生物领域的发明是否能够实现往往难以根据现有技术预测，通常需要借助于实验结果加以证实才能得到确认。对于涉及诊断用分子标志物的专利申请，通常来说，说明书中不仅应当提供实验证据表明"分子标志物"具备组织表达的差异性，而且还应当提供实验证据证明所述标志物具备一定的特异性和敏感性，从而使本领域技术人员基于说明书公开的内容足以得出该"分子标志物"能够用于所述疾病的诊断。

本案涉及肺腺癌的诊断分子标志物，说明书中通过对 31 例肺腺癌患者的癌组织及其癌旁组织进行高通量测序以及 QPCR 验证筛选出 3 种差异表达的 lncRNA。表达差异分析仅能体现 3 种 lncRNA 与肺腺癌的病程发展可能具有一定的相关性，如果要证明其在肺腺癌诊断上具有实际的可能性，还应当通过诊断特异性和敏感性的分析来实现，使用本领域技术人员普遍认可的验证方法（例如绘制 ROC 曲线评价方法等）来判断其是否能够有效地反映肺腺癌患病的可能性，主要理由是：首先，当前高通量筛选技术已经非常成熟，使用该方法来筛选疾病中差异表达基因是本领域的常规技术手段，很容易通过该方法获得大量与疾病病程存在一定关系的基因，而这些基因是否可以与诊断该疾病进行技术关联，并不能仅从高通量筛选结果中得到证实。第二，对于诊断标志物而言，需具备检测的特异性和敏感性两方面特质，否则会导致检测结果出现假阳性或假阴性。本技术领域公知，对于同一疾病可能存在许多相关基因的表达发生变化；不同的疾病也会引起相同基因表达的变化。因而，在说明书仅仅提供了基因 mRNA 表达量或该基因表达的蛋白质含量存在差异、现有技术也不存在相应基因与疾病相关的技术信息的情况下，所属技术领域的技术人员不足以得出该基因可作为所述疾病的诊断标志物的结论，说明书的公开没有达到所属技术领域的技术人员能够实现的程度，说明书公开不充分。

案例 8-5　涉及种内模式菌株的权利要求支持问题

【相关法条】专利法第二十六条第四款

【IPC 分类】A61K

【关 键 词】模式菌株　同种属菌株　特定性能　共有性能　支持

【案例要点】

对于涉及菌株性能/用途的权利要求，在判断权利要求对菌株的概括是否能够得到说明书支持时，应当站位本领域技术人员，考察能否合理预测权利要求中包含的所有菌株均具有相同的性能或用途。如果权利要求中所述菌株的性能或用途无法预先确定和评价，应当认为该权利要求得不到说明书的支持。对于菌株的某种特定性能是否属于种属的共有性能，通常可以从例证和机理两个方面进行考虑。如果本案和现有技术的例证不能证明菌株的某种特定性能为种属共有性能，申请人声称的实现该性能的机理与该性能的对应关系也未能得到证实，或者本案和现有技术不能证明该种所有菌株都可以实现该机理，则本领域技术人员无法预期所属种的其他菌株均具有该性能，权利要求从株到种的概括得不到说明书的支持。

【相关规定】

《专利审查指南》第二部分第二章第 3.2.1 节规定，"权利要求的概括应当不超出说明书公开的范围。如果所属技术领域的技术人员可以合理预测说明书给出的实施方式的所有等同替代方式或明显变型方式都具备相同的性能或用途，则应当允许申请人将权利要求的保护范围概括至覆盖其所有的等同替代或明显变型的方式。……

……如果权利要求的概括包含申请人推测的内容，而其效果又难于预先确定和评价，应当认为这种概括超出了说明书公开的范围"。

【案例简介】

申请号：201780014234.3（复审案件编号：1F333987）

发明名称：包含细菌菌株的组合物

基本案情：

权利要求：包含氢营养布劳特氏菌（*Blautia hydrogenotrophica*）物种的细菌菌株的益生菌组合物在制备用于治疗或预防肠易激综合征（IBS）相关的内脏高敏感性的药物中的用途。

说明书：氢营养布劳特氏菌属于布劳特氏菌属，氢营养布劳特氏菌菌株 1996 年 1 月以登记号 DSM 10507 作为"氢营养瘤胃球菌"保藏于德国微生物保藏中心，后于 2001 年 05 月 10 日以登记号 DSM 14294 作为"S5a33"保藏。

氢营养布劳特氏菌可用于降低内脏高敏感性，特别是用于降低与肠易激综合征相关的内脏高敏感性。内脏高敏感性的降低可能与所观察到的硫酸盐还原细菌和硫化物产量的减少相关。

实施例中，将 DSM 10507（氢营养布劳特氏菌的模式菌株）或其冻干物，经口饲喂接种了肠易激综合征受试者人类肠道微生物丛的大鼠，经 qPCR 检测确认菌株定殖成功；经结肠直肠扩张实验，减少收缩，降低内脏高敏感性；此外，可以检测到硫酸盐还原细菌量显著减少，乙酸盐/丁酸盐产量增加，硫化物（H_2S）产量减少。

现有技术状况：

1. 现有技术公开了 DSM 10507 是氢营养布劳特氏菌的模式菌株，并公开了氢营养布劳特氏菌 DSM 10507 的菌株和菌落形态学特征、生长所需的 pH 等条件、糖等物质代谢、利用 H_2/CO_2 产乙酸和系统进化树关系等信息。

2. 现有技术公开了布劳特氏菌属的不同种之间具有高度相似的表型特征，即利用 H_2/CO_2 生成乙酸的能力。

3. 本技术领域公知常识："种"是细菌分类学的最小划分单元，同种各菌株之间具有足够相同或相似的结构和性能；属于同一个种的不同菌株之间也可能存在着互不相同的生理生化性质；模式株是种的名称的代表，是种的永久的标准标本，一般以确定新种的第一个培养体作为模式株，是种名的参考标本。

【焦点问题】

说明书的实施例中记载了具体的模式菌株，权利要求限定为该种内的所有菌株，该权利要求对菌株的概括能否得到说明书的支持？

观点一：尽管"种"作为细菌分类学的最小划分单元，其意味着同种各菌株之间具有足够相同或相似的结构和性能，使之成为一类，并且与其他的种具有足够不同的结构和/或性能，使之相区分。但属于同一个种的不同菌株之间仍然可能存在着互不相同的生理生化性质。具体而言，对于某个特定的性能是属于种内共有性能，还是菌株独有性能，并不能基于"属于相同的种"而必然地确定。本案案中仅验证了 DSM 10507 能够治疗肠易激综合征相关的内脏高敏感性，而说明书未记载其他菌株的实施例，也没有现有技术证据表明其他的氢营养布劳特氏菌能够实现治疗肠易激综合征相关的内脏高敏感性的技术效果，因此，权利要求无法得到说明书的支持。

观点二：现有技术证明了 DSM 10507 是氢营养布劳特氏菌的模式菌株，由于模式菌株是表现出该种的分类学定义所需的所有相关表型和基因型特性的菌株，因而能够以 DSM 10507 代表氢营养布劳特氏菌。在现有技术公开了布劳特氏菌属的不同种之间具有高度相似的表型特征的基础上，本领域技术人员基于种间的表型高度相似特性，能够合理预期氢营养布劳特氏菌种内不同菌株之间有更大程度的表型相同性，因而权利要求能够得到说明书的支持。

【审查观点和理由】

对于特定性能是否属于菌株种属的共有性能，通常可以从例证和机理两个方面进行考虑。如果本案和现有技术的例证不能证明菌株的某种特定性能为种属共有性能，申请人声称的实现该性能的机理与该性能的对应关系也未能得到证实，或者本案和现有技术不能证明该种所有菌株都可以实现该机理，则本领域技术人员无法预期所属种的其他菌株均具有该性能，权利要求从株到种的概括得不到说明书的支持。具体到本案：

从例证角度考虑，首先，本案的模式株对于权利要求请求保护的用途不具有足够的代表性。其原因在于：模式株是基于分类学常规使用的形态特征、生理生化特性、化学分类指标、分子分类指标发挥其分类参考株的作用的，但并不意味着其具有的任何性能是该种其他菌株都必然具有的，且同种的不同个体间的差别（即种类变异）是经常存在的。权利要求请求保护的"治疗或预防肠易激综合征相关的内脏高敏感性"并非确定氢营养布劳特氏菌的模式株时所依据的性能，其是后发现的新性能，当模式株 DSM 10507 作为参考株用于菌种鉴定时，并不会以该性能作为鉴定种的依据。因此，并不能直接以模式株 DSM 10507 具有"治疗或预防肠易激综合征相关的内脏高敏感性"的性能就直接认定该性能是所属种内的菌株的共有性能。其次，现有技术也未证明氢营养布劳特氏菌的其他菌株也能治疗或预防肠易激综合征相关的内脏高敏感性。

从机理角度考虑，首先，本案没有证明实现治疗或预防肠易激综合征相关的内脏高敏感性的机理，也没有证明相关机理在氢营养布劳特氏菌种内普遍存在。本案说明书中虽然记载了氢营养布劳特氏菌 DSM 10507 的使用可以减少硫酸盐还原细菌和 H_2S 的产生，但没有证据表明通过减少硫酸盐还原细菌和 H_2S 就能够达到治疗或预防肠易激综合征相关的内脏高敏感性的效果，而且说明书中记载的实验数据也无法表明其他氢营养布劳特氏菌菌株也具有减少硫酸盐还原细菌和 H_2S 的产生的技术效果。其次，没有证据证明现有技术已知的氢营养布劳特氏菌的共有性能与治疗或预防肠易激综合征相关的内脏高敏感性存在相关性。尽管现有技术公开了利用 H_2/CO_2 产乙酸是布劳特氏菌属多种菌具有的共有性能，现有技术也公开了氢营养布劳特氏菌 DSM 10507 的菌株和菌落形态学特征、生长所需的 pH 等条件、糖等物质代谢、利用 H_2/CO_2 产乙酸和系统进化树关系等信息，但尚不足以证明利用 H_2/CO_2 产乙酸是氢营养布劳特氏菌治疗或预防肠易激综合征相关的内脏高敏感性的机理。因此，本案没有证据证明存在共有机理可以使氢营养布劳特氏菌均能治疗或预防肠易激综合征相关的内脏高敏感性，本领域技术人员无法从机理角度预先确定该性能属于该种所有菌株的共有性能。

综上，本领域技术人员基于本案说明书记载的内容和现有技术不能概括得出氢营养布劳特氏菌种内所有菌株都具有治疗或预防肠易激综合征相关的内脏高敏感性的技术效果，权利要求得不到说明书的支持。

案例 8-6　基因型限定对制药用途的限定作用

【相关法条】专利法第二十二条第二款

【IPC 分类】A61K

【关 键 词】基因型　适应症　制药用途　新颖性

【案例要点】

判断采用基因型限定疾病的制药用途发明是否具备新颖性，需要根据说明书的记载和现有技术的整体情况来判断该基因型对制药用途的限定作用，如果本领域技术人员能够清楚地认知采用基因型限定的适应症，并能判断其与原已知用途存在实质不同，则应当认为该制药用途具备新颖性。

【相关规定】

《专利审查指南》第二部分第十章第 5.4 节规定，"对于涉及化学产品的医药用途发明，其新颖性审查应考虑以下方面：

（1）新用途与原已知用途是否实质上不同。仅仅表述形式不同而实质上属于相同用途的发明不具备新颖性。

（2）新用途是否被原已知用途的作用机理、药理作用所直接揭示。与原作用机理或者药理作用直接等同的用途不具有新颖性。

（3）新用途是否属于原已知用途的上位概念。已知下位用途可以破坏上位用途的新颖性。

（4）给药对象、给药方式、途径、用量及时间间隔等与使用有关的特征是否对制药过程具有限定作用。仅仅体现在用药过程中的区别特征不能使该用途具有新颖性"。

【案例简介】

申请号：201580022580.7（复审案件编号：1F355310）

发明名称：治疗肺腺癌的方法

基本案情：

权利要求：化合物 1 或其药学上可接受的盐在制备用于治疗 SLC34A2-ROS1、CD74-ROS1 或 FIG-ROS1 融合阳性非小细胞肺癌的药物组合物中的用途，其中化合

物 1 是 N－(4－{[6，7－双（甲氧基）喹啉－4－基］氧} 苯基)－N′－(4－氟苯基)
环丙烷－1，1－二甲酰胺。

说明书：本发明涉及一种使用酪氨酸激酶，具体是 ROS1 激酶的抑制剂治疗肺腺癌
的方法。实施例"对 ROS1 磷酸化的抑制"的生物学实验结果显示，化合物 1 具有对
ROS1 融合激酶的有效抑制活性，且体外测试浓度下与克唑替尼相比更有效；针对
SLS34A2－ROS1 融合基因型的 NSCLC（非小细胞肺癌）腺癌，化合物 1 的 48 和 72 小
时增殖的 IC_{50} 值均为 10—100nM，而针对 EML4－ALK 融合基因型的 NSCLC 腺癌，化合
物 1 的 48 和 72 小时增殖的 IC_{50} 值分别为 1000—5000nM 和 5000—10000nM。

现有技术状况：

1. 对比文件 1 公开了一种治疗肺腺癌的方法，包括向需要这种治疗的患者施用化合
物 1 或其药学上可接受的盐，所述肺腺癌是非小细胞肺癌，以及所述肺腺癌是 KIF5B－
RET 融合阳性的非小细胞肺癌。

2. 本技术领域公知常识：

（1）非小细胞肺癌的发病率和死亡率均居恶性肿瘤首位，约 80% 患者发现时属于
晚期，第三代新药联合铂类化疗是治疗非小细胞肺癌晚期的标准方案，但其总有效率
为 25%～35%，中位生存期 8～10 个月，因此，基于分子靶点的非小细胞肺癌个体化
治疗在临床治疗方案及药物选择中扮演着越来越重要的角色。目前发现的 NSCLC 腺癌
的主要驱动基因有 KRAS、EGFR、BRAF、MEK1 突变、EML4－ALK 融合基因、ROS1
融合基因和 KIF5B－RET 融合基因等。常用的非小细胞肺癌靶向治疗药物有 EGFR－
TKI、EMLA－ALK 融合基因抑制剂、MEK1/2 抑制剂等。ROS1 重排是非小细胞肺癌的
一种特殊亚型，在非小细胞肺癌中发生率约为 1%，与其他肺癌驱动基因未发现有重
叠，ROS1 重排可引起癌基因 ROS1 融合激酶表达及对 ROS 激酶抑制剂的敏感性（参见
《中国肿瘤内科进展：中国肿瘤医师教育（2013 年)》，中国协和医科大学出版社，
2013 年 6 月，第 27—30 页）。

（2）克唑替尼的适应症包含 ROS1 阳性的非小细胞肺癌（参见 XALKORI® 的说明
书，2016 年 3 月）。

【焦点问题】

关于适应症的基因型限定对制药用途是否具有限定作用？能否使制药用途具备新
颖性？

观点一："SLC34A2－ROS1、CD74－ROS1 或 FIG－ROS1 融合阳性"是对患者体
内生物标记物的限定，而不是对癌症类型的限定。对所治疗患者检测其基因并调整治
疗药物，以满足患者的特定需要，是临床医师针对具体疾病的治疗所确定的治疗方案，
通常是药物制备完成之后的下一步骤，属于医疗活动中的用药行为，因而基因型对制
药用途不构成限定作用，不能使权利要求具备新颖性。

观点二："SLC34A2－ROS1、CD74－ROS1 或 FIG－ROS1 融合阳性"仅是对非小
细胞肺癌发病机制的描述，在权利要求要求保护的制药用途中，实质上是对化合物 1
治疗非小细胞肺癌药物作用机理的限定，权利要求的化合物 1 针对的适应症并未改

变，仍然是非小细胞肺癌，因此对制药用途不构成限定作用，不能使权利要求具备新颖性。

观点三：ROS1 融合阳性的非小细胞肺癌已经被本领域技术人员认知为一种基因亚型适应症。本案技术方案发现了化合物 1 对 ROS1 融合激酶的有效抑制活性，并将其用于治疗 ROS1 融合阳性的非小细胞肺癌，属于发现了已知医药产品的新性能，并利用新性能来治疗疾病的新用途发明，因而对制药用途构成限定作用，能够使权利要求具备新颖性。

【审查观点和理由】

对于基因型限定的制药用途发明的新颖性判断，应基于说明书的记载并结合现有技术的整体情况来判断该基因型对制药用途的限定作用，而不应简单认为基因型的限定仅属于机理表征或临床应用方案。如果本领域技术人员能够确定所述制药用途中的基因型限定特征实质上仅是对部分患者个体的描述，基因型限定特征并不对应于临床已知的适应症，则所述基因型通常对制药用途不具有限定作用。如果本领域技术人员能够清楚地认知采用基因型限定的适应症，并能判定其与原已知用途存在实质不同，则通常认为该基因型限定对制药用途具有限定作用，该制药用途具有新颖性。具体到本案：

首先，需要判断该基因型限定的适应症是否能够被本领域技术人员清楚地认知，综合考虑：所述基因亚型在现有技术中的含义和边界，临床基因分型对诊断的意义以及在治疗中的特殊性等。本领域技术人员公知，基于分子靶点的非小细胞肺癌个体化治疗在临床治疗方案及药物选择中扮演着越来越重要的角色；目前发现的 NSCLC 腺癌的主要驱动基因有 KRAS、EGFR、BRAF、MEK1 突变、EML4 - ALK 融合基因、ROS1 融合基因和 KIF5B - RET 融合基因等；常用的非小细胞肺癌靶向治疗药物有表皮生长因子受体酪氨酸激酶抑制剂（EGFR - TKI）、EMLA - ALK 融合基因抑制剂、MEK1/2 抑制剂等。ROS1 重排是非小细胞肺癌的一种特殊亚型，在非小细胞肺癌中发生率约为 1%，多见于年轻、不吸烟的肺腺癌患者，与其他肺癌驱动基因未发现有重叠，ROS1 重排可引起癌基因 ROS1 融合激酶表达及对 ROS 激酶抑制剂的敏感性。由上可见，针对不同基因驱动的非小细胞肺癌采用不同的靶向药物治疗已经被本领域技术人员所公知，并且本领域技术人员已经能够认识到 ROS1 基因重排导致的 ROS1 融合阳性非小细胞肺癌是一种特殊类型的非小细胞肺癌。此外，基于目前已经批准将 ROS1 融合阳性非小细胞肺癌作为药物克唑替尼的适应症可知，ROS1 融合阳性非小细胞肺癌是一种非小细胞肺癌临床治疗中需要特殊对待的下位适应症，即，ROS1 融合阳性非小细胞肺癌属于非小细胞肺癌的一种下位具体亚型，鉴定是否属于 ROS1 融合阳性非小细胞肺癌具有临床诊断价值，针对 ROS1 融合阳性非小细胞肺癌有必要采取特殊的治疗措施。综上，本领域技术人员能够确定 ROS1 融合阳性的非小细胞肺癌是已知的基因亚型适应症，属于非小细胞肺癌的下位概念。

其次，需要判定该基因型限定的用途与已知用途是否存在实质不同。如上所述，ROS1 融合阳性的非小细胞肺癌属于非小细胞肺癌的下位概念。另外，本技术领域公知，ROS1 重排是非小细胞肺癌的一种特殊亚型，与其他肺癌驱动基因未发现有重叠。因此，本领域技术人员能够将本案权利要求中所述的 ROS1 融合阳性非小细胞肺癌与对比文件 1 公开的 KIF5B - RET 融合阳性的非小细胞肺癌进行有效的区分。

综上所述，权利要求中限定的"SLC34A2 - ROS1、CD74 - ROS1 或 FIG - ROS1 融合阳性非小细胞肺癌"属于非小细胞肺癌的下位概念，也不同于对比文件 1 公开的 KIF5B - RET 融合阳性的非小细胞肺癌，权利要求相对于对比文件 1 具有新颖性。

案例 8 - 7 期刊文献所记载的菌株能否影响专利申请的新颖性

【相关法条】专利法第二十二条第二款
【IPC 分类】C12N
【关 键 词】现有技术　期刊文献　菌株　能够获得　新颖性
【案例要点】

对于涉及菌株本身的专利申请，在申请日之前公开的期刊文献中记载了与本案要求保护的菌株同样名称、同样理化参数特征的另一菌株，但如果本领域技术人员不能通过重复该期刊文献中的方法获得该菌株，没有证据表明期刊要求文章作者向公众发放相应菌株，也没有证据表明申请日前公众能够通过其他方法或途径获得该菌株，则不能认为该另一菌株属于现有技术，该期刊文献不能用于评价本案的新颖性。

【相关规定】

《专利审查指南》第二部分第三章第 2.1 节规定，"根据专利法第二十二条第五款的规定，现有技术是指申请日以前在国内外为公众所知的技术。现有技术包括在申请日（有优先权的，指优先权日）以前在国内外出版物上公开发表、在国内外公开使用或者以其他方式为公众所知的技术。

现有技术应当是在申请日以前公众能够得知的技术内容。换句话说，现有技术应当在申请日以前处于能够为公众获得的状态，并包含有能够使公众从中得知实质性技术知识的内容"。

《专利审查指南》第二部分第十章第 9.2.1 节规定，"在生物技术这一特定的领域中，有时由于文字记载很难描述生物材料的具体特征，即使有了这些描述也得不到生物材料本身，所属技术领域的技术人员仍然不能实施发明。在这种情况下，为了满足专利法第二十六条第三款的要求，应按规定将所涉及的生物材料到国家知识产权局认可的保藏单位进行保藏"。

《专利审查指南》第二部分第十章第 9.2.1 节还规定，"专利法实施细则第二十七条中所说的'公众不能得到的生物材料'包括：个人或单位拥有的、由非专利程序的保藏机构保藏并对公众不公开发放的生物材料；或者虽然在说明书中描述了制备该生物材料的方法，但是本领域技术人员不能重复该方法而获得所述的生物材料，例如通过不能再现的筛选、突变等手段新创制的微生物菌种。这样的生物材料均要求按照规定进行保藏"。

【案例简介】

申请号：201910822493. X

发明名称：一株核桃枝枯病拮抗细菌及其应用

基本案情：

权利要求：枯草芽孢杆菌（Bacillus subtilis）QB002，保藏编号为 CGMCC NO. 18218。

现有技术状况：

对比文件1为一篇期刊文献（王敏、赵颖、蔡桂芳等，"野核桃枝枯病菌拮抗细菌的筛选及鉴定"，《新疆农业大学学报》，2019年第42卷第4期，第261—266页，公开时间为2019年7月31日），记载了一种枯草芽孢杆菌（Bacillus subtilis）QB002，与本案权利要求所要求保护菌株的菌株名、培养形态、革兰氏染色结果以及对多株致病菌的抑制率等完全相同。对比文件1记载了菌株QB002是从细菌菌株中筛选对供试病原菌拮抗效果最佳的细菌而获得的，其中细菌菌株由实验室提供、从病枝中分离获得，供试病原菌是采自新疆伊犁巩留县野核桃沟的野核桃枝枯病病菌，对比文件1没有公开菌株QB002的保藏编号等保藏信息，也没有公开其他获得该菌株的途径。

【焦点问题】

在申请日之前公开的期刊文献中记载了与本案要求保护的菌株同样名称、同样理化参数特征的另一菌株，该对比文件能否影响本案权利要求的新颖性？

观点一：对比文件1记载的菌株与本案权利要求限定的菌株名称相同，菌株培养形态、革兰氏染色结果以及对多株致病菌的抑制率也完全相同，有理由推定对比文件1和本案权利要求1涉及完全相同的菌株，可以采用对比文件1评价权利要求的新颖性。

观点二：对比文件1记载的菌株是通过不能再现的筛选方法获得的，如果没有证据表明期刊要求文章作者向公众发放相应菌株，也没有证据表明申请日以前公众能够通过其他方法或途径获得该菌株，则申请日前公众不能获得该菌株，该对比文件1不能用于评价权利要求的新颖性。

【审查观点和理由】

在化学领域的新颖性审查中，如果对比文件已经记载了要求保护的产品同样的名称、理化参数特征等，通常可以作为现有技术用于评价权利要求的新颖性。但是，由于微生物领域的特殊性，如果对比文件记载的微生物是通过不能再现的筛选、突变等手段制备得来的，本领域技术人员通常不能通过重复对比文件中的制备方法获得该微生物，需要特别考虑该微生物在申请日前公众是否能够获得的问题，如果申请日前公众不能获得该微生物，则该对比文件不能作为现有技术用于评价权利要求的新颖性。对于对比文件为期刊文献的情形，期刊文献的文章作者是否有义务向公众发放文章所涉及的微生物并没有统一的规定和要求，不同期刊的要求也有所不同。如果没有证据表明期刊要求文章作者向公众发放相应微生物，也没有证据表明申请日前公众能够通过其他方法或途径获得该微生物，则一般不宜引用该期刊文献评价权利要求的新颖性；反之，则可以采用该期刊文献评价权利要求的新颖性。

本案中，期刊文献对比文件1中记载的菌株是通过不能再现的筛选方法获得的，本领域技术人员不能通过重复对比文件 1 的方法获得该菌株。如果没有证据表明期刊要求文章作者向公众发放相应菌株，也没有证据表明申请日前公众能够通过其他方法或途径获得该菌株，即没有证据表明申请日前公众能够获得该菌株，则该对比文件不能用于评价本案权利要求的新颖性。

案例 8 - 8　生化分析领域涉及单克隆抗体申请的创造性判断

【相关法条】专利法第二十二条第三款

【IPC 分类】G01N

【关 键 词】单克隆抗体　抗原表位　生化分析　创造性

【案例要点】

在判断涉及单克隆抗体的生化分析测试装置或测试方法权利要求的创造性时，如果权利要求与现有技术的主要区别是由单克隆抗体带来的，那么在创造性判断中应当重点考虑所采用的单克隆抗体本身的结构及其对测试装置或方法带来的技术效果。如果所采用的单克隆抗体是由抗原表位肽进行限定的，即使该抗原表位肽本身具有新颖性和创造性，仍需进一步判断该抗原表位肽限定的单克隆抗体是否构成与现有技术的实质性区别。如果该单克隆抗体与现有技术公开的单克隆抗体无实质性区别或无法区分，且该单克隆抗体的使用也没有为发明带来更优的技术效果，含有该单克隆抗体的常规生化分析测试装置或测试方法的发明通常不具备创造性。

【相关规定】

《专利审查指南》第二部分第十章第 9.4.1 节（3）规定，"如果抗原 A 是新的，那么抗原 A 的单克隆抗体也是新的。但是，如果某已知抗原 A′的单克隆抗体是已知的，而发明涉及的抗原 A 具有与已知抗原 A′相同的表位，即推定已知抗原 A′的单克隆抗体就能与发明涉及的抗原 A 结合。在这种情况下，抗原 A 的单克隆抗体的发明不具有新颖性，除非申请人能够根据申请文件或现有技术证明，申请的权利要求所限定的单克隆抗体与对比文件公开的单克隆抗体的确不同"。

【案例简介】

申请号：201710367906.0

发明名称：检测人 ST2 蛋白的荧光免疫层析试纸及其制备方法

基本案情：

权利要求：一种用于定量检测待测物中人 ST2 蛋白的荧光免疫层析试纸，该试纸通过双抗体夹心法检测所述人 ST2 蛋白，其中：……所述第一 ST2 单克隆抗体来源于人 ST2 抗原表位肽（1）和（2）中的一者；并且……所述第二 ST2 单克隆抗体来源于人 ST2 抗原表位肽（1）和（2）中的另一者；

所述人 ST2 抗原表位肽（1）和（2）分别为：

（1）Gly - Lys - Asn - Ala - Asn - Leu - Thr - Gln - Gln - Glu - Glu - Gly - Gln - Asn - Gln - Ser - Tyr;

（2）Tyr – Lys – Asp – Glu – Thr – Arg – Val – Arg – Leu – Ser – Arg – Lys – Asn – Pro – Ser – Lys – Glu。

现有技术状况：对比文件公开了 ST2 蛋白序列，针对 ST2 蛋白不同表位的两个单克隆抗体及其具体序列，以及采用上述两个单克隆抗体进行生化检测的胶体金免疫层析试纸。对比文件公开的 ST2 蛋白序列包含了权利要求所述的抗原表位肽序列。本案权利要求与对比文件的区别在于两个方面：一是本案为抗原表位肽限定的单克隆抗体，对比文件为具体序列限定的单克隆抗体；二是本案的试纸为荧光标记，对比文件为胶体金标记。

系列申请状况：本案权利要求中限定了抗原表位肽，而请求保护该抗原表位肽的权利要求在系列申请（CN201610373056.0）中已经得到授权。

【焦点问题】

对于抗原表位肽限定的单克隆抗体，当抗原表位肽具备新颖性和创造性时，是否能确定其限定的单克隆抗体也具备新颖性和创造性？进而能否确定含有所述单克隆抗体的生化检测装置也具备新颖性和创造性？

观点一：权利要求中已经限定了明确的抗原表位肽，同时其在系列申请中也获得了授权，尽管对比文件中公开了相关的抗原序列，但其为 ST2 蛋白的全长序列，远长于权利要求中的抗原表位肽序列，因此权利要求中具体的抗原表位肽序列并非显而易见，由该抗原表位肽限定的单克隆抗体也应当是非显而易见的，权利要求要求保护的相应的试纸也因此具备创造性。

观点二：虽然权利要求中限定了明确的抗原表位肽，但是其为对比文件中公开的 ST2 蛋白的抗原序列的一部分，根据本案目前记载的内容，本领域技术人员无法将由抗原表位肽限定的单克隆抗体与对比文件中公开的单克隆抗体相区分。因此，由抗原表位肽限定的单克隆抗体不构成与对比文件的区别技术特征，进而权利要求要求保护的相应的试纸也不具备创造性。

【审查观点和理由】

在判断涉及单克隆抗体的生化分析测试装置或测试方法权利要求的创造性时，除了装置的结构和方法特征外，还需要考虑单克隆抗体这一技术特征。如果本案权利要求与现有技术的主要区别是由其中使用的单克隆抗体带来的，那么在创造性判断中应当重点考虑所采用的单克隆抗体本身的结构，及其对测试装置或测试方法带来的技术效果。如果所采用的单克隆抗体是由抗原表位肽进行限定的，那么需进一步判断该抗原表位肽限定的单克隆抗体是否构成与现有技术的实质性区别，如果该单克隆抗体不能构成与现有技术的实质性区别，或者与现有技术公开的单克隆抗体无法区分，且该单克隆抗体的使用也没有为测试装置或方法带来更优的技术效果，含有该单克隆抗体的常规生化分析测试装置或测试方法的发明通常不具备创造性。

具体到本案，权利要求请求保护一种用于定量检测待测物中人 ST2 蛋白的荧光免疫层析试纸，其中使用的单克隆抗体由抗原表位肽进行限定。由于从抗原制备抗体过程中基因重排造成的多样性，对于仅用抗原表位肽限定的单克隆抗体，其抗体结构实际上并不能被准确确定。由于本案权利要求中限定的抗原表位肽序列（1）和（2）包含在对比文件公开的 ST2 蛋白中，即对比文件公开的 ST2 蛋白具有与本案相同的抗原表位肽，那么可以推定结合对比文件中 ST2 蛋白的单克隆抗体应当能够与本案的抗原表位肽结合，除非申请人能够提供证据证明二者不能结合。因此，权利要求中通过抗原表位肽限定的单克隆抗体难以与对比文件公开的单克隆抗体进行区分，不能构成与对比文件的区别特征。权利要求与对比文件的区别特征仅在于试纸上的标记物为荧光标记而非胶体金标记，在这一区别特征为本领域常规选择，且将抗体应用于生化检测试纸是本领域通过常规技术手段即可实现的情况下，权利要求请求保护的技术方案不具备创造性。因此，当抗原表位肽具备新颖性和创造性时，不能得出结合该抗原表位肽的单克隆抗体也一定具备新颖性和创造性的结论；进而不能得出含有所述抗体的生化检测装置或方法也一定具备新颖性和创造性的结论。

案例 8-9　系统进化树对基于靶基因特异性鉴定物种方法创造性的影响

【相关法条】专利法第二十二条第三款

【IPC 分类】C12Q

【关　键　词】系统进化树　靶基因　物种鉴定　创造性

【案例要点】

对于利用针对靶基因设计的引物对物种进行特异性鉴定的专利申请，当现有技术中存在使用该靶基因构建包含该物种的系统进化树的对比文件时，是否可以使用该对比文件评价本案的创造性可遵循如下判断思路：首先判断本案的物种鉴定和对比文件的系统进化树末端的生物学分类等级之间的关系。如果本案的分类等级不低于对比文件公开的等级，进一步判断本案中物种鉴定的方法原理与对比文件中构建系统进化树的方法原理是否一致。如果一致，则判断本案与对比文件中的靶基因片段是否重合。如果靶基因片段重合或部分重合，则可使用该对比文件来评价本案的创造性。如果对比文件未明确公开引物和扩增片段，或公开的扩增片段与本案不重合，则应判断本案的技术效果是否可以预期。如果可以合理预期，则可使用该对比文件评价本案的创造性。

【相关规定】

《专利审查指南》第二部分第十章第 9.4.2 节规定，"生物技术领域发明创造性的判断，同样要判断发明是否具备突出的实质性特点和显著的进步。判断过程中，需要根据不同保护主题的具体限定内容，确定发明与最接近的现有技术的区别特征，然后基于该区别特征在发明中所能达到的技术效果确定发明实际解决的技术问题，再判断现有技术整体上是否给出了技术启示，基于此得出发明相对于现有技术是否显而易见"。

【案例简介】

申请号：201610725888.4

发明名称：一种世纬苣苔的核苷酸序列鉴定方法及核苷酸序列的应用

基本案情：

<u>权利要求</u>：一种世纬苣苔的核苷酸序列鉴定方法，其特征在于，包括以下步骤：

S1：获取植物组织样本并提取样本 DNA；

S2：采用 ITS 引物和/或 trnL‑F 引物对样本 DNA 进行 PCR 扩增，……电泳检测 PCR 扩增产物后，对 PCR 扩增产物进行测序；

S3：将多次测序得到的序列通过 DNAMAN 软件进行比对，……得到植物组织样本的 ITS 序列和 trnL‑F 序列，……与 SEQ ID NO. 13、SEQ ID NO. 14 所示的序列进行比对，以鉴定该植物组织样本是否为世纬苣苔。

说明书：本案涉及一种世纬苣苔的核苷酸序列鉴定方法。通过不同引物 PCR（聚合酶链式反应）扩增试验后发现，采用 ITS 引物和 trnL‑F 引物进行 PCR 扩增后得到的 ITS 序列和 trnL‑F 序列（ITS 序列：SEQ ID NO. 13；trnL‑F 序列：SEQ ID NO. 14）具有与其他种类植物较大的区别，即 ITS 序列和 trnL‑F 序列与其他物种的遗传序列具有较大的区分度，可将其应用于世纬苣苔的物种鉴定。

现有技术状况：对比文件 1 公开了使用 ITS 和 trnL‑F 对整个苦苣苔科中的代表性物种（包括世纬苣苔）进行分子系统发育分析，其步骤包括：获取植物样本并提取样本 DNA；采用 ITS 引物和 trnL‑F 引物对样本 DNA 进行 PCR 扩增；对 PCR 扩增产物进行测序。同时，还公开了世纬苣苔的 ITS 和 trnL‑F 序列。

【焦点问题】

对于利用针对靶基因设计的引物对物种进行特异性鉴定的专利申请，在对比文件公开了通过该靶基因构建的包含该物种的系统进化树的情况下，该对比文件能否用于评价本案的创造性？

观点一：对比文件公开了靶基因可用于构建包含该物种的系统进化树，本领域技术人员容易想到该靶基因对具体物种的区分度较高，可用于相应物种的特异性鉴定。在该靶基因序列已知的基础上，设计引物为本领域的常规技术手段。因此，该对比文件能够用于评价本案的创造性。

观点二：虽然对比文件公开了利用靶基因构建包含该物种的系统进化树，但需要确认进化树末端的生物学分类等级与本案物种鉴定的生物学分类等级是否一致，该对比文件也并未具体公开该靶基因在各物种间的具体差异。在此基础上，本领域技术人员要通过一定的实验手段获得特定的可用于鉴别的序列，需要付出创造性劳动。因此，该对比文件无法用于评价本案的创造性。

【审查观点和理由】

对于利用针对靶基因设计的引物对物种进行特异性鉴定的专利申请，当现有技术中存在使用该靶基因构建包含该物种的系统进化树的对比文件时，是否可以使用该对比文件评价本案的创造性可遵循如下判断思路：

首先，判断本案的物种鉴定和对比文件的系统进化树末端的生物学分类等级之间的关系。如果本案的分类等级低于对比文件公开的等级，例如本案记载的是鉴定不同的种，而对比文件公开的进化树末端为属，则对比文件不能用于评价本案的创造性；如果本案的分类等级不低于对比文件公开的等级，则进一步判断本案中物种鉴定的方法原理与对比文件中构建系统进化树的方法原理（即，不同物种的某一特定基因的核苷酸序列进行比对分析，根据序列相似度确定物种之间的亲缘关系和进化历程）是否一致。如果二者原理不一致，例如本发明申请基于 SNP（单核苷酸多态性）设计特异性引物进行 PCR，根据扩增产物的有无鉴定物种，其与构建系统进化树的原理明显不同，此时，对比文件不能用于评价本案的创造性；如果一致，则判断本案与对比文件中的靶基因片段是否重合。如果靶基因片段重合或部分重合，则可使用该对比文件来评价本案的创造性；如果对比文件未明确公开引物和扩增片段，或公开的扩增片段与本案不重合，则应判断本案的技术效果是否可以预期。如果可以合理预期，则可使用该对比文件来评价本案的创造性。具体判断流程如图 23 所示。

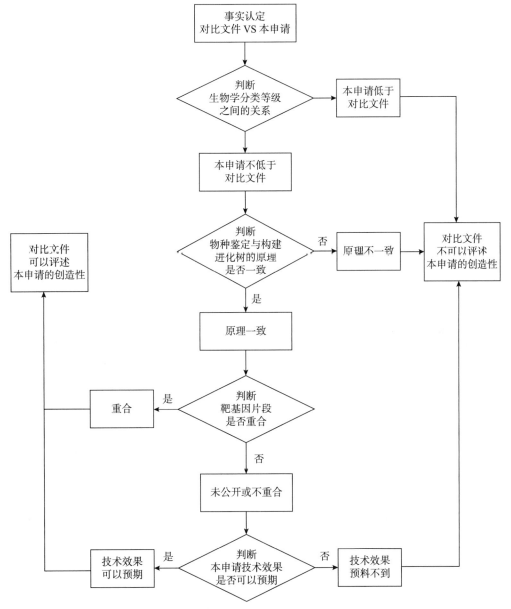

图 23 本案与对比文件事实认定流程

本案中，对比文件1公开了使用ITS和trnL－F对整个苦苣苔科中的代表性物种（包括世纬苣苔）进行分子系统发育分析，构建的系统进化树末端的分类单元为种；本案利用ITS和trnL－F的DNA条形码鉴定世纬苣苔，物种分类单元也为种，分类等级相同；且二者均基于序列的相似度鉴定物种，原理一致。因此，在对比文件1的基础上，本领域技术人员有动机利用构建系统进化树的靶基因进行特定物种的鉴定。通过进一步比较发现，对比文件1与本案扩增区段高度相似，二者用于扩增trnL－F的引物对完全相同，本案扩增ITS的引物为本领域的通用引物，因此，可以使用对比文件1评价本案的创造性。

案例 8－10　性能改善的酶变体的创造性判断

【相关法条】专利法第二十二条第三款
【IPC分类】C12N
【关　键　词】酶变体　生物序列　技术启示　技术效果　创造性
【案例要点】

随着生物信息学等技术手段在生物领域中的广泛应用，已经可以通过将待研究的序列与具有一定同源性的已知功能序列进行比对，进而分析预测影响其功能的结构区域。创造性判断中，在确定现有技术预测的数据所提供的方向和教导时，应重点考虑预测方法本身的科学性和可信度，现有技术中用作预测基础的序列信息与待验证功能的序列之间的相似性，以及预测的具体结构区域与其功能之间的关系是否明确等因素，判断所属领域技术人员是否存在改进现有技术的动机。当权利要求涉及的性能改善的酶变体与现有技术公开的亲本酶相比，存在特定位点上的氨基酸取代时，如果基于上述多种因素的综合考虑，所属领域技术人员并不会形成有目的地将所述特定位点上的氨基酸取代应用于亲本酶，以改善该酶的相应性能的动机，且说明书已经通过实验表明上述特定位点上的氨基酸取代具有改善该酶特性的效果，那么该技术方案相对于所述现有技术而言是非显而易见的，具有创造性。

【相关规定】

对于多肽或蛋白质发明创造性的判断，《专利审查指南》第二部分第十章第9.4.2.1节（2）规定，"如果发明要求保护的多肽或蛋白质与已知的多肽或蛋白质在氨基酸序列上存在区别，并具有不同类型的或改善的性能，而且现有技术没有给出该序列差异带来上述性能变化的技术启示，则该多肽或蛋白质的发明具有创造性"。

【案例简介】

申请号：200780037776.9（无效案件编号：4W107233）

发明名称：具有改变性质的葡糖淀粉酶变体

基本案情：

权利要求：

1. 改善亲本葡糖淀粉酶的比活和/或热稳定性的方法，所述亲本葡糖淀粉酶由SEQ

ID NO：1、2 或 3 的氨基酸序列组成，其中在所述亲本葡糖淀粉酶中引入 I43F/R/D/Y 取代。

2. 权利要求 1 的方法，其中所述亲本葡糖淀粉酶选自从木霉属物种（*Trichoderma spp.*）获得的葡糖淀粉酶。

说明书：就变体相对于亲本的性能比值（PI 数值）而言，I43R 的热稳定性 PI 值，乙醇筛选测定中的 I43D、I43F、I43R 和 I43Y 的 PI 值以及增甜剂筛选测定中 I43D、I43F 和 I43R 的 PI 值均大于 1，证明上述变体相对于亲本具有改善的比活和/或热稳定性。

现有技术状况：

1. 证据 1 公开了一大类改良的黑曲霉葡糖淀粉酶变体，并公开了亲本黑曲霉葡糖淀粉酶的氨基酸序列。同时利用三种方法对所述酶进行研究：利用分子动力学（MD）模拟的方法进行研究，预测其中有 9 个区域与改善的热稳定性或者增强的特异性活性有关；利用活性位点附近区域可能与改善的热稳定性或者增强的特异性活性有关的理论，预测了其中的 6 个区域；利用其他菌属对于麦芽糖糊精的高度特异性状况，预测了其中的 3 个区域与增强的特异性活性有关。以上三种方法得到的预测结果存在差异，其潜在可选的突变位点多达 200 多个。

2. 证据 2（最接近的现有技术）公开了一种里氏木霉葡糖淀粉酶，其推导氨基酸序列、推导成熟蛋白质序列、催化结构域序列分别与本案所述的里氏木霉葡糖淀粉酶全长氨基酸序列、成熟蛋白质序列、催化结构域完全相同。

3. 证据 4（亦即反证 1）公开了葡糖淀粉酶选择性的计算机研究，即通过计算机研究葡糖淀粉酶对底物的选择性结合和催化的分子基础，分析了葡糖淀粉酶的结构、功能和进化关系，其中通过序列比对的方法分析了曲霉属（*Aspergillus*）亚家族中的黑曲霉/泡盛曲霉、黑曲霉 T21、里氏木霉等霉菌的部分葡糖淀粉酶序列，并且催化结构域分析中显示，大部分葡糖淀粉酶催化结构域具有相同的构造，均由 13 个螺旋组成，其中 12 个螺旋两两配对以（α/α）6 桶状存在。

4. 反证 2（反证 1 第 3 章所对应的论文）公开了前述序列比对仅考虑了"能够匹配其它葡糖淀粉酶区段"的区段，而并未考虑全长序列；比对的序列区段并不包含本案中 SEQ ID NO：2 所示 N16 – R53 区段，更不包含其中的 I43 位点。

审查过程：

1. 专利权人意见

无效程序中专利权人提交全序列比对结果，证明来源于里氏木霉和黑曲霉的葡糖淀粉酶序列的同一性仅为 44.6%。

2. 请求人意见

无效程序中请求人主张，经序列比对发现，证据 1 中一个变体的取代位点对应于证据 2 中酶序列的 I43 位点。

【焦点问题】

本案中，权利要求 1 与证据 2 的区别技术特征在于：（1）权利要求 1 保护一种改善亲本葡糖淀粉酶的比活和/或热稳定性的方法，而证据 2 仅公开了亲本葡糖淀粉酶相关序列；（2）权利要求 1 中限定了在所述亲本酶中引入 I43F/R/D/Y 取代，而证据 2 并未公开制备酶变体的相关信息。根据本案说明书的记载，上述变体相对于亲本具有改善的比活和/或热稳定性，由此确定，权利要求 1 的技术方案实际解决的技术问题是提供一种改善亲本葡糖淀粉酶的酶学性能的方法。

所属技术领域的技术人员是否有动机将证据 1 的教导应用于证据 2？证据 1 是否给出了相应的改构启示？

观点一：根据全序列比对结果可知，来源于里氏木霉和黑曲霉的葡糖淀粉酶序列的同一性较低，且分属不同的微生物属，由此难以想到将黑曲霉葡糖淀粉酶的改构启示直接应用于里氏木霉葡糖淀粉酶的序列中；而证据 4 仅对里氏木霉葡糖淀粉酶部分保守区序列进行了比对分析，且比对区段并不包含 I43 位点所在的片段，因此就更难想到将上述不同菌属来源的葡糖淀粉酶进行序列比对来获得改构启示。

同时，证据 1 并没有明确指向本案所述的突变位点，相反，其潜在可选的突变位点多达 200 多个，理论上在每个位点上都可选择与原有残基不同的其他 19 种氨基酸取代，请求人所提出的与权利要求 1 的位点相对应的位点也不属于该证据中的优选方案；该证据中采用几种不同方法预测的突变位点差异非常大，显示预测结论存在很大的不确定性。可见，即使能够想到将不同来源的葡糖淀粉酶在结构上进行比较分析，在面对证据 1 中近乎天文数字的不确定信息的条件下，也根本无从选择可能改善酶学性能的具体突变。

观点二：证据 2 公开了亲本里氏木霉葡糖淀粉酶序列，其与本案的亲本酶序列完全相同；证据 1 公开了一类具有改善的热稳定性或活性的黑曲霉葡糖淀粉酶变体；证据 4 通过序列比对的方法分析了多种来源的葡糖淀粉酶序列，证明了来自里氏木霉和黑曲霉的葡糖淀粉酶具有结构同源性，由此容易想到将两者进行序列比对以获得改构启示。且经序列比对发现，证据 1 中一个变体的取代位点正好对应于证据 2 中酶序列的 I43 位点，由此有动机对该位点进行氨基酸取代。本案相对于所述证据的组合是显而易见的，不具有创造性。

【审查观点和理由】

对于涉及核苷酸或者氨基酸序列的"生物序列类发明"的专利申请，可以从计算机分析、序列比对等生物信息学手段获取的预测信息中寻找技术启示，例如，通过将待研究的序列与具有一定同源性的已知功能序列进行比对，进而分析预测影响其功能的结构区域，来获得相应的改构动机或者适用新用途的启示。此时，应当重点考虑三方面要素，即，现有技术中用以作为预测基础的序列所采用的方法本身的科学性和可信度，该序列信息与待验证功能的序列之间的相似性以及预测的具体结构区域与其功能之间的关系（即构效关系）是否明确。

本案中，首先，证据 1 公开的几种预测方法的结果差异较大，且缺乏生物学实验验证，导致其科学性和可信度存疑；其次，证据 2 与证据 1 不同来源的酶序列之间结构差异较大，导致难以基于序列比对提供相对可信的构效关系预测信息，而且，现有技术整体上并未揭示葡糖淀粉酶的构效关系。这些信息足以证明，所属领域技术人员在本案优先权日之前单纯基于序列比对所得到的预测信息和泛泛的突变位点信息难以获得相对明确的技术启示，因此对具体位点的具体突变缺乏合理的成功预期的基础上也难以形成有目的的改进动机。

具体来说，就不同现有技术之间的结合动机而言，根据专利权人提交的全序列比对结果可知，来源于里氏木霉和黑曲霉的葡糖淀粉酶序列的同一性仅为 44.6%，同时里氏木霉和黑曲霉分属不同的微生物属，由此难以想到将黑曲霉葡糖淀粉酶的改构启示直接应用于里氏木霉葡糖淀粉酶的序列中；而证据 4 并未考虑全长序列，仅对里氏木霉葡糖淀粉酶部分保守区序列进行了比对分析，且比对区段并不包含 I43 位点所在的片段，因此就更难想到将上述不同菌属来源的葡糖淀粉酶进行序列比对来获得改构启示。

就证据 1 是否给出了序列结构改进动机而言，证据 1 并没有明确指向本案所述的突变位点，相反，其潜在可选的突变位点多达 200 多个，理论上在每个位点上都可选择与原有残基不同的其他 19 种氨基酸取代，请求人所提出的与权利要求 1 的位点相对应的位点也不属于该证据中的优选方案；同时，该证据中采用几种不同方法预测的突变位点差异非常大，显示预测结论存在很大的不确定性。可见，即使能够想到将不同来源的葡糖淀粉酶在结构上进行比较分析，在面对证据 1 中近乎天文数字的不确定信息的条件下，也根本无从选择可能改善酶学性能的具体突变。

综合以上两个层次判断，所属领域技术人员由证据 1、4 的预测信息中并不能获得相应的技术启示，即并不会在此基础上形成有目的地将证据 1 所述特定位点上的氨基酸取代应用于证据 2 的亲本酶，以改善该酶相应性能的动机，且说明书已经通过实验表明上述特定位点上的氨基酸取代具有改善该酶特性的效果，因此，本案相对于所述证据的组合是非显而易见的，具有创造性。

第九章 审查程序及其他

一、禁止重复授权

专利权是一种具有法定期限的独占权，针对同样的发明创造向不同单位或个人重复授予专利权会导致不同专利权人之间产生权利冲突，而针对同样的发明创造向同一单位或个人重复授予多项专利权可能导致专利权人对一项发明创造获得的专利保护超过法定的保护期限，因此，专利法第九条规定，同样的发明创造只能授予一项专利权，从而将禁止重复授予专利权作为我国专利制度的一项基本原则。

由于我国对实用新型专利申请和发明专利申请采取不同的审查方式，与发明专利申请相比，实用新型专利申请从申请到被授予专利权所需的时间明显更短。一些专利申请人基于快速获权和长期保护的考量，会就同样的发明创造同时或先后提交一件实用新型专利申请和一件发明专利申请，这是我国国情导致的一种特别现象。这种现象可能导致一些不合理的结果：一方面，在发明专利申请获得授权前，先授予的实用新型专利权可能已经被放弃或终止，并经国务院专利行政部门登记和公告而被公众知晓，此时公众有理由认为该实用新型专利权保护的发明创造已进入公有领域从而对其进行自由实施，但该发明专利申请却在后来又"重新"获得了发明专利权，导致原本实施该发明创造的公众面临侵犯专利权的风险；另一方面，就同样的发明创造先后提交的实用新型专利申请和发明专利申请如果同时获得授权，可能导致对该项发明创造的专利保护期限超过 20 年。

为了避免这些不合理的结果，专利法第九条第一款进一步在禁止重复授予专利权的原则的基础上规定了一种例外情况，即所谓的"但书"条款："同一申请人同日对同样的发明创造既申请实用新型专利又申请发明专利，先获得的实用新型专利权尚未终止，且申请人声明放弃该实用新型专利权的，可以授予发明专利权。"实践中，对于同一申请人同日对同样的发明创造既申请实用新型专利又申请发明专利的处理，应当满足法律规定的必要条件。

 **案例 9 - 1** 同日申请中已授权的实用新型申请人发生变更

【相关法条】专利法第九条第一款

【**IPC 分类**】B67C

【**关 键 词**】禁止重复授权　申请人变更　同日申请

【**案例要点**】

同一申请人同日（指申请日）就同样的发明创造既申请发明专利又申请实用新型专利（即同日申请），并在申请时分别作出说明，实用新型专利申请获得授权且尚未终止的，如果在发明专利申请的审查过程中其申请人发生变更，可允许通过协商放弃实用新型专利权以使发明专利申请获得授权。

【**相关规定**】

专利法第九条第一款规定了"同样的发明创造只能授予一项专利权"，同时规定了一种例外情况，"同一申请人同日对同样的发明创造既申请实用新型专利又申请发明专利，先获得的实用新型专利权尚未终止，且申请人声明放弃该实用新型专利权的，可以授予发明专利权"。

专利法实施细则第四十七条第二款规定，"同一申请人在同日（指申请日）对同样的发明创造既申请实用新型专利又申请发明专利的，应当在申请时分别说明对同样的发明创造已申请了另一专利；未作说明的，依照专利法第九条第一款关于同样的发明创造只能授予一项专利权的规定处理"。

《专利审查指南》第二部分第三章第 6.2.2 节规定，"对于同一申请人同日（仅指申请日）对同样的发明创造既申请实用新型又申请发明专利的，在先获得的实用新型专利权尚未终止，并且申请人在申请时分别做出说明的，除通过修改发明专利申请外，还可以通过放弃实用新型专利权避免重复授权。因此，在对上述发明专利申请进行审查的过程中，如果该发明专利申请符合授予专利权的其他条件，应当通知申请人进行选择或者修改，申请人选择放弃已经授予的实用新型专利权的，应当在答复审查意见通知书时附交放弃实用新型专利权的书面声明"。

【**案例简介**】

申请号：201210001246.1

发明名称：危险化学液体卸载系统

申请时，申请人 A 同时申请了发明（本案）和实用新型 201220001591.0，并进行了同日申请声明。发明进入实质审查阶段时，实用新型 2012200015910 已获得授权。

2013 年 4 月 16 日审查员发出第一次审查意见通知书，指出本案权利要求 1—8 与实用新型专利 201220001591.0 构成重复授权，要求申请人选择修改本案权利要求或放弃实用新型专利权。

2013 年 5 月 2 日申请人 A 提交放弃实用新型专利权声明。

2013 年 5 月 14 日 A 提交了著录项目变更申报书，申请将本案的申请人由"A"变更为"B"。

2013 年 5 月 23 日专利局发出手续合格通知书。

【**焦点问题**】

申请人就同样的发明创造于同日提交了发明专利申请和实用新型专利申请，并在申请时分别做出了说明，实用新型已获得授权且尚未终止。在发明授权前，发明专利申请人变更为他人，发明申请和实用新型专利构成了申请人和专利权人为不同人的同样的发明创造。如何对发明专利申请继续进行审查？

观点一：本案不符合专利法第九条第一款"但书"的规定，因此，只允许申请人通过修改发明专利申请的权利要求以避免重复授权；

观点二：根据对专利法第九条第一款立法本意的理解，除了允许申请人通过修改发明专利申请的权利要求以避免重复授权外，还允许申请人通过协商，在实用新型专利权人放弃实用新型专利权的情况下对发明专利申请授予专利权。

【审查观点和理由】

对于同日同一申请人对同样的发明创造既申请实用新型专利又申请发明专利的，若因专利（申请）权转让等原因，造成实用新型专利权的权利人与同样的发明创造的发明专利申请人不相同时，因二者存在权利转让关系，在发明具备其他授权条件时，审查员可以发出审查意见通知书要求发明申请的申请人对权利要求进行修改或与实用新型的专利权人进行协商以满足专利法第九条第一款的要求。若实用新型的专利权人放弃实用新型专利权，则对发明专利申请进行授权；若实用新型的专利权人不放弃实用新型专利权，发明专利申请人需对发明申请进行修改，克服重复授权，否则驳回该发明专利申请。

本案申请时，发明和实用新型申请为同一申请人，属于专利法第九条第一款规定的例外情况，并且申请人在申请时也分别做出了说明，符合《专利审查指南》相关规定的可以通过放弃实用新型专利权以使发明专利申请获得授权的情形。

由于在发明专利申请的审查过程中，发明专利申请的申请人发生变更，变更后的发明专利申请人虽然无权直接对实用新型专利权进行放弃，但其与实用新型的专利权人（即转让人）之间为受让人与转让人关系，具备协商基础，变更后的发明申请人仍可能通过与实用新型专利权人进行协商的方式，使实用新型专利权人放弃已取得的实用新型专利权，而获得发明专利的授权。

因此，针对本案，发明申请人可以选择以下方式：

（1）与实用新型专利权人进行协商，要求实用新型专利权人放弃实用新型专利权，以使发明获得授权；

（2）修改发明专利申请的权利要求避免重复授权，以使发明获得授权。

否则，发明专利申请将被驳回。

案例 9-2　同日申请中实用新型专利因未缴年费终止

【相关法条】 专利法第九条第一款
【IPC 分类】 B01F
【关 键 词】 禁止重复授权　放弃专利权终止　同日申请
【案例要点】

申请人在同日对同样的发明创造同时提交了发明专利申请和实用新型专利申请，实用新型专利申请先获得授权，发明专利申请经审查符合授予专利权的其他条件，如果该实用新型专利权因未缴纳年费专利权终止的事项已在专利公报上公告，则不能通过声明放弃实用新型专利权的方式获得发明专利申请的授权。

【相关规定】

专利法第九条第一款规定，"同一申请人同日对同样的发明创造既申请实用新型专利又申请发明专利，先获得的实用新型专利权尚未终止，且申请人声明放弃该实用新型专利权的，可以授予发明专利权"。

专利法实施细则第四十七条第四款进一步规定，"发明专利申请经审查没有发现驳回理由，国务院专利行政部门应当通知申请人在规定期限内声明放弃实用新型专利权"。专利法实施细则第四十七条第五款还规定，"实用新型专利权自公告授予发明专利权之日起终止"。

《专利审查指南》第五部分第九章第2.2.2节规定，"专利年费滞纳期满仍未缴纳或者缴足专利年费或者滞纳金的，自滞纳期满之日起两个月后审查员应当发出专利权终止通知书。专利权人未启动恢复程序或者恢复权利请求未被批准的，专利局应当在终止通知书发出四个月后，进行失效处理，并在专利公报上公告。

专利权自应当缴纳年费期满之日起终止"。

【案例简介】

申请号：201310369902.8

发明名称：镂空带栅条螺旋叶片转子

本发明专利申请的申请号为201310369902.8，在发明专利申请的实质审查阶段，审查员于2015年2月2日发出第一次审查意见通知书，其中指出该发明专利申请的权利要求1—3与申请人在同日提交的已授权实用新型专利的权利要求1—3的保护范围相同。申请人于2015年2月12日提交了放弃实用新型专利权声明。

但该实用新型专利权的相关状态变化如下：

2014年9月26日，专利局发出《缴费通知书》，指出应在6个月之内补交年费以及滞纳金，最迟应在2015年2月26日之前补交；2015年4月28日，专利局发出《专利权终止通知书》；2015年10月14日，专利公报上公告，该实用新型专利未缴纳年费专利权终止。

【焦点问题】

对发明专利申请而言，发明专利申请经审查符合授予专利权的其他条件的，但对发明专利申请作出授权决定时，该实用新型专利权因未缴纳年费专利权终止的事项已经在专利公报上公告，此时能否通过声明放弃实用新型专利权的方式获得发明专利申请的授权？

观点一：申请人已经通过不缴费的方式实际放弃了实用新型专利权，因此可以通过声明放弃实用新型专利权的方式获得发明专利申请的授权。

观点二：申请人应采用提交放弃实用新型专利权声明的方式放弃实用新型专利权，

而不能通过不缴纳年费的方式放弃实用新型专利权，因此，在因不缴费导致实用新型权利终止的情况下，不能再通过声明放弃实用新型专利权的方式获得发明专利申请的授权。

【审查观点和理由】

放弃实用新型专利权进而获得发明专利申请授权的条件之一是"先获得的实用新型专利权尚未终止"，旨在避免出现先授予的实用新型专利权由于未缴纳年费或者保护期限届满等原因已终止，又被授予发明申请专利权的情况，从而维护公众利益不受损害。

同时，申请人应采用提交放弃实用新型专利权声明的方式放弃实用新型专利权，而不能通过不缴纳年费的方式放弃实用新型专利权。依据专利法第九条第一款采用声明放弃的方式放弃实用新型专利权和采用不缴年费的方式放弃实用新型专利权的法律后果不同。前者的实用新型专利权自公告授予发明专利权之日起终止，后者则自应当缴纳年费期满之日起终止。相应地，公众获得的信息也不同，前者在放弃后同样的发明专利申请获得了授权，后者在终止后该实用新型专利权保护的发明创造即进入了公有领域。在实质审查期间，为避免虽然申请人提交了放弃专利权声明，但该实用新型专利权因未缴纳年费在发明专利申请授权之前已经终止的情况，实用新型专利权的年费应缴足直至发明专利权的授权公告日。

本案中，申请人于2015年2月12日提交了放弃实用新型专利权声明，此时该实用新型专利权处于未缴纳年费的滞纳期，审查员于2015年12月3日拟对发明专利申请作出授权决定时，该实用新型专利权未缴纳年费专利权终止的事项已于2015年10月14日在专利公报上公告，即实用新型专利权已经处于终止状态且无法恢复，此时，不能通过放弃实用新型专利权的方式获得发明专利申请的授权。

拟对发明专利申请作出授权决定时，如果实用新型专利权处于专利权维持的状态，申请人当然可以根据专利法第九条第一款的规定，通过声明放弃实用新型专利权的方式获得发明专利申请的专利权；但是，如果实用新型专利权处于待缴年费的滞纳期或者处于权利恢复期等悬而未决的状态，申请人可以缴纳年费使得实用新型专利处于专利权维持的状态，以满足专利法第九条第一款"但书"条款的相应要求，并通过放弃实用新型专利权而获得发明专利权，否则，即如本案，只能修改发明专利申请的权利要求，使之与实用新型专利权的保护范围不同来获得发明专利申请的授权。

案例9-3　同日申请中实用新型未授予专利权且处于失效或主动撤回状态

【相关法条】 专利法第九条第一款

【IPC分类】 B62D／G06Q

【关　键　词】 禁止重复授权　主动放弃撤回　同日申请

【案例要点】

对于同一申请人同日就同样的发明创造同时提出发明专利申请和实用新型专利申

请的，当实用新型并未进行授权公告，且处于视为放弃失效或主动撤回状态时，发明专利申请通常不需要经过放弃实用新型专利权的程序，就可直接被授予专利权。

【相关规定】

专利法第九条第一款规定，"同样的发明创造只能授予一项专利权。但是，同一申请人同日对同样的发明创造既申请实用新型专利又申请发明专利，先获得的实用新型专利权尚未终止，且申请人声明放弃该实用新型专利权的，可以授予发明专利权"。

【案例简介】

申请号：201510560503.9/201710250119.8

发明名称：步行机器人的并联四自由度腿部机构（案例1)/智能化行李车分配平台（案例2）

案例1对应的同日申请的实用新型专利申请，由于申请人未在规定时间内办理登记手续，视为放弃取得专利权，处于视为放弃失效状态，未授权公告。

案例2对应的同日申请的实用新型专利申请，未授权公告，审查过程中申请人根据专利法第三十二条声明主动撤回该专利申请，该案处于主动撤回状态。

【焦点问题】

根据专利法第九条的规定，实用新型专利需要获得授权后才能允许放弃，然后再进行发明专利的授权。而上述案例1和案例2都不属于可以放弃实用新型授权发明的情况，应如何处理？

观点一：由于实用新型申请尚未获得专利权，因此可以对发明申请授予专利权。

观点二：由于实用新型存在通过恢复而获得专利权的可能性，可能导致重复授权，因此，不能对发明申请授予专利权。

【审查观点和理由】

从目前提交的两个发明专利申请案件看，其相关的实用新型专利申请均未被授予专利权。虽然在案例1（201510560503.9）中，专利局针对实用新型专利申请已经发出了授权通知书，但因申请人未在规定的时间内办理授权登记手续，该申请已经处于被视为放弃取得专利权的法律状态。对于同样的发明创造而言，由于实用新型专利申请尚未授权生效，因此，在前述两发明专利申请符合专利授权条件时，授予其专利权并不属于违反专利法第九条的情形。

关于实用新型专利申请存在恢复可能性的问题，根据专利法实施细则第六条第一款的规定，当事人因不可抗拒的事由而延误专利法或者本细则规定的期限或者国务院专利行政部门指定的期限，导致其权利丧失的，自障碍消除之日起2个月，最迟自期限届满之日起2年内，可以向国务院专利行政部门请求恢复权利；专利法实施细则第六条第二款规定，当事人因其他正当理由延误上述法定或指定期限，导致其权利丧失的，可以自收到国务院专利行政部门的通知之日起2个月内向国务院专利行政部门请求恢复权利。对于案例1（201510560503.9）而言，针对其同日申请的实用新型，专利局于2015年11月18日发出授权通知书，申请人未在规定的时间内办理登记手续，专利局于2016年4月11日发出视为放弃取得专利权通知书，目前该实用新型处于视为放弃失效状态，即针对专利法实施细则第六条第二款所规定情形的权利恢复期已过，已进入失效专利数据库。申请人根据专利法实施细则第六条第一款不可抗拒的事由提出权利恢复的可能性很低，即便由此出现了重复授权情形，也可留待后续程序解决即可。

对于案例 2（201710250119.8）而言，其同日申请的实用新型案卷中记载了 2017 年 9 月 8 日申请人提出《撤回专利申请声明》，2017 年 9 月 14 日专利局发出《手续合格通知书》，同意撤回专利申请。对于申请人提出的撤回专利申请的请求，《专利审查指南》第一部分第一章第 6.6 节规定："申请人无正当理由不得要求撤销撤回专利申请的声明；但在申请权非真正拥有人恶意撤回专利申请后，申请权真正拥有人（应当提交生效的法律文书来证明）可要求撤销撤回专利申请的声明。"恶意撤回这种情况罕见，且有形式审查及后续程序保障，不应成为当前案件处理方式考虑的阻碍。

综合来看，在满足授权条件的情况下，可以对案例 1 和案例 2 中的发明专利申请直接作出授权。

二、修改

申请人在审查过程中为克服申请文件本身存在的缺陷或不足，需要对申请文件进行修改。如果在申请文件缺陷未经克服前就对该专利申请授予专利权，可能无法向公众准确传递专利信息，妨碍专利权的实施和专利权人权益的维护，甚至可能使专利权处于不稳定的状态而面临被无效的风险。

专利法允许申请人对申请文件进行修改，同时对修改范围作出了严格的限制。专利法第三十三条规定，"申请人可以对其专利申请文件进行修改，但是，对发明和实用新型专利申请文件的修改不得超出原说明书和权利要求书记载的范围，对外观设计专利申请文件的修改不得超出原图片或者照片表示的范围"。也就是说，在允许申请人对专利申请文件进行修改的同时保留原申请日，意味着修改后的内容在原申请日就已提出，否则，申请人通过修改从而将申请日之后的技术内容引入专利申请文件会违背专利法第九条第二款规定的先申请原则。申请人对申请文件各部分进行增加、删除、合并、拆分、放弃等均不得突破上述规定。

专利法实施细则第五十七条规定了申请人修改专利申请文件的时机。一方面，申请人可以在发现申请文件存在缺陷或不足时，在规定期限内通过主动修改的方式对申请文件进行完善；另一方面，申请人可以在收到国务院专利行政部门发出的审查意见通知书后对专利申请文件进行修改。此外，国务院专利行政部门还可以自行修改专利申请文件中文字和符号的明显错误，并将自行修改的内容通知申请人。

案例 9-4 权利要求的二次概括是否超范围的判断

【相关法条】专利法第三十三条
【IPC 分类】B02C

【关 键 词】修改　超范围　二次概括　磨辊　磨面

【案例要点】

虽然修改后增加的间隙式磨合面等内容未在原始申请文件中有明确记载，属于在原说明书（包括附图）和权利要求书记载的内容基础上的概括，但如果本领域技术人员根据原说明书（包括附图）和权利要求书记载的内容能够直接地、毫无疑义地确定上述修改后的内容，那么该修改后的内容没有超出原说明书和权利要求书记载的范围。

【相关规定】

专利法第三十三条规定，"申请人可以对其专利申请文件进行修改，但是，对发明和实用新型专利申请文件的修改不得超出原说明书和权利要求书记载的范围"。

《专利审查指南》第二部分第八章第 5.2.1.1 节规定，"原说明书和权利要求书记载的范围包括原说明书和权利要求书文字记载的内容和根据原说明书和权利要求书文字记载的内容以及说明书附图能直接地、毫无疑义地确定的内容"。

【案例简介】

申请号：94110912.7

发明名称：辊式磨机

基本案情：

权利要求：

原始权利要求：一种辊式磨机，包括磨盘和磨辊，本发明的特征是磨盘（10）位于下机壳（8）内，磨盘（10）上面通过支架（4）活动装有磨辊（12），支架（4）通过主轴（6）装在机座（1）上并位于上机壳（7）内，由主轴（6）、皮带轮（3）带动旋转，在机座（1）上开有料斗（5），下机壳（8）下面开有出料管套（11）。

授权公告的权利要求为：一种辊式磨机，包括磨盘、磨辊、主轴、支架、机座和上下机壳，磨盘位于下机壳内，在磨盘上方通过支架活动装有磨辊，支架通过主轴装在机座上并位于上机壳内，由主轴、皮带轮驱动，在机座上装有料斗，下机壳的下面装有出料套管，其特征是磨盘的磨面与磨辊之间存在可调节的间隙而构成间隙式磨合面。

授权的权利要求中增加了"磨盘的磨面与磨辊之间存在可调节的间隙而构成间隙式磨合面"这一技术特征，该技术特征未记载在原申请文件中，而是基于说明书中记载的三个实施例概括出的技术特征。上述修改方式被视为在原申请文件记载内容基础上的"二次概括"。

说明书：记载了三个实施例：第一个实施例："在上下机壳（7）、（8）之间的连接螺钉上装有弹性机构（2），并装有调节螺钉（9），当有过大的杂铁等不可粉碎的物料进入时，由于上下机壳（7）、（8）之间的调节螺钉（9）的调节以及弹性机构（2）的弹性作用，迫使下机壳（8）下移并偏转，使得磨辊（12）与磨盘（10）之间的间隙增大而通过，而不会出现卡死现象。同时，弹性机构（2）还迫使磨辊（12）向磨盘（10）施加压力"。第二个实施例："磨辊（12）通过铰链装在支架（4）上，并在两者之间装有弹性装置，使磨辊（12）在一定范围内摆动，并具有一定弹性，并使磨辊

（12）向磨盘（10）施加压力"。第三个实施例："在支架（4）和磨辊（12）之间的主轴（6）上装有弹性机构，这样可使支架（4）在主轴（6）上做轴向移动和具有一定的弹性，并可以使磨辊（12）向磨盘（10）施加压力"。

审查过程：

（1）无效请求人意见。

针对该专利，某公司向原专利复审委员会提出过无效宣告请求，其无效理由之一是权利要求中的"磨盘的磨面与磨辊之间存在可调节的间隙而构成间隙式磨合面"超出了原说明书和权利要求书记载的范围（下称超范围），不符合专利法第三十三条的规定。

（2）无效宣告程序的审理意见。

原专利复审委员会审理后认为该修改并未超出原说明书和权利要求书记载的范围。

（3）法院意见。

请求人不服，并先后向北京市第一中级人民法院和北京市高级人民法院提起诉讼。经审理，法院驳回了上诉人的上诉请求，认为上述修改并未超出原说明书和权利要求书记载的范围。

【焦点问题】

本案中对权利要求的修改是否超范围？

观点一：该修改属于二次概括，必然是超范围的。

观点二：判断修改后的内容是否超范围应该遵从"直接地、毫无疑义地确定"的判断原则，而不应当认为只要修改属于二次概括的情形，则该二次概括后得到的内容就必然超范围。上述修改权利要求后增加的内容是可以从原申请文件的内容中直接地、毫无疑义地确定的，因此不超范围。

【审查观点和理由】

本案说明书的三个实施例中，磨辊均在弹性机构的弹性力作用下向磨盘施加压力，具体为磨辊与磨盘之间的间隙既可以通过调节螺钉来主动调节，也可以根据物料的粒度大小通过位于上、下机壳之间的弹性机构所产生的弹性力而使下机壳下移并偏转而发生相对移动，或者通过位于磨辊与支架之间的弹性装置所产生的弹性力使磨辊在一定范围内摆动，或者通过装在支架和磨辊之间的主轴上的弹性机构所产生的弹性力迫使磨辊下移来被动调节磨盘的磨面与磨辊之间的间隙。可见，修改后的权利要求中出现的"磨盘的磨面与磨辊之间存在可调节的间隙而构成间隙式磨合面"这一内容属于基于原申请文件记载内容基础上的"二次概括"。

二次概括是对申请文件尤其是权利要求进行修改的一种方式，判断修改是否超范围与采取的修改方式不具有必然的关联性。虽然在原申请文本中并未通过文字明确记载有"磨盘的磨面与磨辊之间存在可调节的间隙而构成间隙式磨合面"这样的内容，但是本领域技术人员在阅读申请文件的说明书后，特别是关注到说明书中记载有磨辊均在弹性机构的弹性力作用下向磨盘施加压力的三种不同具体实施方式时，足以意识到本案中实质上涵盖有"磨盘的磨面与磨辊之间存在可调节的间隙而构成间隙式磨合面"这样的技术信息，也就是说，虽然没有明确的文字记载，但是足以使得本领域技术人员能够直接地、毫无疑义地确定上述技术信息，因此，权利要求中修改后的内容是不超范围的。

案例9-5 权利要求的具体放弃式修改是否超范围的判断

【相关法条】 专利法第三十三条

【IPC分类】 C07C

【关 键 词】 修改超范围 权利要求 放弃式

【案例要点】

当审查员指出权利要求存在缺乏新颖性的缺陷时，如果申请人采用具体放弃式的修改方式以排除该权利要求中涉及的被抵触申请或者"偶然占先"的现有技术所公开的技术方案时，应当认为该修改符合专利法第三十三条的规定。

【相关规定】

《专利审查指南》第二部分第八章第5.2.3.3节规定，"如果在原说明书和权利要求书中没有记载某特征的原数值范围的其他中间数值，而鉴于对比文件公开的内容影响发明的新颖性和创造性，或者鉴于当该特征取原数值范围的某部分时发明不可能实施，申请人采取具体'放弃'的方式，从上述原数值范围中排除该部分，使得要求保护的技术方案中的数据范围从整体上看来明显不包括该部分，由于这样的修改超出了原说明书和权利要求书记载的范围，因此除非申请人能够根据申请原始记载的内容证明该特征取被'放弃'的数值时，本发明不可能实施，或者该特征取经'放弃'后的数值时，本发明具有新颖性和创造性，否则这样的修改不能被允许"。

【案例简介】

申请号：00126092.8（复审案件编号：1F17736）

发明名称：稳定的（CF_3）$_2$N$^-$盐及其制备方法

基本案情：

权利要求：

请求复审时提交的权利要求：具有以下通式的化合物：

$$[(R^1(CR^2R^3)_k)_y Kt]^+\ {}^-N(CF_3)_2 \qquad\qquad (\text{I})$$

其中

Kt 为 N 或 P，

R^1 为 H、C_{1-4}烷基，

R^2 和 R^3 为 H，

k 为 0、1、2 或 3 且 y 为 1 或 4。

答复复通修改的权利要求：具有以下通式的化合物：

$$[(R^1(CR^2R^3)_k)_y Kt]^+\ {}^-N(CF_3)_2 \qquad\qquad (\text{I})$$

其中

Kt 为 N 或 P，

R^1 为 H、C_{1-4} 烷基，

R^2 和 R^3 为 H，

k 为 0 且 y 为 1 或 4，

条件是其中不包括化合物 $[(C_2H_5)_4N][(CF_3)_2N]$。

<u>现有技术状况</u>：对比文件公开了破坏权利要求 1 新颖性的具体化合物 $(C_2H_5)_4N^+$ $(CF_3)_2N^-$，但是没有公开该化合物的用途。

申请人对权利要求进行了具体放弃式修改，在权利要求 1 中增加"条件是其中不包括化合物 $(C_2H_5)_4N^+(CF_3)_2N^-$"。

【焦点问题】

申请人对申请文件进行的修改是否属于《专利审查指南》规定的具体"放弃"式修改？对于具体"放弃"式修改的判断是否需要将经过审查认定放弃式修改后的权利要求具备创造性作为接受其修改的前提条件？

观点一：申请人修改申请文件是为排除"偶然占先"的现有技术以满足新颖性要求，属于具体"放弃"式修改，应当是允许的，具体"放弃"式修改是否符合专利法第三十三条规定与修改后的权利要求是否具备创造性并无必然关系。

观点二：具体放弃被接受的前提是：在解决权利要求的新颖性问题后，审查员应发出通知书对创造性进行评述，如果经申请人答复后认定权利要求具备创造性，才能认为符合专利法第三十三条的规定；反之，则给出因权利要求不具备创造性而不符合专利法第三十三条的审查结论。

【审查观点和理由】

申请人对申请文件做具体"放弃"式修改，所放弃的内容应仅限于被现有技术（或抵触申请）公开的技术方案。

对于该案，虽然对比文件中公开了影响新颖性的化合物，却没有公开其用途，申请人并不能从该现有技术文献中得到如何获得本发明通式化合物的任何技术启示，属于被现有技术"偶然占先"的情形，在此前提下，申请人所做的具体"放弃"式修改符合专利法第三十三条的规定，并不需要也不应当对权利要求是否具备创造性得出审查结论后才能给出申请文件是否符合专利法第三十三条的意见。

案例 9-6　明显错误的修改是否导致超范围的判断

【相关法条】专利法第三十三条

【IPC 分类】G01N

【关 键 词】明显错误　行业标准　修改　超范围

【案例要点】

本领域技术人员依据本领域的公知常识能够识别出申请文件中的公式存在明显错误，并且能够从原说明书和权利要求书得出唯一的修改方式，则这种修改可被允许。

【相关规定】

专利法第三十三条规定，"申请人可以对其专利申请文件进行修改，但是，对发明和实用新型专利申请文件的修改不得超出原说明书和权利要求书记载的范围"。

《专利审查指南》第二部分第八章第 5.2.2.2 节规定，"允许的说明书及其摘要的修改包括下述各种情形。

…………

（11）修改由所属技术领域的技术人员能够识别出的明显错误，即语法错误、文字错误和打印错误。对这些错误的修改必须是所属技术领域的技术人员能从说明书的整体及上下文看出的唯一的正确答案"。

【案例简介】

申请号：201810401392.0

发明名称：一种基于直剪试验确定土体抗剪强度的动态精确计算方法

基本案情：

权利要求和说明书：本案的说明书和权利要求书中记载了确定土体抗剪强度的计算方法，在步骤 S3 中包括：步骤 S32、开始试验并记录：开始剪切即转动手轮至发生破坏即测力计示数稳定的时间 T，单位为 s，则单位为 m 的剪切位移 L 为：$L = v \times T$，其中，v 是剪切盒对试样的剪切速度；在步骤 S4 中，确定试件抗剪强度 τ_f 动态变化的表达式，试件抗剪强度 τ_f 动态变化的表达式为：$\tau_f = \dfrac{CL}{S_{有效}}$，其中 C 是测力计率定系数，$S_{有效}$ 是有效剪切面积。

审查过程：

（1）实质审查意见。

审查员在审查过程中发现本案具有授权前景，但是说明书和权利要求书中记载的公式存在不清楚的问题，具体为：

第一，对于剪切位移 L 的计算公式 $L = v \times T$，根据该公式本领域技术人员可以确定剪切位移 L 为手轮转过的总位移，但是在本领域中，手轮转过的总位移与剪切位移和测力计读数之间的关系如下：剪切位移 $\Delta L = \Delta L' n - R$，式中 $\Delta L'$ – 手轮每转的位移（mm），n – 手轮转数，R – 测力计读数（参见《中华人民共和国行业标准 TB 10102—2004 铁路工程土工试验规程》），由此可见，在本领域中，手轮转过的总位移和剪切位移并非同一个参数，只有当测力计读数 R 为 0 时手轮转过的总位移才与剪切位移相等，但是测力计读数 R 为 0 意味着并未施加剪切力，因此，本领域技术人员不清楚在不施加剪切力的条件下如何能得到试件的抗剪强度。

第二，对于试件抗剪强度 τ_f 动态变化的表达式 $\tau_f = \dfrac{CL}{S_{有效}}$，在本领域中关于剪应力 τ 的计算公式为 $\tau = \left(\dfrac{CR}{A_0} \right) \times 10$，其中 C – 测力计率定系数，R – 测力计读数，A_0 – 试样面积（cm^2），10 – 单位换算因数（参见《中华人民共和国行业标准 TB 10102—2004 铁路工程土工试验规程》），可见剪应力是所施加的荷载与试样面积的比值。同时本领域技术人员周知，抗剪强度是试样受剪力作用时抵抗剪力破坏的最大剪应力，在数值上应等于剪应力；而本案上述公式中抗剪强度 τ 为测力计率定系数 C 和剪切位移 L 的乘积与试件有效面积的比值，本领域技术人员不清楚测力计率定系数 C 和剪切位移 L 的乘积的物理意义，从而不能确定该表达式所计算得到的是否为试件抗剪强度。审查员就上述问题发出审查意见通知书。

（2）申请人意见陈述。

申请人在答复审查意见通知书时对说明书和权利要求书中的公式进行了修改，将剪切位移 L 的计算公式 $L = v \times T$ 修改为：$L = v \times T - m$，其中，m 为量力环变形量；将 $\tau_f = \dfrac{CL}{S_{有效}}$ 修改为：$\tau_f = \dfrac{Cm}{S_{有效}}$。

【焦点问题】

根据本领域的公知常识能够判断出申请文件中的公式存在明显错误，那么对公式进行的更正是否超出了申请日提交的原申请文件记载的范围？

观点一：本案原始的权利要求和说明书中的公式均存在错误，申请文件中没有记载正确的计算公式，判断修改是否超范围的依据是原说明书和权利要求书记载的范围，行业标准不能作为修改依据，因此本案的修改不符合专利法第三十三条的规定。

观点二：如果依据本领域的公知常识可以得到唯一的修改方式，则该修改可被允许，符合专利法第三十三条的规定。

【审查观点和理由】

本领域技术人员依据本领域的公知常识能够识别出原申请中的公式存在明显错误，并且根据说明书的上下文可以得到唯一的修改方式，则这种修改属于克服明显错误，可以被允许，符合专利法第三十三条的规定。

具体到本案，手轮转动速度与其转动时间的乘积必然是手轮转过的位移，而并非剪切位移，根据公知证据可知剪切位移 $\Delta L = \Delta L' n - R$，即剪切位移为手轮转过的位移与量力环变形量之差，因此本领域技术人员可以确定，对于剪切位移 L 的计算公式 $L = v \times T$，其唯一的修改方式为 $L = v \times T - m$，m 为量力环读数；同理，对于试件抗剪强度 τ_f 动态变化的表达式 $\tau_f = \dfrac{CL}{S_{有效}}$，因为测力计率定系数 C 和剪切位移 L 的乘积不具有物理意义，而根据公知证据可知 $\tau = \left(\dfrac{CR}{A_0}\right) \times 10$，即测力计率定系数 C 应和量力环变形量进行相乘，其乘积为量力环所受力的大小，可见其唯一的修改方式是 $\tau_f = \dfrac{Cm}{S_{有效}}$。

本案中，本领域技术人员根据行业标准中记载的公式能够判断本案中的上述公式存在明显错误，并且结合原始说明书和权利要求书的内容，可以得出唯一正确的修改方式，这种修改属于修改申请文件中的明显错误，可以被允许。

允许申请人对申请文件中上述明显错误进行修改，符合专利法第三十三条的规定，提高了专利授权文本的质量，也向社会公众传递了更准确的专利信息。

三、审查文本的确定

审查文本的确定，目的在于确定专利申请审查的事实基础。在发明实质审查中，一般依据实质审查程序的"请求原则"确定审查文本。首次审查确定的文本一般包括：（1）原始提交的申请文件；（2）申请人在发明专利初步审查（下称初审）阶段应专利局的要求提交的补正文件；（3）申请人依据专利法实施细则第五十七条第一款主动提交的修改文件；（4）除以上情形之外，申请人最后一次主动提交的修改文件，且该文件符合专利法第三十三条的规定并能够消除申请文件中存在的应当消除的缺陷、有利于节约程序。

案例 9-7　同时提交多个权利要求书的情形

【相关法条】专利法实施细则第五十七条第三款
【IPC 分类】F03G
【关　键　词】审查文本　请求原则
【案例要点】
在确定发明专利申请的审查基础时，一般依据"请求原则"确定审查文本。如果申请人同时提交了多份不同的审查文件修改文本的，应当明确要求申请人确定正式呈请审查的文本。

【相关规定】
专利法第三十五条规定，"发明专利申请自申请日起三年内，国务院专利行政部门可以根据申请人随时提出的请求，对其申请进行实质审查"。

《专利审查指南》第二部分第八章第 2.2 节规定了实质审查程序中的基本原则，其中"请求原则"规定："除专利法及其实施细则另有规定外，实质审查程序只有在申请人提出实质审查请求的前提下才能启动。审查员只能根据申请人依法正式呈请审查（包括提出申请时、依法提出修改时或者答复审查意见通知书时）的申请文件进行审查"。

专利法实施细则第五十七条第三款规定，"申请人在收到国务院专利行政部门发出的审查意见通知书后对专利申请文件进行修改的，应当针对通知书指出的缺陷进行修改"。

【案例简介】
申请号：200910176715.1
发明名称：引力增力机器组合体
基本案情：
申请人针对审查意见通知书提交了权利要求书的修改文本和意见陈述书，其中权利要求书修改文本包括了两份内容不同的权利要求书，并且申请人在意见陈述书中请求审查员酌情选择其中一份进行审查。

【焦点问题】

在实质审查程序中，申请人答复审查意见通知书时提交了两份内容不同的权利要求书修改文本，并请求审查员帮助选择，对此应如何处理？

观点一：选择其中一份权利要求书修改文本继续审查程序；

观点二：直接依据之前的权利要求书修改文本继续审查程序；

观点三：发出审查意见通知书，要求申请人选择确定其正式呈请审查的权利要求书，待申请人答复后再继续审查。

【审查观点和理由】

针对本案的情况，申请人在答复审查意见时提交了两份不同的权利要求书，请求审查员帮助选择，此时申请人未明确其正式呈请审查的权利要求书。根据"请求原则"，只能依据申请人正式呈请审查的文本进行审查，而不能代替申请人选择其正式呈请审查的文本，无法确认的情况下，二份权利要求书的修改文本均不能被接受。

此外，鉴于对申请人权益的考虑，也不宜直接依据之前的权利要求书修改文本进行审查，而是应当参照《专利审查指南》第二部分第八章第5.2.1.3节的规定来进行处理，即应当发出审查意见通知书，在通知书正文中明确告知申请人，由于无法确认哪一份修改文本为申请人正式呈请审查的文本而导致该两份修改文本均不能被接受，申请人应当在指定期限内提交符合规定的修改文本，并同时指出，到指定期限届满日为止，如果申请人仍然不能确定修改文本或所提交的修改文本仍然不符合规定，将针对修改前的文本继续审查，作出授权或驳回决定。

案例9-8 实质审查文本的认定

【相关法条】 专利法实施细则第五十七条第三款

【IPC分类】 C07D

【关 键 词】 审查文本　初审合格文本

【案例要点】

在确定实质审查文本时，若初审合格无后续修改，一般应该选择发明专利申请初步审查合格通知书中确定的初审合格文本作为审查文本。

【相关规定】

专利法实施细则第五十七条第三款规定，"申请人在收到国务院专利行政部门发出的审查意见通知书后对专利申请文件进行修改的，应当针对通知书指出的缺陷进行修改"。

《专利审查指南》第一部分第一章第2节规定，初步审查程序中，审查员应当遵循以下审查原则：（1）保密原则；（2）书面审查原则；（3）听证原则；（4）程序节约原则。

《专利审查指南》第一部分第一章第3.4节通知书的答复规定，对申请文件的修改，应当针对通知书指出的缺陷进行。

【案例简介】

申请号：201410834545.2

发明名称：1－取代苯基－4－取代苯胺甲基－1，2，3－三氮唑衍生物及其制备方法和用途

基本案情：

申请人申请日提交的原始申请文本包括权利要求书、说明书和说明书摘要，不包括附图。但是，说明书第［0024］段出现了"附图"字样。

审查过程：

初审指出上述问题后，申请人进行补正，声明将第［0024］段中"附图"两字删除，并提交了说明书全文替换页。

初审以申请日提交的权利要求书、说明书摘要和说明书除［0024］段外的其他部分，以及补正时提交的说明书第［0024］段为基础，发出初审合格通知书，并作了公布。

【焦点问题】

就本案而言，无论采用初审合格的说明书文本，还是采用申请人补正时提交的说明书全文替换页，这两种处理方式确定的说明书实体内容一致。对于实质审查的审查文本应如何选择？

观点一：根据请求原则，应当选用申请人最后提交的说明书，即补正时提交的说明书全文替换页；

观点二：在初审已经明确了合格文本并作了公布的情况下，可选用初审确定的文本。

【审查观点和理由】

初步审查程序的审查原则与实质审查程序存在不同，根据《专利审查指南》第一部分第一章第2节的规定，初步审查程序的审查原则并不包括请求原则。并且《专利审查指南》第一部分第一章第3.4节规定，申请人对申请文件的修改，应当针对通知书指出的缺陷进行。

针对本案的情况，初审仅指出说明书第［0024］段存在缺陷，申请人则补交了说明书全文替换页，也就是说，补正文件中存在多余的补正内容，初审可以依据《专利审查指南》第一部分第一章第3.4节的规定，审查说明书第［0024］段补正内容，不予采纳多余的补正内容。

进入实质审查阶段后，一般来说，如果申请人没有提交新的修改文本，那么应该选用初审确定的合格文本进行审查；但如果经审查认为某个初审修改文本符合规定而又有利于加快审查，也可以以此文本发出第一次审查意见通知书。

四、附图修改或补交与申请日的重新确定

附图是说明书的一个组成部分。附图的作用在于用图形补充说明书文字的描述，

使人能够直观地、形象地理解发明、实用新型的每个技术特征和整体技术方案。专利法实施细则第四十六条对于说明书写有附图说明但无附图或缺少部分附图的情形，给予了申请人一个选择，可以通过重新确定申请日的方式补交附图，或取消相应的附图说明。

案例9-9　申请文件中现有技术的附图的替换是否应当重新确定申请日

【相关法条】专利法实施细则第四十六条　专利法第三十三条

【IPC分类】H01H

【关　键　词】重新确定申请日　修改附图

【案例要点】

将原申请文件中的背景技术附图修改为更接近的现有技术附图，应该依据专利法第三十三条的规定判断相关修改是否超出原权利要求书和说明书记载的范围，无需重新确定申请日。

【相关规定】

专利法第三十三条规定，"申请人可以对其专利申请文件进行修改，但是，对发明和实用新型专利申请文件的修改不得超出原说明书和权利要求书记载的范围"。

专利法实施细则第四十六条规定："说明书中写有对附图的说明但无附图或者缺少部分附图的，申请人应当在国务院专利行政部门指定的期限内补交附图或者声明取消对附图的说明。申请人补交附图的，以向国务院专利行政部门提交或者邮寄附图之日为申请日"。

《专利审查指南》第二部分第八章第5.2.3.1节规定，"增补原说明书中未提及的附图，一般是不允许的；如果增补背景技术的附图，或者将原附图中的公知技术附图更换为最接近现有技术的附图，则应当允许"。

【案例简介】

申请号：201110361524.X

发明名称：可瞬时脱扣的断路器

基本案情：

本发明专利申请包含有两幅相同的附图。在初审阶段，指出该缺陷并要求申请人进行改正或说明，申请人在答复意见中修改了其中一幅附图。

【焦点问题】

修改发明专利申请文件中的现有技术附图是否必然会导致申请日的重新确定？

观点一：由于申请人修改了附图，即意味着重新提交了一幅新的附图，属于专利法实施细则第四十六条的规定补交附图的情形，应当重新确定申请日。

观点二：由于本案附图的修改方式为将其中一幅附图替换为更为接近的现有技术附图，故对附图的修改属于专利法第三十三条规定的不超出原权利要求书和说明书记载的范围的修改，不应重新确定申请日。

【审查观点和理由】

根据专利法第三十三条的规定，申请人可以对其专利申请文件进行修改，但修改不得超出原说明书和权利要求书记载的范围。也就是说，当本领域技术人员认为修改后的内容在原申请日就已经提出的，修改是允许的。但如果对专利申请的修改超出原说明书和权利要求书记载的范围，修改是不被允许的。对于附图，当申请文件缺少的附图符合专利法实施细则第四十六条规定的情形时，可以通过重新确定申请日的方式补交附图。

就本案而言，申请人根据审查意见修改了一幅属于背景技术的附图，将其替换为更为接近的现有技术附图，且该附图在说明书中已有相应的说明，故该附图的修改不属于专利法实施细则第四十六条规定的补交附图重新确定申请日的情形，修改后保留原申请日不变，无需重新确定申请日。并且，《专利审查指南》第二部分第八章第5.2.3.1节规定了"如果增补背景技术的附图，或者将原附图中的公知技术附图更换为最接近现有技术的附图，则应当允许"，本案所增加的附图仅涉及背景技术而不涉及发明本身，应当允许申请人进行修改。

案例9-10　同日申请补交附图重新确定申请日的问题

【相关法条】 专利法实施细则第四十六条

【IPC分类】 B01F

【关 键 词】 同日申请　补交附图　重新确定申请日

【案例要点】

对于同日申请中发明、实用新型存在补交附图而重新确定申请日的情形，将按照专利法实施细则第四十六条的规定以补交附图的日期重新确定发明专利申请及实用新型专利申请的申请日。对此，申请人应当注意补交附图的日期对发明或实用新型申请日的影响，以避免同日提交的发明和实用新型申请产生差异。

【相关规定】

专利法实施细则第四十六条规定，"说明书中写有对附图的说明但无附图或者缺少部分附图的，申请人应当在国务院专利行政部门指定的期限内补交附图或者声明取消对附图的说明。申请人补交附图的，以向国务院专利行政部门提交或者邮寄附图之日为申请日"。

《专利审查指南》第一部分第一章第4.2节规定，在发明专利申请的初步审查过程中，申请人补交附图的，以向专利局提交或者邮寄补交附图之日为申请日，审查员应当发出重新确定申请日通知书。

【案例简介】

申请号：201310428976.4（实用新型申请号：201320581337.7）

发明名称：一种双耳双支撑污水搅拌机构

基本案情：

申请人于同日就同样的发明创造提交了发明和实用新型专利申请，并在申请时分别进行了同日声明。两件申请说明书中均有对附图 4 的说明，但说明书附图中均缺少该幅附图。

审查过程：

（1）发明审查。

申请人于 2013 年 10 月 23 日按照发明初审的要求补交了发明专利申请说明书中缺少的该幅附图，并重新确定了发明专利申请的申请日。

（2）实用新型审查。

申请人于 2014 年 1 月 14 日按照实用新型初审的要求补交了实用新型专利申请说明书中缺少的该幅附图，并重新确定申请日。

【焦点问题】

当同日申请先后补交附图时，应当如何重新确定申请日？

观点一：由于两件申请属于同日申请，为确保申请人的利益，实用新型专利申请应按照在先的发明专利申请补交附图的日期，重新确定与发明专利申请相同的申请日。

观点二：发明专利申请和实用新型专利申请分别按照申请人补交附图的日期，各自重新确定申请日。

【审查观点和理由】

根据专利法实施细则第四十六条的规定，无论发明专利申请还是实用新型专利申请，在收到申请人补交的附图后，均应按照规定向申请人发出重新确定申请日通知书，并根据补交附图的日期重新确定发明专利申请及实用新型专利申请的申请日。

就本案而言，尽管发明专利申请与实用新型专利申请从内容来看完全相同，但两件申请在本质上仍属于独立的申请，重新确定申请日的审查规则及结论不应受到是否为同日申请的影响，因此本案的发明专利申请与实用新型专利申请应按照专利法实施细则第四十六条的规定，分别根据补交附图的日期重新确定申请日。需要注意的是，本案申请人在首次提交发明专利申请和实用新型专利申请时，未能确保所提交文件的完整性，且在收到发明初审发出的补正通知书后，也未对同日的实用新型申请一并补救，导致发明专利申请和实用新型专利申请在各自重新确定申请日后将无法再作为同日申请，一件申请有可能构成另一件申请的抵触申请，对申请人利益造成不利影响。

五、驳回决定

专利法第三十八条规定，"发明专利申请经申请人陈述意见或者进行修改后，国务院专利行政部门仍然认为不符合本法规定的，应当予以驳回"。在对专利申请作出驳回之前，应当满足听证原则，将经实质审查认定申请属于专利法实施细则第五十九条规定应予驳回情形的事实、理由和证据通知申请人，并给申请人提供至少一次陈述意见和/或修改文件的机会，即作出驳回决定时，驳回所依据的事实、理由和证据应当在之前的审查意见通知书中告知过申请人。

案例 9 - 11　同类缺陷的判断

【相关法条】专利法第三十八条

【IPC 分类】F24F

【关　键　词】驳回时机　同类缺陷　事实　理由

【案例要点】

驳回决定只有在其所依据的理由和证据被告知过，其所针对的事实被充分陈述过，并且申请人有机会陈述意见的基础上才能作出。在驳回理由和证据已经事先告知的情况下，对于申请人提交的再次修改文本涉及的事实虽已改变但与前次的审查文本涉及的缺陷为同类缺陷的，可以不就此事实再次听证，直接作出驳回决定。

对于《专利审查指南》规定的"同类缺陷"应当是指性质相同的缺陷，即依据发出过的审查意见通知书中所使用的证据、理由等能够预期到申请仍然属于不符合专利法规定的情形，例如具有相同性质的修改超范围缺陷，依据相同现有技术权利要求不具备创造性的缺陷等均为"同类缺陷"。

【相关规定】

专利法第三十八条规定："发明专利申请经申请人陈述意见或者进行修改后，国务院专利行政部门仍然认为不符合本法规定的，应当予以驳回"。

《专利审查指南》第二部分第八章第 6.1.1 节规定："审查员在作出驳回决定之前，应当将其经实质审查认定申请属于专利法实施细则第五十九条规定的应予驳回情形的事实、理由和证据通知申请人，并给申请人至少一次陈述意见和/或修改申请文件的机会。

驳回决定一般应当在第二次审查意见通知书之后才能作出。但是，如果申请人在第一次审查意见通知书指定的期限内未针对通知书指出的可驳回缺陷提出有说服力的意见陈述和/或证据，也未针对该缺陷对申请文件进行修改或者修改仅是改正了错别字或更换了表述方式而技术方案没有实质上的改变，则审查员可以直接作出驳回决定。

如果申请人对申请文件进行了修改，即使修改后的申请文件仍然存在用已通知过申请人的理由和证据予以驳回的缺陷，但只要驳回所针对的事实改变，就应当给申请人再一次陈述意见和/或修改申请文件的机会。但对于此后再次修改涉及同类缺陷的，如果修改后的申请文件仍然存在足以用已通知过申请人的理由和证据予以驳回的缺陷，则审查员可以直接作出驳回决定，无需再次发出审查意见通知书，以兼顾听证原则与程序节约原则"。

【案例简介】

申请号：201510411906.7

发明名称：开放式循环水媒传热系统

基本案情：

该申请涉及一种开放式循环水媒传热系统，以解决现有技术中存在的空调不利于减排和环保的技术问题。

权利要求：一种地效无湿水媒温控系统，其特征在于，包括高温地热平衡器、低温地热平衡器、高低温转换器、热交换换气窗和循环泵；所述低温地热平衡器的输出端与所述高低温转换器的第一端相连通；所述高温地热平衡器的输入端和输出端分别与所述高低温转换器的第二端和第三端相通；所述高低温转换器的第四端与所述热交换换气窗的输入端相连通；所述热交换换气窗的输出端与循环泵的输入端相连通；所述循环泵的输出端与所述低温地热平衡器的输入端相连通。

审查过程：

该案审查过程中，在第一次审查意见通知书中引用了如下三篇现有技术：

1. CN101387460A，公开日 20090318；

2. CN102235778A，公开日 20111109；

3. CN101349450A，公开日 20090121。

指出权利要求1—10不具备专利法第二十二条第三款规定的创造性。

申请人根据第一次审查意见通知书，修改了权利要求书、说明书并提交了意见陈述书，将原权利要求3、4、10的技术特征和权利要求8的部分技术特征并入原权利要求1，相应修改权利要求编号，将权利要求和说明书中的发明名称修改为"开放式循环水媒传热系统"，陈述了该申请的技术方案具有创造性的理由。

2017年1月23日再次发出审查意见通知书，再次指出修改后的权利要求不具备专利法第二十二条第三款规定的创造性，本案无授权前景。

针对上述审查意见通知书，申请人提交了修改后的权利要求书和意见陈述书，将说明书中内容加入权利要求1，陈述了该申请的技术方案具有创造性的理由。

【焦点问题】

申请人针对第二次审查意见通知书修改和答复后，权利要求相对于同样的证据仍存在创造性缺陷，此缺陷是否属于《专利审查指南》第二部分第八章第6.1节规定的"同类缺陷"，针对申请人在第二次审查意见通知书后的修改直接作出驳回决定是否符合听证原则？

观点一：虽然申请人提交的再次修改文本涉及的权利要求事实已经改变，但是如果权利要求仍存在可以依据此前审查意见通知书中所使用的证据、理由驳回的创造性缺陷时，对于此类缺陷应认定为"同类缺陷"，此时作出驳回决定符合听证原则。

观点二："同类缺陷"与事实、理由和证据都相关，事实改变会引起此前审查意见通知书中所使用理由的改变，因此，即便权利要求相对于同样的证据仍存在创造性缺陷，也不应认为其为同类缺陷，此时作出驳回决定不符合听证原则。

【审查观点和理由】

《专利审查指南》第二部分第八章第6.1.1节规定了驳回申请的条件，概括而言，驳回决定只有在其所依据的理由和证据被告知过，其所针对的事实被充分陈述过，并且申请人有机会陈述意见的基础上才能作出。对于驳回的时机，针对变化了的事实原则上需要再一次听证，因此，驳回决定一般应当在第二次审查意见通知书之后才能作出，其目的是通过程序上的设置而尽可能满足听证要求。但由于个案情况不同，合适的驳回时机也就不同，不能一概而论。实践中，在驳回理由和证据已经事先告知的情况下，对于申请人提交的再次修改文本涉及的事实虽已改变但与前次的审查文本涉及的缺陷为同类缺陷的，可以不就此事实再次听证直接作出驳回决定。其中"再次"应理解为第二次，但其针对的均应是"同类缺陷"，因此判断是否为"再次"应以其修改文本是否与上次修改文本涉及"同类缺陷"为前提。

《专利审查指南》规定的"同类缺陷"应当是指性质相同的缺陷，其与已告知过申请人的理由和证据有关，亦与事实相关，但是，不应当对涉及的理由、证据、事实进行机械理解，完全拘泥于理由、证据、事实完全不变的情形。一般来说，只要依据发出过的审查意见通知书中所涉及的事实、证据和理由，能够预期到申请仍然属于不符合专利法规定的情形，即可作出驳回决定。在具体把握驳回时机时，除了满足上述《专利审查指南》规定的前提，还需要考虑以下几个因素：一是该专利申请是否具备授权前景；二是如申请具备授权前景，此时通常应当给予申请人再次修改或陈述意见的机会；三是驳回决定的作出是否符合申请人的合理预期；四是行政行为的高效性，例如是否需要增加或者替换新的对比文件等。综合考虑上述因素，在作出驳回决定时，应当兼顾听证原则与程序节约原则，以更好地体现专利审查工作的价值，更好地服务于申请人和社会公众。本案中，本案不具备授权前景，已经依据相同的对比文件两次作出不具备创造性的审查意见，申请人进行了两次修改，申请人应当对其申请被驳回有合理预期，故此时可以作出驳回决定。

📖 案例 9-12　其他说明的作用

【相关法条】 专利法第三十八条

【IPC 分类】 B29C

【关 键 词】 驳回决定　其他说明作用　听证

【案例要点】

驳回决定中的"其他说明"部分并非驳回决定必不可少的组成部分，其内容也不属于驳回理由，其目的仅仅是提示申请文件存在的其他缺陷或问题，供申请人或后续程序参考。通常，也不宜将"其他说明"包含的内容视为一次正式的听证。

【相关规定】

专利法第三十八条规定，"发明专利申请经申请人陈述意见或者进行修改后，国务院专利行政部门仍然认为不符合本法规定的，应当予以驳回"。

《专利审查指南》第二部分第八章第 6.1.4 节规定，驳回决定正文应当包括三个部分：案由部分、理由部分和决定部分。

【案例简介】

申请号：201380058374.2

发明名称：具备可调夹具的热成型机用表皮件供应装置

基本案情：

本案涉及一种热成型机用表皮件供应装置。

审查过程：

第一次审查意见通知书中以对比文件 1 结合对比文件 2 评述权利要求 1—7 的创造性。申请人提交答复未修改申请文件。审查员补充检索以对比文件 1 结合对比文件 3 评述权利要求 1—7 的创造性。申请人答复时将说明书内容补入权利要求 1。审查员继续以对比文件 1 结合对比文件 3 评述修改后权利要求 1—7 的创造性。

申请人再次将说明书内容分别补入权利要求 1、2、3 中。审查员在驳回决定中以对比文件 1 结合对比文件 3 评述再次修改后权利要求 1、4—7 的创造性；并在"其他说明"部分以对比文件 1、对比文件 3 和补充检索的对比文件 4 评述再次修改后权利要求 2、3、7 的创造性。

【焦点问题】

驳回决定作为一种正式法律文书，"其他说明"部分的作用和意义是什么？

观点一：驳回决定中的"其他说明"具备审查意见的通知性质，可以将其当成一次听证。

观点二：驳回决定中的"其他说明"不属于驳回理由，其不具备审查意见的通知性质，也不能以此算作一次听证。但是"其他说明"使用得当，可为申请人提供更为全面的信息。

【审查观点和理由】

驳回决定所依据的理由与"其他说明"对当事人以及后续程序的法律效力是不同的。"其他说明"用于提醒申请人注意的缺陷或问题，在作出驳回决定之前未告知过当事人，未给予申请人陈述意见或修改的机会，仅是供申请人或后续程序参考，通常不应将"其他说明"视为一次正式的听证。

通常情况下，复审程序不将"其他说明"纳入合议审查的范围，而只是在合议审查时作为参考。当"其他说明"涉及明显实质性缺陷或与驳回决定的理由性质相同的缺陷时，复审合议组可依职权予以审查。

实践中，如"其他说明"使用得当，可为申请人提供更为全面的信息，有助于其选择后续答复策略，是否提起复审、如何提起复审、是否修改以及如何修改，以便确定案件驳回后的走向。申请人在请求复审时，可一并回应"其他说明"提及的缺陷和问题，以便回到实审程序就能尽快获得授权，节约程序。

六、复审依职权审查

专利法第四十一条规定，专利申请人对国务院专利行政部门驳回申请的决定不服的，可以自收到通知之日起三个月内向国务院专利行政部门请求复审。复审程序是因申请人对驳回决定不服而启动的救济程序，同时也是专利审批程序的延续。一方面，专利局一般仅针对驳回决定所依据的理由和证据进行审查，不承担全面审查的义务；

另一方面，为了提高专利授权质量，避免不合理延长审批程序，可以依职权对驳回决定未提及的明显实质性缺陷进行审查。实践中，可以综合案件授权前景、程序节约等因素，平衡好复审程序"提供救济"和"延续审批"这一双重属性之间的关系，把握好复审程序的审查范围，提高审查质量和效率。

案例 9 –13　　复审程序中的依职权审查

【相关法条】专利法第二十二条第四款

【IPC 分类】F03G

【关 键 词】依职权审查　明显实质性缺陷　复审　实用性

【案例要点】

复审程序具备"提供救济"和"延续审批"的双重属性，当申请因违背自然规律明显不具备实用性，专利申请因此完全丧失授权前景时，虽驳回决定未涉及，但合议组仍可依职权审查该明显实质性缺陷，并进一步作出维持驳回决定的审查决定。

【相关规定】

专利法第二十二条第四款规定，"实用性，是指发明或者实用新型能够制造或者使用，并且能够产生积极效果"。

《专利审查指南》第四部分第二章第 1 节规定，"复审程序是因申请人对驳回决定不服而启动的救济程序，同时也是专利审批程序的延续。因此，一方面，专利复审委员会一般仅针对驳回决定所依据的理由和证据进行审查，不承担对专利申请全面审查的义务；另一方面，为了提高专利授权的质量，避免不合理地延长审批程序，专利复审委员会可以依职权对驳回决定未提及的明显实质性缺陷进行审查"。

《专利审查指南》第四部分第二章第 4.1 节规定，"除驳回决定所依据的理由和证据外，合议组发现审查文本中存在下列缺陷的，可以对与之相关的理由及其证据进行审查，并且经审查认定后，应当依据该理由及其证据作出维持驳回决定的审查决定：

……………

（2）驳回决定未指出的明显实质性缺陷或者与驳回决定所指出缺陷性质相同的缺陷"。

《专利审查指南》第二部分第五章第 2 节规定，"在产业上能够制造或者使用的技术方案，是指符合自然规律、具有技术特征的任何可实施的技术方案"。

《专利审查指南》第二部分第五章第 3.2.2 节规定，"具有实用性的发明或者实用新型专利申请应当符合自然规律。违背自然规律的发明或者实用新型专利申请是不能实施的，因此，不具备实用性。

审查员应当特别注意，那些违背能量守恒定律的发明或者实用新型专利申请的主题，例如永动机，必然是不具备实用性的"。

【案例简介】

申请号：201210082179. 0（复审案件编号：1F253265）

发明名称：环保能源

基本案情：

权利要求：

复审决定（第 190553 号）针对的权利要求：

1. 一种环保能源，包括物质、发热室、发热、做功、排出、冷却、吸取、压缩罐、降压、再送入发热室做功、喷射、循环利用，其特征是：物质发热做功后，排出时冷却、吸取部分物质到压缩罐内，排出的物体降压后，再送入发热室做功源循环利用，物质发热、降压循环产生动力，靠自身就解决能源补充问题。

2. 如权利要求 1 所述的吸取到缩罐内的物质喷射到发热室内，其特征是：使产生的动力更加充足。

说明书：本案涉及一种环保能源，本案说明书记载了其要解决的技术问题为"传统的能源是做功后没有把能源循环利用，这样就需要大量能源补充，影响动力的连续性"。而为了解决上述技术问题，本案提供的技术手段为物质发热做功后，排出时冷却、吸取部分物质到压缩罐内，排出的物体降压后，再送入发热室做功源循环利用，物质发热、降压循环产生动力，靠自身就解决能源补充问题。

审查过程：

本案在审查程序中两次被驳回。第一次驳回决定的驳回理由涉及对权利要求 1—2 和说明书的修改不符合专利法第三十三条的规定。针对上述驳回决定，申请人提出了复审请求，复审程序中申请人对申请文件进行了修改，复审合议组认为修改后的审查文本符合专利法第三十三条的规定，在此基础上作出撤销驳回决定的复审请求审查决定（第 131741 号）。再次进入实审阶段后，审查员以权利要求 1—2 不符合专利法第二十二条第三款的规定为由再次驳回了本案。申请人再次提出复审请求，复审合议组以权利要求 1—2 不符合专利法第二十二条第四款有关实用性的规定为由作出维持驳回决定的复审请求审查决定（第 190553 号）。

针对上述复审决定，申请人提起诉讼，经过北京知识产权法院和最高人民法院两审和最高人民法院再审程序，均作出维持复审决定的判决或裁定。

【焦点问题】

关于本案的审查，争议焦点主要涉及复审程序中是否依职权审查驳回决定中未涉及的实用性问题，对此，存在两种观点：

观点一：复审程序的首要属性是"救济"，一般仅针对驳回决定所依据的理由和证据进行审查，不承担对专利申请全面审查的义务。本案历经两次驳回，在以往的审查程序中均未涉及实用性缺陷，这从一定程度上说明该缺陷并非"明显实质性缺陷"，复审程序中不宜依职权引入对实用性缺陷的审查。

观点二：虽然驳回决定中仅涉及权利要求不具备创造性，但复审合议组基于本领域技术人员的知识和能力有充分的理由认定本案的技术方案实质涉及永动机，这一固有缺陷使得本案完全丧失了授权前景，此时，实用性的审查属于应当依职权引入的明显实质性缺陷的审查。

【审查观点和理由】

复审程序具备"提供救济"和"延续审批"的双重属性，审查过程中，应从立法本意出发，准确处理二者的关系，把握好复审程序的审查范围。

复审程序中的依职权审查，可以提高专利授权质量，避免不合理地延长审批程序。根据《专利审查指南》第四部分第二章第 1 节的规定，除驳回决定所依据的理由和证据之外，合议组可以依职权对驳回决定未指出的"明显实质性缺陷"进行审查。当申请因违背自然规律明显不具备实用性，导致专利申请完全丧失授权前景时，相关缺陷属于"明显实质性缺陷"，复审阶段可依职权对此缺陷进行审查。

本案中，虽然在之前的审查程序中没有提及实用性缺陷，但复审合议组依据本领域技术人员的知识，有充足的理由认定本案记载的关于环保能源的技术方案中，在发热室、压缩罐等装置之间的循环工作过程明显违背了自然规律，发热室是不可能持续为外界提供动力的，不能达到其所声称的环保能源循环做功的有益效果，方案显然不具有实用性。因此在复审程序中依职权引入了专利法第二十二条第四款进行审查，并据此作出维持驳回决定的复审决定。